建设工程招投标与合同管理

赖　笑　王　锋◎主　编
文　真　郑海珍◎副主编
印　新　王秀丽◎参　编

清華大学出版社
北　京

内 容 简 介

本书共分 9 章，主要内容包括建设工程招标投标概述，认识建筑市场，建设法规基础，建设工程招标，建设工程投标，建设工程开标、评标和定标及签订合同，合同法律基本原理，建设工程施工合同管理，建设工程索赔。每章均在章首设置了学习目标、能力要求、思政目标，并在章末配有课后思考题。

本书注重基本理论的讲解和实际技能的培养，内容注重实用性、科学性和丰富性。本书附有大量工程案例，并设计了导入、特别提示、思政案例、思政引导等环节，以供不同需求的读者使用。此外，本书还以“互联网+”教材的模式，把大量的相关知识链接以二维码形式提供给读者，大大增加了本书的信息量和可读性。

本书附赠技能训练手册，并且免费配备全书教学资源，包括电子课件、教学大纲、教学计划、能力训练题答案及扩展资源等。本书可作为高等院校工程管理、工程造价、土木工程及其他相关专业的教材，也可作为工程建设领域工程技术人员、工程管理人员的参考书。

图书在版编目(CIP)数据

建设工程招投标与合同管理 / 赖笑，王锋主编. —北京：清华大学出版社，2024.1（2025.1 重印）
ISBN 978-7-302-64833-8

Ⅰ. ①建… Ⅱ. ①赖… ②王… Ⅲ. ①建筑工程－招标②建筑工程－投标③建筑工程－经济合同－管理 Ⅳ.①TU723

中国国家版本馆CIP数据核字(2023)第206058号

责任编辑：高　屾
封面设计：马筱琨
版式设计：思创景点
责任校对：马遥遥
责任印制：沈　露

出版发行：清华大学出版社
网　　址：https://www.tup.com.cn，https://www.wqxuetang.com
地　　址：北京清华大学学研大厦A座　　**邮　　编：**100084
社 总 机：010-83470000　　**邮　　购：**010-62786544
投稿与读者服务：010-62776969，c-service@tup.tsinghua.edu.cn
质 量 反 馈：010-62772015，zhiliang@tup.tsinghua.edu.cn
印 装 者：小森印刷霸州有限公司
经　　销：全国新华书店
开　　本：185mm×260mm　　**印　　张：**16.5　　**字　　数：**412千字
版　　次：2024年1月第1版　　**印　　次：**2025年1月第2次印刷
(附技能训练手册)
定　　价：79.00元

产品编号：098675-01

前　言

随着“一带一路”倡议的推进，BIM(建筑信息模型)技术与建筑工业化的推广，以及近几年来招投标新规的同步实施，工程招投标与合同管理领域发生了较大的调整和变化。本书基于这样的新形势、新发展，根据新规范，并结合教育部《高等学校课程思政建设指导纲要》的要求进行编写，具有以下特点。

第一，本书按照工程建设程序的内在规律来安排内容，章节内容的选取和排序完全遵循招标投标实际工作过程。本书将典型案例分析贯穿教学全过程，将与本课程密切相关的法律法规《中华人民共和国建筑法》《中华人民共和国招标投标法》《中华人民共和国招标投标法实施条例》《中华人民共和国民法典》《建设工程施工合同(示范文本)》(GF—2017—0201)、《建设工程监理合同(示范文本)》(GF—2012—0203)、《建设工程勘察合同(示范文本)》(GF—2016—0203) 和《建设工程设计合同示范文本(房屋建筑工程)》(GF—2015—0209)等作为书中案例的重要依据，倡导合法合规参与招投标活动。

第二，积极响应“把思想政治教育贯穿教育教学全过程”的号召，将“立德树人”贯穿教育教学全过程。根据课程内容采用“思政目标”“思政案例”“思政引导”的形式把课程思政元素恰当地融入课程教学，达到立德树人、润物无声的育人效果。

第三，本书注重基本理论的讲解和实际技能的培养，特别增加了“技能训练手册”。根据招标投标和合同管理实际工作过程，根据工作岗位能力要求设置技能训练任务和能力训练题。技能训练任务设置明确、具体，教师根据教材中的工作任务即可组织学生进行技能训练，体现“做中学”“做中教”的教学方式，突出了应用性、实用性原则，基本实现“理实一体化”。能力训练题融入了造价工程师、建造师、监理工程师等相关执业资格考试的考核内容，并配有答案。

第四，随着无线网络的全面覆盖和智能手机的广泛使用，本书采用二维码形式，将《中华人民共和国政府采购法》《必须招标的工程项目规定》《必须招标的基础设施和公用事业项目范围规定》《电子招标投标办法》《建设项目工程总承包合同(示范文本)》(GF—2020—0216)、《建设工程施工合同(示范文本)》(GF—2017—0201)、《招标代理服务规范》(GB/T 38357—2019)、《建设工程企业资质管理制度改革方案》，以及工程典型案例等网络资源融入教材，搭建现实与虚拟的有效连接，读者只需“扫一扫”就可以快捷查阅相关内容。这样既丰富扩展了教材内容，又能调动学生的学习积极性，有效提升了教学效果。

本书可作为高等院校工程管理、工程造价、土木工程及其他相关专业的教材，也可作为工程建设领域的工程技术人员、工程管理人员的参考书。为了便利教学，本书提供了丰富的教学资源(包括电子课件、教学大纲、教学计划等)，读者可扫描右侧二维码获取。

教学资源

本书获批“成都理工大学工程技术学院教材建设支持项目”，由成都理工大学工程技术学院赖笑、王锋担任主编，重庆建筑科技职业学院文真、成都理工大学工程技术学院郑海珍担任副主编，成都理工大学工程技术学院印新、日照职业技术学院王秀丽参与编写。具体编写分工如下：王秀丽编写第1章，印新编写第2章，文真编写第3章，赖笑编写第4章、第6章和第7章，郑海珍编写第5章，王锋编写第8章、第9章，赖笑和王锋共同编写技能训练手册。全书由赖笑负责统稿、定稿。此外，成都理工大学工程技术学院解立远、成都师范学院毛文颜、绵阳城市学院李鑫、重庆建筑科技职业学院傅佳等老师，也为本书的编写提供了中肯的意见。

在本书编写过程中，许多用书单位和读者都给予了积极建议。在此，对所有为本书出版付出辛勤劳动和提供宝贵意见的专家、老师，以及参考文献中的各位作者表示衷心的感谢！

由于编者水平有限，书中如有疏漏和差错之处，望读者提出批评和改进意见。

编　者

2023年10月

目　录

第1章 建设工程招标投标概述

❍ 学习目标

- 明确学习本门课程的重要性。
- 掌握建设项目的基本建设程序。
- 熟悉建设项目投资决策管理制度相关内容。
- 了解招标投标制度的历史沿革。

❍ 能力要求

能够根据不同的投资类型开展项目前期工作。

❍ 思政目标

通过梳理建设工程招投标重要历史事件，激发学生的爱国热情，树立职业自豪感和使命感。

1.1 建设项目前期工作

【导入】

××中学是一所历史悠久的名牌学校，经过多年的办学，教学设备和其他设施已经明显落后。随着办学规模逐年扩大，教室也越来越紧张。为此，校方打算新建一栋综合教学楼以改善现状。于是，学校决定新设立一个基建办。接下来，问题逐一显现。基建办应该怎样开展工作？第一步要做什么？总投资需要多少？项目的建设时间要多长？找谁来设计、施工？是否需要审批呢？审批流程又是怎样的？

1.1.1 建设项目的基本建设程序

工程项目建设程序是指建设工程项目从策划、决策、设计、施工，到竣工验收、投入生产或交付使用的整个建设过程中，各项工作必须遵循的先后工作顺序。工程项目建设程序是工程建设各个环节相互衔接的顺序，是工程建设过程客观规律的反映，也是建设工程项目科学决策和顺利进行的重要保证。

我国工程建设程序共分5个阶段。每个阶段又包含若干环节。各阶段、各环节的工作应按规定顺序进行。由于工程项目的性质不同，规模不一，同一阶段内各环节的工作会有一些交叉，有些环节还可省略，因此，在具体执行时，可根据本行业、本项目的特点，在遵守工程建设程序的大前提下，灵活开展各项工作。

1. 工程建设前期阶段

工程建设前期阶段，又称投资决策阶段，其工作包括确定投资意向、分析投资机会、制定项目建议书、开展可行性研究、审批立项等。

建设项目投资决策是通过对拟建项目的必要性和可行性进行技术经济论证，选择和制订投资行动方案的过程，也是对不同建设方案进行技术经济比较及作出判断和决定的过程。投资决策并非一次性完成，而是建立在一系列由粗到细、由浅入深的调查与研究之上的。

1) 确定投资意向

投资意向是投资主体发现社会存在合适的投资机会所产生的投资愿望。它是工程建设的起点，也是工程建设得以进行的必备条件。

2) 分析投资机会

投资机会分析是投资主体对投资机会所进行的初步考察和分析，在认为机会合适、有良好的预期效益时，可开展进一步行动。

3) 制定项目建议书

项目建议书是拟建项目单位向政府投资主管部门提出的要求建设某一工程项目的建议文件，是对工程项目建设的轮廓设想。项目建议书的主要作用是推荐一个拟建项目，论述其建设的必要性、建设条件的可行性和获利的可能性，供政府投资主管部门选择并确定是否进行下一步工作。

项目建议书的内容视工程项目不同而有繁有简，但一般应包括以下内容：

(1) 项目提出的必要性和依据；

(2) 产品方案、拟建规模和建设地点的初步设想；

(3) 资源情况、建设条件、协作关系和设备技术引进国别、厂商的初步分析；

(4) 投资估算、资金筹措及还贷方案设想；

(5) 项目进度安排；

(6) 经济效益和社会效益的初步估计；

(7) 环境影响的初步评价。

对于政府投资工程，项目建议书按要求编制完成后，应根据建设规模和限额划分报送有关部门审批。

特别提示

项目建议书经批准后，可进行可行性研究工作。但并不表明项目非上不可，批准的项目建议书也不是工程项目的最终决策。

4) 开展可行性研究

项目建议书通过以后，应着手开展可行性研究。可行性研究是指在工程项目决策之前，通过调查、研究、分析建设工程在技术、经济等方面的条件和情况，对可能的多种方案进行比较论证，同时对工程建成后的综合效益进行预测和评价的一种投资决策分析活动。

建设项目可行性研究的主要作用是为项目投资决策提供科学依据，防止和减少决策失误造成的浪费，提高投资效益。经批准的可行性研究报告，其具体作用如下。

(1) 作为项目投资立项的依据。在我国现行的建设项目管理体系下，业主和政府建设相关机构是否批准该项目，可行性研究报告的结论将作为主要依据。

(2) 作为筹集资金和向银行申请贷款的依据。当某个建设项目对银行提出贷款需求时，银行需要先审核该拟建项目的可行性研究报告，评估其经济效益、贷款偿还能力和风险指数，在各项指标符合的情况下才会同意贷款。

(3) 作为工程设计和建设的依据。按照建设程序的相关规定，建设项目必须严格按照已批准的可行性研究报告内容(包括建设规模、工程选址、工程建设标准、总概算等控制指标)进行设计，不得进行随意更改。

(4) 作为向当地政府，规划、环保等相关部门申请建设相关许可文件的重要依据。我国有关环保法规条例规定，在编制项目可行性研究报告时，必须对环境影响作出评价，所以审查环保方案也是审查可行性研究报告的内容之一。

(5) 作为工程建设的基础资料。可行性研究报告是建设项目的基础资料，建设过程中任何的技术、经济变更都可以以原有可行性研究报告为基础，分析出项目经济技术指标变动程度的信息。

(6) 作为建设项目与相关部门签订合同或协议的依据。根据项目可行性研究报告，拟建项目法人可与相关协作单位签订原材料、燃料、运输、土建、安装、设备购置等部分的合同及协议。

(7) 作为核准采用新技术、新设备计划的依据。建设项目采用新技术与新设备，须通过可行性研究证明新技术或新设备确实可行，才可列入研制、采购计划进行研制或采用。

(8) 作为项目考核和后评价的依据。工程项目竣工、正式投入使用的生产考核，都可以将可行性研究报告上的技术、经济指标作为考核标准。

一般而言，可行性研究应完成以下工作内容：

① 进行市场研究，以解决工程建设的必要性问题；

② 进行工艺技术方案研究，以解决工程建设的技术可行性问题；

③ 进行财务和经济分析，以解决工程建设的经济合理性问题。

可行性研究工作完成后，需要编写出反映其全部工作成果的“可行性研究报告”。凡经可行性研究未通过的项目，不得进行下一步工作。

特别提示

对于政府投资的项目，实行项目审批制，须提交项目建议书和可行性研究报告。对于企业不使用政府资金投资建设的项目，一律不再实行审批制，区别不同情况实行核准制和备案制。对于《政府核准的投资项目目录》以外的企业投资项目，实行备案制。

5) 审批立项

审批立项是有关部门对可行性研究报告的审查批准程序，审批通过后即予以立项，正式进入工程项目的建设准备阶段。

2. 工程建设准备阶段

工程建设准备阶段的工作包括规划、征地、拆迁、报建、工程发包与承包等。

1) 规划

(1) 办理选址意见书。选址意见书是城乡规划行政主管部门依法核发的有关建设项目的选址和布局的法律凭证。《中华人民共和国城乡规划法》(以下简称《城乡规划法》)(2019年修正版)第三十六条规定：按照国家规定需要有关部门批准或者核准的建设项目，以划拨方式提供国有土地使用权的，建设单位在报送有关部门批准或者核准前，应当向城乡规划主管部门申请核发选址意见书。

(2) 办理建设用地规划许可证。建设用地规划许可证是建设单位在向土地管理部门申请征用、划拨土地前，经城市规划行政主管部门确认建设项目位置和范围符合城市规划的法定凭证，是建设单位用地的法律凭证。《城乡规划法》(2019年修正版)第三十七条规定：在城市、镇规划区内以划拨方式提供国有土地使用权的建设项目，经有关部门批准、核准、备案后，建设单位应当向城市、县人民政府城乡规划主管部门提出建设用地规划许可申请，由城市、县人民政府城乡规划主管部门依据控制性详细规划核定建设用地的位置、面积、允许建设的范围，核发建设用地规划许可证。

(3) 办理建设工程规划许可证。建设工程规划许可证是由城市规划行政主管部门依法核发的，确认有关建设工程符合城市规划要求的法律凭证。建设工程规划许可证是有关建设工程符合城市规划要求的法律凭证，是建设单位建设工程的法律凭证，是建设活动中接受监督检查时的法定依据。没有此证的建设单位，其工程建筑是违章建筑，不能领取房地产权属证件。非房建项目直接进窗申报建设工程规划许可证，房建项目还需要办理并联审查、放线、核面积指标、上定位图等程序后再申办建设工程规划许可证。

2) 征地(房屋征收)

根据《中华人民共和国土地管理法》(以下简称《土地管理法》)(2019修正版)第九条规定，城市市区的土地属于国家所有。农村和城市郊区的土地，除由法律规定属于国家所有的以外，属于农民集体所有；宅基地和自留地、自留山，属于农民集体所有。

工程建设用地必须通过国家对土地使用权的出让或划拨而得；而在农民集体土地上进行工程建设的，也必须由国家征用农民土地，然后再将土地使用权出让或划拨给建设方。

3) 拆迁

在城市进行工程建设，一般都要对建设用地上的原有房屋和附属物进行拆迁。建设方需要拆迁房屋的，必须取得房屋拆迁许可证，方可拆迁。拆迁人对被拆迁人依法给予补偿，并对被拆迁房屋的使用人进行安置。

4) 报建

建设项目被批准立项后，建设单位或其代理机构必须持工程项目立项批准文件、银行出具的资信证明、建设用地批准文件，向当地建设行政主管部门或其授权机构进行报建。

特别提示

凡未报建的工程项目，不得办证招标手续和发放施工许可证。设计、施工单位不得承接该项目的设计、施工任务。

5) 工程发包与承包

建设单位或其代理机构在上述准备工作完成后，须对拟建工程进行发包，以择优选定工程勘察设计单位、施工单位或总承包等单位。

3. 工程建设实施阶段

工程建设实施阶段的工作包括勘察设计、施工准备、施工安装、生产准备等。

1) 勘察设计

工程勘察通过对地形、地质及水文等要素的测绘、勘探、测试及综合评定，提供工程建设所需的基础资料。工程勘察需要对工程建设场地进行详细论证，保证建设工程合理进行，促使建设工程取得最佳的经济效益、社会效益和环境效益。

工程设计工作一般划分为初步设计和施工图设计两个阶段，对于技术比较复杂且缺乏设计经验的建设项目，还可按三个阶段开展设计，即初步设计、技术设计和施工图设计。

(1) 初步设计。初步设计的内容依项目类型的不同而有所变化，一般来说，它是项目的宏观设计，即项目的总体设计、布局设计，主要的工艺流程、设备选型和安装设计，土建工程量及费用的估算等。初步设计文件应当满足编制施工招标文件、主要设备材料订货和编制施工图设计文件的需要，是下一阶段施工图设计的基础。

特别提示

初步设计不得随意改变被批准的可行性研究报告所确定的建设规模、产品方案、工程标准、建设地址和总投资等控制目标。如果初步设计提出的总概算超过可行性研究报告总投资的10%或其他主要指标需要变更时，应说明原因和计算依据，并重新向原审批单位报批可行性研究报告。

(2) 技术设计。技术设计应根据初步设计和更详细的调查研究资料编制，以进一步解决初步设计中的重大技术问题，如：工艺流程、建筑结构、设备选型及数量确定等，使工程项目的设计更具体、更完善，技术指标更好。

(3) 施工图设计。施工图设计的主要内容是根据批准的初步设计或技术设计的要求，结合工程现场实际情况，完整表现建筑物外形、内部空间分割、结构体系、构造状况，以及建筑群的组成和周围环境的配合。施工图设计还包括各种运输、通信、管道系统、建筑设备的设计。在工艺方面，应具体确定各种设备的型号、规格及各种非标准设备的制造加工图。

施工图设计完成后，必须由施工图设计审查单位审查并加盖审查专用章后使用。以房屋建筑和市政基础设施工程为例，根据《房屋建筑和市政基础设施工程施工图设计文件审查管理办法》(住房城乡建设部令第13号)，建设单位应当将施工图送施工图审查机构审查。

特别提示

任何单位或者个人不得擅自修改审查合格的施工图。确需修改的，凡涉及上述管理办法第十一条规定内容的，建设单位应当将修改后的施工图送原审查机构审查。对于交通运输等基础设施工程，施工图设计文件则实行审批或审核制度。

2) 施工准备

(1) 施工准备工作内容。项目在开工建设之前要切实做好各项准备工作，其主要内容包括：

① 征地、拆迁和场地平整；

② 完成施工用水、电、通信、道路等接通工作；

③ 组织招标选择工程监理单位、承包单位及设备、材料供应商；

④ 准备必要的施工图纸；

⑤ 办理工程质量监督和施工许可手续。

(2) 工程质量监督手续和施工许可证的办理。建设单位完成工程施工准备工作且具备工程开工条件后，应及时办理工程质量监督手续和施工许可证。

3) 施工安装

建设工程具备开工条件并取得施工许可后才能开始土建工程施工和机电设备安装。按照规定，建设项目新开工时间是指工程项目设计文件中规定的任何一项永久性工程第一次正式破土开槽开始日期。不需开槽的工程，以正式打桩的日期作为开工日期。铁路、公路、水库等需要进行大量土石方工程的，以开始进行土石方工程施工的日期作为正式开工日期。

特别提示

工程地质勘察、平整场地、旧建筑物拆除、临时建筑、施工用临时道路和水、电等工程开始施工的日期不能算作正式开工日期。

施工安装活动应按照工程设计要求、施工合同条款、有关工程建设法律法规规范标准及施工组织设计，在保证工程质量、工期、成本及安全、环保等目标前提下进行，达到竣工验收标准后，由施工承包单位移交给建设单位。

4) 生产准备

对于生产性工程项目而言，生产准备是工程项目投产前由建设单位进行的一项重要工作。生产准备是衔接建设和生产的桥梁，是工程项目建设转入生产经营的必要条件。建设单位应适时组成专门机构做好生产准备工作，确保工程项目建成后能及时投产。

生产准备的主要工作内容包括：组建生产管理机构，制定管理有关制度和规定；招聘和培训生产人员，组织生产人员参加设备的安装、调试和工程验收工作；落实原材料、协作产品、燃料、水、电、气等的来源和其他需协作配合的条件，并组织工装、器具、备品、备件等的制造或订购等。

4. 工程竣工验收阶段

工程竣工验收是投资成果转入生产或使用的标志，也是全面考核工程建设成果、检验设计和施工质量的关键步骤。当建设工程按设计文件的规定内容和标准全部完成，并按规定将施工现场清理完毕后，达到竣工验收条件时，建设单位即可组织工程竣工验收。工程勘察、设计、施工、监理等单位应参加工程竣工验收。工程竣工验收要审查工程建设的各个环节，审阅工程档案，实地查验建筑安装工程实体，对工程设计、施工和设备质量等进行全面评价。不合格的工程不予验收。对遗留问题要提出具体解决意见，限期落实完成。工程竣工验收合格后，建设工程方可投入使用。

5. 交付使用及项目后评价阶段

交付使用及项目后评价阶段的工作包括交付使用和项目后评价两项。

工程项目竣工验收交付使用，只是工程建设完成的标志，而不是建设工程项目管理的终结。建设工程自竣工验收合格之日起即进入工程质量保修期(缺陷责任期)，按照规定开展保修。

所有建成后的工程项目都应该在运营一段时间后，对前期所有的内容工作进行项目后评价。进行项目后评价，检验项目管理工作，总结建设项目决策和建设的经验教训，对于促进建设项目决策科学化、规范化，提高建设项目管理水平十分有益。受经费和时间的限制，到目前为止，在我国开展项目后评价工作的起步阶段只限于针对投资金额大、影响范围广和特殊金融组织机构的项目。但是随着经济社会发展的需要，我国项目后评价发展较迅速。从国家计委(现为中华人民共和国国家发展和改革委员会，以下简称国家发展改革委)开展项目后评价开始，财政部、审计署、国家开发银行、中国建设银行、中国国际工程咨询公司等都参照世界银行模式成立了具有相对独立的后评价机构。

【思政案例】

未遵循建设程序
——重庆綦江彩虹桥垮塌事故实例

1999年1月4日18：50，32名群众正行走于重庆市的綦江彩虹桥上，另有22名驻綦武警战士进行训练，由西向东列队跑步至桥上约2/3处时，整座大桥突然垮塌，桥上群众和武警战士全部坠入綦河中。经奋力抢救，14人生还，40人遇难，直接经济损失631万元。那么一座于1996年2月竣工、刚刚投入使用不久的大桥为什么会发生这么严重的整体垮塌事故呢？

1. 基本情况

綦江彩虹桥位于綦江县城古南镇綦河上，是一座连接新旧城区的跨河人行桥。该桥为中承式钢管混凝土提篮拱桥，桥长140m，主拱净跨120m，桥面总宽6m，净宽5.5m。该桥在未向有关部门申请立项的情况下，于1994年11月5日开工，1996年2月竣工，施工中将原设计沉井基础改为扩大基础，基础均嵌入基石中。主拱钢管由重庆通用机械厂劳动服务部加工成8m长的标准节段，全拱钢管在标准节段没有任何质量保证且未经验收的情况下焊接拼装合拢。钢管拱成型后管内分段用混凝土填筑。桥面由吊杆、横梁及门架支承，吊杆锚固采用群锚体系，锚具型号为YCM15-3。1996年3月15日该桥未经法定机构验收核定即投入使用，建设耗资418万元。

2. 事故原因

调查中发现造成彩虹桥整体垮塌的一个重要原因就是其建设过程严重违反基本建设程序。未办理立项及计划审批手续，未办理规划、国土审批手续，未进行设计审查，未进行施工招标投标，未办理建筑施工许可手续，未进行工程竣工验收；设计、施工主体资质不合格。正是以上原因造成了吊杆锚固、钢管焊接、混凝土施工等都不符合要求的情况，最终导致惨剧的发生。

【思政引导】

通过此案例，应充分认识到工程项目的建设要严格遵循建设程序，建设方的专业水准、职业精神和监管方的依法行政、严格自律缺一不可。

(资料来源：重庆市綦江县彩虹桥“1·4”事故调查领导小组《关于綦江县彩虹桥特大垮塌事故调查报告》[EB/OL]. http://www.qejc.cn/3/16/2020-05-30/30365.php，2020-05-30.)

1.1.2　建设项目投资决策管理制度

根据《国务院关于投资体制改革的决定》(国发〔2004〕20号)政府投资工程实行审批制；非政府投资工程实行核准制或备案制。

1. 政府投资工程

对于采用直接投资和资本金注入方式的政府投资工程，政府需要从投资决策的角度审批项目建议书和可行性研究报告。除特殊情况外，不再审批开工报告，同时还要严格审批其初步设计和概算；对于采用投资补助、转贷和贷款贴息方式的政府投资工程，则只审批资金申请报告。

政府投资工程一般要经过符合资质要求的咨询中介机构的评估论证，特别重大的工程还应实行专家评议制度。国家将逐步实行政府投资工程公示制度，以广泛听取各方面的意见和建议。

2. 非政府投资工程

对于企业不使用政府资金投资建设的工程，政府不再进行投资决策性质的审批，区别不同情况实行核准制或备案制。

1) 核准制

企业投资建设《政府核准的投资项目目录》中的项目时，仅需向政府提交项目申请报告，不再经过批准项目建议书、可行性研究报告和开工报告的程序。

(1) 项目申请报告应包括下列内容：

① 企业基本情况；

② 项目情况，包括项目名称、建设地点、建设规模、建设内容等；

③ 项目利用资源情况分析及对生态环境的影响分析；

④ 项目对经济和社会的影响分析。

(2) 政府核准机关需要审查下列内容：

① 是否危害经济安全、社会安全、生态安全等国家安全；

② 是否符合相关发展建设规划、产业政策和技术标准；

③ 是否合理开发并有效利用资源；

④ 是否对重大公共利益产生不利影响。

2) 备案制

对于《政府核准的投资项目目录》以外的企业投资项目，实行备案制。除国家另有规定外，由企业按照属地原则向地方政府投资主管部门备案。

备案告知内容包括：

① 企业基本情况；

② 项目名称、建设地点、建设规模、建设内容；

③ 项目总投资额；

④ 项目符合产业政策的声明。

特别提示

为扩大大型企业集团的投资决策权，对于基本建立现代企业制度的特大型企业集团投资建设《政府核准的投资项目目录》中的项目，可以按项目单独申报核准，也可编制中长期发展建设规划；规划经国务院或国务院投资主管部门批准后，规划中属于《政府核准的投资项目目录》中的项目不再另行申报核准，只需办理备案手续。企业集团要及时向国务院有关部门报告规划执行和项目建设情况。

1.2 招投标的发展历史

【导入】

2018年5月16日，我国首个应用BIM(建筑信息模型)技术的电子招投标项目“万宁市文化体育广场项目”体育馆、游泳馆项目在海南省人民政府政务服务中心顺利完成开评标工作。

本次开标正是利用BIM技术的先进性，结合传统电子招投标方式，从总体评价、深化设计、施工模拟、成本管理、专项方案5个方面，包括总体评价、模型碰撞、孔洞预留、施工进度模拟、重难点工艺动画展示、施工图预算与模拟关联、施工资金资源需求展示、场地布置方案、架体专项方案等9个内容，提出评审标准和评审内容及量化标准，使评标专家从原本烦琐的文字评审中解脱出来，让评标专家能够一目了然地抓住投标企业技术方案的优缺点，更加合理地针对投标文件进行整体的评判。

该项目评标会的顺利完成，标志着工程招标投标领域正式进入三维模型时代，继传统纸质招投标到电子化招投标变革成功后又一次取得革命性的创新跨越发展，实现了从电子化招投标到可视化、智能化变革，并为后续的人工智能评标和大数据应用打下了良好的基础。让我们一起来了解一下国内外招标投标的前世今生吧。

1.2.1　招标投标在国外的产生和发展

招标投标方式起源于18世纪末和19世纪初西方发达国家，尤其以英国和美国为代表，主要是随着政府采购制度的产生而产生的。

1782年，英国政府首先设立文具公用局，负责采购政府各部门所需的办公用品。随着采购的范围和数量不断加大，经常会出现浪费现象，与此同时，采购过程中的贪污腐败现象也时有发生。为规范交易过程、节约成本，给供应商提供平等的竞争机会，1803年，英国政府颁布法令，在全国推行招标投标制。由此，招标投标制度应运而生。英国从设立文具公用局到颁布招标投标法令，中间经历了21年。后来，招标投标制度很快在各类物资采购和工程建设中得到推广，并迅速传播到西方其他国家，在政府机构和私人企业购买批量较大的货物及兴办较大的工程项目时，常常采用招标投标方式。

美国联邦政府民用部门的招标采购历史可以追溯到1792年，当时有关政府采购的第一部法律将为联邦政府采购供应品的责任赋予美国首任财政部部长亚历山大•汉密尔顿。1861年，美国又出台了一项联邦法案，规定超过一定金额的联邦政府采购，都必须采取公开招标的方式，并要求每一项采购不得少于3个投标人。1868年，美国国会通过立法确立公开开标和公开授予合同的程序。1946年，美国在联合国经济及社会理事会(Economic and Social Council，ECOSOC)的会议上提交了一份著名的《国际贸易组织宪章(草案)》，首次将政府采购提上国际贸易的议事日程，要求将国民待遇原则和最惠国待遇原则作为世界各国政府采购的原则。1949年，美国国会通过《联邦财产与行政服务法》。该法为美国总务管理局(General Service Administration，GSA)提供了统一的政策和方法，并确立GSA为联邦政府的绝大多数民用部门提供集中采购的服务和权利。

于是，招标投标由一种交易方式成为政府强制行为。随着招标采购在国际贸易中迅速上升，招标投标制度已成为一项国际惯例，并形成了一整套系统，成为各国政府和企业所共同遵循的国际规则。各国政府不断加强和完善本国相应的法律制度和规范体系，对促进国家间贸易和经济合作的发展发挥了重大作用。

西方发达国家及世界银行等国际金融组织在货物采购、工程承包、咨询服务采购等交易活动中积极推行招标投标方式，使其日益成为各国和各国际经济组织所广泛认可的交易方式。

1.2.2 招标投标在国内的产生和发展

据史料记载，我国最早采用招商比价(招标投标)方式承包工程的是1902年张之洞创办的湖北制革厂。5家营造商参加开价比价，结果张同升以1270.1两白银的开价中标，并签订了以质量保证、施工工期、付款办法为主要内容的承包合同。1918年汉阳铁厂的两项扩建工程曾在汉口《新闻报》刊登广告，公开招标。1929年，当时的武汉市采办委员会曾公布招标规则，规定公有建筑或一次采购物料大于3000元以上者，均须通过招标决定承办厂商。

新中国成立后，以建设工程招标投标的发展为主线，可把我国招标投标的发展过程划分为三个发展阶段。

1. 第一阶段：招标投标制度初步建立

从中华人民共和国成立初期到党的十一届三中全会以前，这阶段我国实行的是高度集中的计划经济体制。在这一体制下，政府部门、国有企业及其有关公共部门基础建设和采购任务由主管部门用指令性计划下达，企业的经营活动都由主管部门安排，招标投标制度被中止。

20世纪80年代，我国开始探索招标投标制度，主要发展历程如下。

(1) 1979年，我国土木工程建筑企业开始参与国际市场竞争，以投标方式在中东、亚洲、非洲和我国港澳地区开展国际承包工程业务，取得了国际工程投标的经验与信誉。

(2) 1980年10月17日，国务院在《关于开展和保护社会主义竞争的暂行规定》中首次提出，为了改革现行的经济管理体制，积极地开展社会主义竞争，对一些适宜于承包的生产建设项目和经营项目，可以试行招标、投标的办法。1980年，世界银行提供给我国的第一笔贷款，用于支持大学的发展项目，并以国际竞争性招标方式在我国(委托)开展其项目采购与建设活动。自此之后，招标活动在国内得到了重视，并获得了广泛的应用推广。

(3) 1981年间，吉林省吉林市和深圳经济特区率先试行工程招标投标，并取得了良好效果。这个尝试在全国起到了示范作用，并揭开了我国招标投标的新篇章。

(4) 1984年9月18日，国务院颁发了《关于改革建筑业和基本建设管理体制若干问题的暂行规定》，提出大力推行工程招标承包制，要改变单纯用行政手段分配建设任务的老办法，实行招标投标。

(5) 1984年11月，国家计委(现为国家发展改革委)和城乡建设环境保护部(现为中华人民共和国住房和城乡建设部，以下简称住房城乡建设部)联合制定了《建设工程招标投标暂行规定》。1985年，国务院决定成立中国机电设备招标中心，并在主要城市建立招标机构，招标投标工作正式纳入政府职能。此后，随着改革开放形势的发展和市场机制的不断完善，我国在基本建设项目、机械成套设备、进口机电设备、科技项目、项目融资、土地承包、城镇土地使用权出让、政府采购等许多政府投资及公共采购领域，逐步推行招标投标制度。随着经济体制改革的不断深化，《一九八八年深化经济体制改革的总体方案》出台，我国逐步取消计划经济模式。

20世纪80年代，我国招标投标经历了“试行—推广—兴起”的发展过程，招标投标主要侧重于宣传和实践，这属于社会主义计划经济体制下的一种探索。

2. 第二阶段：招标投标制度规范发展

1992年全面推行市场经济政策，招标投标市场解放思想，改革开放，彻底取消了计划经济分配制度。各行业开始招标投标工作的转轨变型，强化服务深度，扩展服务领域，开展全新模式的招标投标工作。

20世纪90年代初期到中后期，全国各地普遍加强对招标投标的管理和规范工作，也相继出台了一系列法规和规章，招标方式从以议标为主转变为以邀请招标为主。

这一阶段是我国招标投标发展史上的重要阶段，招标投标制度得到长足发展，全国的招标投标管理体系基本形成。

(1) 全国各省、自治区、直辖市、地级以上城市和大部分县级市都相继成立了招标投标监督管理机构，工程招标投标专职管理人员队伍不断壮大，全国已初步形成招标投标监督管理网络，招标投标监督管理水平不断提高。

(2) 工程建设招标投标步入法治化轨道。1992年建设部令第23号《工程建设施工招标投标管理办法》发布后，各省、自治区、直辖市相继发布《建筑市场管理条例》和《工程建设招标投标管理条例》，各市也制定有关招标投标的政府令，规范了招标投标行为。1997年正式发布的《中华人民共和国建筑法》(以下简称《建筑法》)，对全国规范工程招标投标行为和制度起到极大的推动作用。特别是有关招标投标程序的管理细则陆续出台，为招标投标行为创造了公开、公平、公正的法律环境。

(3) 成立建设工程交易中心。自1995年起，全国各地陆续建立建设工程交易中心，将招标投标的管理和服务等功能有效结合起来，初步形成以招标投标为龙头，相关职能部门相互协作，具有“一站式”管理和“一条龙”服务特点的建筑市场监督管理新模式，为招标投标制度的进一步发展和完善开辟了新的道路。工程交易活动已由无形转为有形、隐蔽转为公开。信息公开化和招标程序规范化，有效遏制了工程建设领域的腐败行为，为在全国推行公开招标创造了有利条件。

3．第三阶段：招标投标制度不断完善

1999年8月30日，第九届全国人民代表大会常务委员会第十一次会议通过了《中华人民共和国招标投标法》(以下简称《招标投标法》)，并于2000年1月1日起施行。2002年6月29日，第九届全国人民代表大会常务员会第二十八次会议通过了《中华人民共和国政府采购法》(以下简称《政府采购法》)，并于2003年1月1日起施行，确定了招标投标方式为政府采购的主要方式。

《招标投标法》和《政府采购法》的实施，确立了招标投标的法律地位，标志着我国工程建设项目招标投标进入了法治化、程序化时代，从而极大地推动了建设工程招标投标工作在全国范围的开展。

随后，围绕着招标投标市场，国务院、建设行政主管部门等先后制定了招标代理管理办法、评标专家库的管理等办法，为建立与健全有形建筑市场，下发了建设工程施工标准招标文件及资格预审示范文本等。2011年11月30日，国务院第183次常务会议通过了《中华人民共和国招标投标法实施条例》(以下简称《招标投标法实施条例》)，并于2012年2月1日起实施。2013年2月4日，发展改革委令第20号发布《电子招标投标办法》及其附件《电子招标投标系统技术规范》，自2013年5月1日起施行。推行电子招标投标对于提高采购透明度、节约资源和交易成本、促进政府职能转变具有非常重要的意义。《招标投标法》于2017年12月27日进行了修正；《招标投标法实施条例》分别于2017年3月1日、2018年3月19日和2019年3月2日进行了三次修订，这些法律法规的修订进一步完善了招标投标制度。

【思政引导】

通过招标投标的发展历史展示和工程项目的介绍，引导学生感受时代的变迁，感受中国力量和中国速度，提升专业自豪感，树立报效祖国的志向。

【思政案例】

工程招投标机制引入实践

——鲁布革水电站引水工程招标投标简介

1. 工程招标概况

鲁布革水电站装机容量60万kW·h，位于云贵交界的红水河去流黄泥河上。1981年6月经国家批准，列为重点建设工程。1982年7月国家决定将鲁布革水电站的引水工程作为原水利电力部第一个对外开放、利用世界银行贷款的工程，并按世界银行规定实行中华人民共和国成立以来的第一次国际公开(竞争性)招标。

2. 工程简介

鲁布革水电站引水系统工程，是由一条内径8m、长9.4km的引水隧洞，一座带上室的差动式调压井，两条内径4.6m、倾角48°、长468m的压力钢管斜井及四条内径362m的压力支管等组成。招标范围包括其引水隧洞、调压井和通往电站的压力管等。

3. 招标和评标

招标工作由原水利电力部委托中国进出口公司进行，其招标程序如表1-1所示。

表1-1 鲁布革水电站引水工程国际公开招标程序

时间	工作内容	说明
1982 年 9 月	刊登招标公告	
1982 年 9—12 月	第一阶段资格预审	从 13 个国家的 32 家公司中选定 20 家合格公司，包括国内公司 3 家
1983 年 2—6 月	第二阶段资格预审	与世界银行磋商第一阶段资格预审，中外公司组成联合投标公司进行谈判
1983 年 6 月 15 日	发售招标文件(标书)	15 家外商及 3 家国内公司购买了标书
1983 年 11 月 8 日	当众开标	共 8 家公司投标
1983 年 11 月—1984 年 4 月	评标	确定大成(日)、前田(日)和英波吉洛(意美联合)3 家公司为评标对象，最后确定大成公司中标，与之签订合同，合同价 8463 万元，比标底 14 958 万元低 43.4%，合同工期 1597 天
1984 年 11 月	引水工程正式开工	
1988 年 8 月 13 日	正式竣工	工程师签署了工程竣工移交证书，工程初步结算价 9100 万元，仅为标底的 60.8%，比合同价增加了 7.53%，实际工期 1475 天，比合同工期提前 122 天

从1982年7月编制招标文件开始，至工程开标，历时17个月。根据鲁布革工程初步计划

并参照国际施工水平，在“施工进度及计划”和工程概算的基础上编制招标文件。该文件共三卷：第一卷含有招标条件、投标条件、合同格式与合同条款；第二卷为技术规范，主要包括一般要求及技术标准，第三卷为设计图纸，另有补充通知等。鲁布革引水系统工程的标底为14 958万元。

我国的三家公司分别与外商联合参加工程的招标。由于世界银行坚持中国公司不与外商联营不能投标，我国某一公司被迫退出投标。

开标后，根据当日的官方汇率，将外币换算成人民币。各家厂商标价按顺序排列，如表1-2所示。根据投标文件的规定，对和中国联营的厂商标价给予优惠，即对未享有国内优惠的厂商标价各增加7.5%，但仍未能改变原标序。

最终，通过有关问题的澄清和综合分析，认为英波吉洛(意美联合公司)标价高，所提的附加优惠条件不符合招标条件，不具竞争优势，所以首先予以淘汰。评委对两家日本厂商的评审意见不一。经过有关方面反复研究讨论，为了尽快完成招标，以利于现场施工的正常进行，最后选定最低标价的日本大成公司为中标厂商。

表1-2　鲁布革水电站引水工程国际公开招标评标折算报价

公司	折算报价(万元)	公司	折算报价(万元)
日本大成公司	8460	中国闽昆与挪威 FHS 联合公司(闽挪联合公司)	12 210
日本前田公司	8800	南斯拉夫能源公司	13 220
英波吉洛公司(意美联合公司)	9280	法国 SBTP 联合公司	17 940
中国贵华与前联邦德国霍尔兹曼公司	12 000	前联邦德国某公司	废标

4. 国内公司失标的原因分析

按照国际惯例，只有排名前三的标书能进入评标阶段，因此我国两家公司没有入选，实为遗憾。这次国际竞争性招标，我国公司享受7.5%的优惠，且地处国内，条件颇为有利，未曾中标。事后分析，原因可能如下：

(1) 标价计算过高，束缚了自己的手脚，投标过程中对市场信息的掌握也稍有不足。

(2) 工效有差距，当时国内隧洞开挖进尺每月最高为112m，前田公司为220m/月，大成公司为190m/月。

(3) 施工工艺落后，在隧洞开挖上，国外采用控制爆破，超挖可控制在12～15cm以内，我国以往数据一般为超挖40～50cm。在开挖方法上，国外采用圆形断面方法，一次开挖成洞，比我国习惯用的先挖成马蹄形断面，然后用混凝土回填的方法，每米隧洞可减少石方开挖和混凝土各7m^3。在隧洞衬砌上，国外采用水泥裹砂技术，每立方米混凝土的水泥用量比我国一般情况下约少用70kg，闽昆公司和挪威联营的公司所用水泥比大成公司多了4万多吨，按进口水泥运达工地价计算，差额约为1000万元。

由于上述因素，我国公司报价的主要指标一般高于此次投标的外国公司而处于不利地位，具体如表1-3所示。

表1-3　主要指标对比表

项目	单位	大成公司	前田公司	英波吉洛公司	闽挪联合公司	标底
隧洞开挖	元/m^3	37	35	26	56	79
隧洞衬砌	元/m^3	200	218	269	291	444
混凝土衬砌水泥单方用量	元/m^3	270	308		360	320～350
水泥总用量	t	52 500	65 500	64 000	92 400	77 890
劳动量总计	工日/月	22 490	19 250	19 520	28 970	
超挖及开挖方法	cm	12～15(圆形)	12～15(圆形)	10(圆形)	20(马蹄形)	20(马蹄形)
隧洞开挖月进尺	m/月	190	220	140	180	

5. 项目实施情况

日本大成公司采用总承包制，管理和技术人员仅30人左右，雇我国公司分包。采用科学的项目管理方法，竣工工期为1475天，提前122天，工程质量综合评价为优良。包括除汇率风险以外的设计变更、物价涨落、索赔及附加工程量等增加费用在内的工程初步结算为9100万元，仅为标底的60.8%，比合同价增加了7.53%。

鲁布革工程管理经验不但得到了世界银行的充分肯定，也受到我国政府的重视。原建设部和原国家计委等五单位于1987年7月发布《关于批准第一批推广鲁布革工程管理经验试点企业有关问题的通知》，于1988年8月确定了15家试点企业，共66个项目，1991年将试点企业调整为50家。1991年9月，原建设部提出了《关于加强分类指导、专题突破、分步实施、全面深化施工管理体制综合改革试点工作的指导意见》，将试点工作转变为全行业的综合改革。

【思政思考】

1. 招投标的目的是什么？

2. “鲁布革冲击”给我国基建行业带来了什么？

3. 以鲁布革工程为转折，中国建筑业从计划经济转型市场经济，实现了历史性巨变，我国也从建筑大国迈向了建筑强国。请你举例说明改革40年多年来中国建筑业的变化。

课后思考题

1. 何谓工程建设程序？我国工程建设程序分为哪几个阶段？
2. 目前我国建设项目投资决策管理制度的主要内容有哪些？
3. 工程发承包的模式有哪些？
4. 建设项目前期工作包括哪些？

第2章

认识建筑市场

学习目标

- 了解建筑市场的概念、特征及分类。
- 掌握建筑市场的构成。
- 了解建筑市场的资质管理方式。
- 熟悉公共资源交易中心设置的目的、主要职能、服务范围及工作程序。

能力要求

1. 能够结合具体项目界定招标人、投标人及建设工程招标代理机构的权利和义务。
2. 熟悉工程建设项目在公共资源交易中心的办事流程。

思政目标

1. 在建筑业转型升级的背景下，认知建筑市场当前变化，树立职业自豪感和使命感。

2. 通过由建设工程交易中心到公共资源交易中心的转变，逐步实现行政监管职能和市场服务职能分离，打破部门封锁和行业垄断，充分体现制度自信。

2.1 建筑市场

【导入】

为了加快推进建筑市场信用体系建设，规范建筑市场秩序，2017年12月11日，住房城乡和建设部印发了《建筑市场信用管理暂行办法的通知》，要求建立和完善全国建筑市场监管公共服务平台，公开建筑市场各方主体信用信息，以营造公平竞争、诚信守法的市场环境。下面，我们就一起来认识一下建筑市场的概念和分类。

2.1.1 建筑市场的概念及特点

1. 建筑市场的概念

市场的最初定义是指买卖双方发生商品交换行为的固定场所，被称为有形的市场，即狭义的市场概念。但随着商品交换的发展，市场突破了村镇、城市、国家的界限，没有固定交易场所，依靠广告、中间商及其他形式沟通买卖双方，实现商品交换，被称为无形市场。

因而，广义的市场定义为商品交换关系的总和，包括有形市场和无形市场。

建筑市场是指进行建筑商品及相关要素交换的市场，是市场体系中的重要组成部分。它是以建筑产品的承发包活动为主要内容的市场，是建筑产品和有关服务的交换关系的总和。建筑市场也有广义和狭义之分。

狭义的建筑市场是指以建筑产品为交换内容的市场。它是建设项目的建设单位和建筑产品的供给者通过一定的方式进行订货交易的建筑产品市场。建筑产品是指建筑企业向社会提供的具有一定功能、可供人类使用的最终产品，包括各种建筑成品、半成品。一般来说，建筑产品是指在建或完工的单位工程或单项工程。

广义的建筑市场除了建筑产品供需双方进行订货交易的建筑产品市场(即有形的建筑市场)外，还包括与建筑生产密切相关的勘察设计市场、生产资料市场、劳务市场、技术市场、资金市场和咨询服务市场等。建筑产品市场的繁荣与否，直接影响着相关市场的兴衰。构成广义的建筑市场的诸多市场之间是紧密依存、相互制约的。

2. 建筑市场的特点

(1) 建筑市场交易的直接性。建筑市场由建筑产品的需求者和生产者直接进行交易活动，先成交，后生产，不需要经过中间环节。

(2) 建筑产品交易的长期性。建筑产品的交换开始于产品生产之前，需求者和生产者确定交换关系之时；终结于产品生产过程结束之后，保修期终了。一般多采用分期交货(中间产品或部分产品)分期付款方式。具体交货方式按合同规定的结算方式来确定。

(3) 建筑市场交易的特殊性。建筑市场交易的特殊性，主要表现在以下几个方面。

① 主要交易对象的单件性。由于建筑产品的多样性使建筑产品不能实现批量生产，建筑市场不可能出现相同的建筑商品，因而建筑商品在交易中没有挑选机会，只能单件交易。

② 交易对象的整体性和分部分项工程的相对独立性。无论是住宅小区，还是配套齐全的工厂、功能完备的大楼，都是不可分割的整体，所以建筑产品交易是整体的，但施工中需要对分部分项工程验收、评定质量，分期拨付工程进度款，因而建筑市场交易中分部分项工程具有相对独立性。

③ 交易价格的特殊性。建筑产品的单件性要求每件定价，定价形式多样，如单价制、总价制等。由于建筑产品价值量大，少则数十万元，多则上百亿元，因此价格结付方式多样，如预付制、按月结算、竣工后一次性结算、分阶段结算等。供求双方达成的合同价格即为建筑产品的成交价格。成交价格一般不是固定不变的，按照事先约定的条件，允许价格做相应的调整。因此，只有待工程竣工才能最终确定价格。

④ 交易活动的不可逆转性。建筑市场交易关系一旦形成，设计、施工等承包必须按约定履行义务，工程竣工后不可能再退换。

(4) 建筑市场具有显著的区域性。这一特点是由建筑产品的固定性所决定的。建筑市场的区域性并不是截然分割的，它随着建筑市场中供求关系的变化而变化。建筑市场区域性特点要求建筑生产者在选择自己的生产经营范围时，必须掌握工程建造地点的市场环境，包括自然的、经济的、法律的环境。建筑产品的类型、规模对建筑市场的区域性有一定影响。一般来说，建筑产品的规模越小，技术越简单，建筑市场的区域性就越强，或者说，区域范围越小；反之，建筑产品的规模越大，技术越复杂，建筑市场的区域性越弱，即区域范围越大。

(5) 建筑市场竞争的激烈性。建筑生产的集中化程度较低，大型企业的市场占有率较低，中小企业占绝大多数，常常出现一个需求者面对几个、十几个甚至几十个生产者的竞争局面。不仅其中的生产者面临风险，其中的需求者也面临风险。另外，建筑产品的不可替代性，使建筑产品生产者无法自主地制订类似合同产品计划和相应的生产计划，基本上处于被动地适应需求者的需要的地位。相对来说，需求者则处于主动地位。这也加剧了建筑产品市场的竞争激烈程度。

(6) 建筑市场较大的风险性。对于建筑产品供给者，其市场风险主要表现在：定价风险；建筑产品生产周期长，不确定因素多；需求者支付能力的风险等。对于建筑产品需求者，其市场风险主要表现在：价格与质量的矛盾；价格与交货时间的矛盾；预付工程款的风险等。

(7) 建筑市场对参与者各方有严格的行为规范。例如，其对需求者和生产者进入市场的条件、双方成交的程序和订货(承包)合同条件，以及交易过程中双方应遵守的其他细节等，均作出具体的明文规定。这些行为规范对市场的每一个参加者都具有法律的或道义的约束力，从而保证市场能够有条不紊地运转。

2.1.2　建筑市场的分类

建筑市场有以下分类。

(1) 按交易对象，分为建筑产品市场、资金市场、劳动力市场、建筑材料市场、设备租赁市场、技术市场和服务市场等。

(2) 按市场覆盖范围，分为国际市场和国内市场。

(3) 按有无固定交易场所，分为有形市场和无形市场。

(4) 按固定资产投资主体，分为国家投资形成的建设工程市场、企事业单位自有资金投资形成的建设工程市场、私人住房投资形成的建设工程市场和外商投资形成的建设工程市场等。

(5) 按建筑产品的性质，分为工业建筑工程市场、民用建筑工程市场、公共建筑工程市场、市政工程市场、道路桥梁市场、装饰装修市场、设备安装市场等。

2.2　建筑市场的构成

【导入】

为贯彻落实《国务院办公厅关于促进建筑业持续健康发展的意见》(国办发〔2017〕19号)，加快推进建筑市场信用体系建设，规范建筑市场秩序，营造公平竞争、诚信守法的市场环境，根据《建筑法》《招标投标法》《企业信息公示暂行条例》《社会信用体系建设规划纲要(2014—2020年)》等，住房城乡建设部制定了《建筑市场信用管理暂行办法》，对建筑市场各方主体进行监督管理。下面，我们一起来了解一下建筑市场的构成。

建筑市场是由许多基本要素组成的有机整体，包括由发包人、承包人和为工程建设服务的中介服务方及政府相关主管部门组成的市场主体，不同形式的建筑产品组成的市场客体，以及保证市场秩序、保护主体合法权益的市场机制和市场交易规则。这些要素之间相互联系和相互作用，共同推动建筑市场的有效运转。

2.2.1 建筑市场的主体

建筑市场的主体是指参与建筑生产交易的各方，即发包人、承包人、工程咨询服务单位等。

1. 发包人

发包人是指具有工程发包主体资格和支付工程价款能力的当事人，以及取得该当事人资格的合法继承人。发包人又被称为业主、建设单位、项目法人或发包单位。

我国推行的项目法人责任制，由项目法人对项目建设的全过程负责。项目业主的产生主要有以下三种方式。

(1) 业主是原企业或单位。由企业或机关、事业单位投资的新建、扩建、改建工程，则该企业或单位即为项目业主。

(2) 业主是联合投资董事会。由不同投资方参股或共同投资的项目，则业主是共同投资方组成的董事会或管理委员会。

(3) 业主是各类开发公司。开发公司自行融资或由投资方协商组建或委托开发的工程管理公司也可成为业主。

知识链接

项目法人责任制简介

2. 承包人

承包人是指有一定生产能力、技术装备、流动资金，具有承包工程建设任务的营业资格，在建筑市场中能够按照业主的要求，提供不同形态的建筑产品，并获得工程价款的建筑业企业。按其生产的主要形式的不同，分为勘察、设计单位，建筑安装企业，混凝土预制构件、非标准件制作等生产厂家，商品混凝土供应站，建筑机械租赁单位，以及专门提供劳务的企业等；按其承包方式不同分为施工总承包企业、专业承包企业、劳务分包企业；按其从事的专业不同，可分为建筑、机电、市政、公路、铁路、水利、港口、园林等专业公司。

3. 工程咨询服务单位

在国际上，工程咨询服务单位一般称为咨询公司；在国内，则包括勘察公司、设计院、工程监理公司、工程造价公司、招投标代理机构和工程管理公司等。他们主要向建设项目的发包人提供工程咨询和管理等智力型服务，以弥补发包人对工程建设业务不了解或不熟悉的不足。工程咨询服务单位并不是工程承包的当事人，但受发包人聘用，与发包人订有协议或合同，从事工程咨询或监理等工作，因而在项目实施中承担重要的责任。咨询任务可以贯穿于从项目立项到竣工验收乃至使用阶段的整个项目建设过程，也可只限于其中某个阶段，如可行性研究咨询、施工图设计和施工监理等。

特别提示

政府主管部门在建设工程市场中主要起指导、协调和监管的作用。由各级政府的相关职能部门下设的招投标监督管理办公室是相关行业的建设市场主管单位，对于推动建设市场规范有序地发展起着重要作用。

2.2.2　建筑市场的客体

1. 建筑市场的客体的概念

建筑市场的客体一般称为建筑产品，包括有形的建筑产品(如建筑物、构筑物)和无形的建筑产品(如咨询、监理等智力型服务)。在不同的生产交易阶段，建筑产品可以表现为以下不同形态。

(1) 规划、设计阶段：建筑产品可以是勘察报告、可行性研究报告、施工图设计文件等形式。

(2) 招标、投标阶段：建筑产品可以是资格预审文件、招标文件、投标文件及合同文件等形式。

(3) 施工阶段：建筑产品可以是各类建筑物、构筑物及劳动力、建材、机械设备、预制构件、技术、资金、信息等。

2. 建筑产品的特点

(1) 建筑产品的固定性和生产过程的流动性。建筑产品在建造中和建成后是不能移动的，从而带来建筑产品生产过程的流动性，即生产机构、劳动者和劳动工具将随建设地点的迁移而迁移。

(2) 建筑产品的个体性和其生产的单件性。建筑产品的功能要求是多种多样的，使得每个建筑物和构筑物都有其独特的形式和独特结构，因此需要单独设计。这一特征也决定了每一项建设工程都具有其独特的技术特征，生产过程是独一无二的。

(3) 建筑产品投资巨大，生产周期长。由于建筑产品的工程量巨大，需要消耗大量的人力、物力和财力，同时建设工程项目的生产周期长达数月甚至数十年，其间庞大的资金呆滞在生产过程中，只有投入，没有产出。在如此长的时间内，投资可能受到物价变化、国内国际形势等的影响，因而建设项目投资管理非常重要。

2.3　建筑市场的资质管理

【导入】

张三大学毕业后，和几位要好的同学合资开了一家建筑公司，在当地的工商部门登记注册后便开始承揽工程了。但没过多久，当地的建设行政主管部门便找上门来，说他们只有工商营业执照而没有办理相应的资质证书是不能承揽工程的。这是什么原因呢？

建筑活动的专业性及技术性都很强，建设工程具有投资大、周期长等特点，一旦发生问题，会给社会和人民的生命、财产安全造成极大损失，因此，为保证建筑工程的质量和安全，对从事建筑活动的单位和个人都必须进行严格管理。建筑市场的资质管理包括两个方面，即对从业企业的资质管理和对专业从业人员的资格管理。

2.3.1　从业企业资质管理

按《建筑法》规定，应对从事建筑活动的建筑施工企业、勘察单位、设计单位和工程监理单位实行资质管理。我国建筑市场长期以来实行资质准入制度，即建设工程企业按照其拥有的资产、人员、装备和业绩等资质条件，划分为不同的资质等级，取得相应的资质证书后方可在许可范围内从事建筑活动。这项制度在我国建筑业的发展过程中，对确保建设工程质量安全、促进建筑市场有序发展发挥了积极、重要的作用。但随着建筑产业的持续发展和市场法规体系的不断完善，传统的资质管理制度也显现出一定的弊端，甚至在某些方面限制了企业和市场的发展。在建筑业转型升级、深化“放管服”改革、优化营商环境的大背景下，建设工程企业资质改革迫在眉睫。

2020年11月30日，经国务院常务会议审议通过的《建设工程企业资质管理制度改革方案》(以下简称《方案》)由住房和城乡建设部正式印发。《方案》明确了包括工程勘察、设计、施工、监理企业在内的建设工程企业资质改革方案，提出将大力精简企业资质类别、归并等级设置、简化资质标准、优化审批方式，同时公布了具体的资质改革措施及改革后的资质分类分级情况。

知识链接

建设工程企业资质管理制度改革方案

1. 工程施工企业

《方案》将10类施工总承包企业特级资质调整为施工综合资质，可承担各行业、各等级施工总承包业务；保留12类施工总承包资质，将民航工程的专业承包资质整合为施工总承包资质；将36类专业承包资质整合为18类；将施工劳务企业资质改为专业作业资质，由审批制改为备案制。综合资质和专业作业资质不分等级；施工总承包资质、专业承包资质等级原则上压减为甲、乙两级(部分专业承包资质不分等级)，其中，施工总承包甲级资质在本行业内承揽业务规模不受限制。

2. 工程勘察企业

《方案》保留综合资质；将4类专业资质及劳务资质整合为岩土工程、工程测量、勘探测试等3类专业资质。

综合资质不分等级，专业资质等级压减为甲、乙两级。

3. 工程设计企业

《方案》保留综合资质；将21类行业资质整合为14类行业资质；将151类专业资质、8类专项资质、3类事务所资质整合为70类专业和事务所资质。综合资质、事务所资质不分等级；行业资质、专业资质等级原则上压减为甲、乙两级(部分资质只设甲级)。

4. 工程监理企业

《方案》保留综合资质；取消专业资质中的水利水电工程、公路工程、港口与航道工程、农林工程资质，保留其余10类专业资质；取消事务所资质。综合资质不分等级，专业资质等级压减为甲、乙两级。

5. 工程造价咨询企业

《工程造价咨询企业管理办法》所称工程造价咨询企业，是指接受委托，对建设项目投资、工程造价的确定与控制提供专业咨询服务的企业。

从事工程造价咨询活动，应当遵循独立、客观、公正、诚实信用的原则，不得损害社会公共利益和他人的合法权益。任何单位和个人不得非法干预依法进行的工程造价咨询活动。

2021年6月3日，国务院下发《国务院关于深化“证照分离”改革进一步激发市场主体发展活力的通知》(国发〔2021〕7号)，自2021年7月1日起，取消对工程造价咨询企业的资质认定审批。取消审批后，企业取得营业执照即可开展经营，行政机关、企事业单位、行业组织等不得要求企业提供相关行政许可证件。

6. 工程招标代理企业

知识链接

《住房和城乡建设部关于修改<工程造价咨询企业管理办法><注册造价工程师管理办法>的决定》

工程招标代理是指工程招标代理机构接受招标人的委托，从事工程的勘察、设计、施工、监理及与工程建设有关的重要设备(进口机电设备除外)、材料采购招标的代理业务。

2017年12月28日，住房城乡建设部办公厅发布《住房城乡建设部办公厅关于取消工程建设项目招标代理机构资格认定加强事中事后监管的通知》(建办市〔2017〕77号)，明确自2017年12月28日起各级住房城乡建设部门不再受理招标代理机构资格认定申请，停止招标代理机构资格审批。

取消资格等级划分后，招标代理机构可按照自愿原则向工商注册所在地省级建筑市场监管一体化工作平台报送基本信息。信息内容包括：营业执照相关信息、注册执业人员、具有工程建设类职称的专职人员、近3年代表性业绩、联系方式。上述信息统一在住房城乡建设部全国建筑市场监管公共服务平台对外公开，供招标人根据工程项目实际情况选择参考。

知识链接

招标代理资格认定取消业界机构未来何去何从

招标代理机构应当与招标人签订工程招标代理书面委托合同，并在合同约定的范围内依法开展工程招标代理活动。招标代理机构及其从业人员应当严格按照《招标投标法》《招标投标法实施条例》等相关法律法规开展工程招标代理活动，并对工程招标代理业务承担相应责任。

特别提示

2020年11月30日提出的《建设工程企业资质管理制度改革方案》，其主要目的在于放宽建筑市场准入限制，优化审批服务，激发市场主体活力，加快推动建筑业转型升级。总体而言，这对建筑业是重大利好；与此同时，其也会进一步打破现有的专业壁垒，加剧相关市场的竞争，促进行业的集成整合。施工综合资质的出现为建筑业横向打通房建、市政、公路、水利、通信、航空和铁路等各建设领域提供了机会，而《方案》所提倡的工程总承包+全过程咨询的工程建设组织模式则推动企业进一步纵向延伸工程上下游产业链，乃至转型升级为投建营一体化产业平台。

2.3.2　专业从业人员资格管理

《建筑法》规定，从事建筑活动的专业技术人员，应当依法取得相应的执业资格证书，并在执业资格证书许可的范围内从事建筑活动。根据中华人民共和国人力资源和社会保障部发布的《国家职业资格目录(2021年版)》，目前我国建筑领域的专业技术人员职业资格有注册城乡规划师(准入类)、注册测绘师(准入类)、注册建筑师(准入类)、监理工程师(准入类)、房地产估价师(准入类)、造价工程师(准入类)、建造师(准入类)、勘察设计注册工程师(准入类)等。专业从业人员资质管理主要是通过考试、注册、变更等级和按期检审来实现的。

知识链接

《国家职业资格目录(2021版)》

近年来，国家大力推进建筑业改革，资质改革的主要目的在于放宽建筑市场准入限制，优化审批服务，激发市场主体活力，加快推动建筑业转型升级。在此过程中，企业将面临更加激烈的市场竞争，而市场选择一家企业的标准也将更多地从企业拥有什么资质转向企业真正的综合实力。从这一点上来看，《方案》所提出的淡化企业资质管理、强化个人职业资格管理也是今后改革的趋势之一。

企业的综合实力，最终还是要落实到具有项目经验、专业能力和执业水平的职业人员上；而未来对于企业的事中事后监管，也会更多地体现在对人员的监管和责任查处上。企业仅有资质的空壳，而无内在人员的支撑，无法保障工程的品质和企业的运营，未来将很难在市场中取得长远的发展。

与此同时，企业的综合实力还需要通过业绩和信用来体现。对此，《方案》提出要健全信用体系，强化信用信息在工程建设各环节的应用。目前，住房城乡建设部的全国建筑市场监管公共服务平台(“四库一平台”)已实现企业库、人员库、项目库、信用库，四库互联互通，有效实现了全国建筑市场的信息化监管。未来无论是资质申请升级，还是企业参与工程项目投标，都将更加依赖于企业在经营过程中的实际表现，其中信用信息、市场化的工程担保和保险制度将发挥重要作用。

【思政引导】

通过对建筑市场从业企业的资质管理和专业从业人员的资格管理制度的学习，引导学生深入了解国务院深化“放管服”改革的部署要求，强调国家发展与个人发展息息相关，要结合社会需求合理进行职业规划，加强学习，以实现职业理想。

2.4 公共资源交易中心

【导入】

随着有形建筑市场的不断发展完善，为了整合各类有形建筑市场和建设市场资源，扩大公共资源交易范围，建立健全更加规范、高效的工程建设有形市场，从源头上预防建设领域的各类违法违规问题，2015年《国务院办公厅关于印发整合建立统一的公共资源交易平台工作方案的通知》国办发〔2015〕63号文件，提出要整合建立统一的公共资源交易平台。明确指出公共资源交易平台由政府推动建立，坚持公共服务职能定位，实施统一的制度规则、共享的信息系统、规范透明的运行机制，为市场主体、社会公众、行政监管部门等提供综合服务；通知明确要求，在2016年6月底前，地方各级人民政府基本完成公共资源交易平台整合工作。2017年6月底前，在全国范围内形成规则统一、公开透明、服务高效、监督规范的公共资源交易平台体系，基本实现公共资源交易全过程电子化。在此基础上，逐步推动其他公共资源进入统一平台进行交易，实现公共资源交易平台从依托有形场所向以电子化平台为主转变。下面，我们就一起来了解一下公共资源交易中心。

2.4.1 公共资源交易中心设置的目的

公共资源交易中心的建立是有形建筑市场的有益尝试和科学延伸。公共资源交易管理体制改革是政府行政管理体制改革的一项重要内容，是建设服务型政府的重要举措。公共资源交易中心是维护社会公共利益和市场参与各方利益，实现公开、公平、公正和诚实守信的阳光交易平台。

公共资源交易中心是负责公共资源交易和提供咨询、服务的机构，是公共资源统一进场交易的服务平台。一般情况下，公共资源交易中心将工程建设招投标、土地和矿业权交易、企业国有产权交易、政府采购、公立医院药品和医疗用品采购、司法机关罚没物品拍卖、国有的文艺品拍卖等所有公共资源交易项目全部纳入中心集中交易。从政府采购和工程项目招标投标的角度看，公共资源交易平台是一个提供公共资源交易具体操作服务的平台。

知识链接

国家发展改革委《关于深化公共资源交易平台整合共享的指导意见》

2.4.2 公共资源交易中心的主要职责

公共资源交易中心分为全国公共资源交易中心、省级公共资源交易中心、市级公共资源交易中心、县(区)级公共资源交易中心四级。以湖北省公共资源交易中心为例，其主要职责包括以下几点。

(1) 贯彻落实党中央关于公共资源交易工作的方针政策和决策部署，贯彻实施有关法律法规和规章制度，参与公共资源交易政策研究和规划起草工作，提出政策建议。

(2) 负责依法依规为进入省公共资源交易中心交易的工程建设招投标、政府采购、产权交易、土地招拍挂、矿业权出让及其他公共资源交易活动提供场所和相关服务。

(3) 落实政府采购法律法规和规则制度，负责省级政府集中采购项目的采购活动。受委托代理实施集中采购目录以外的政府采购项目的采购活动。受委托代理实施省级以外地区的政府采购项目的采购活动。开展市场调查、产业发展趋势研判、采购合同风险防控等专业能力建设，为采购人设定采购需求、拟订采购合同、开展履约验收等提供专业化服务。

(4) 负责建立进入省公共资源交易中心的交易信息数据库，收集、存贮、分析和发布有关交易信息，为交易各方提供信息服务。负责向社会提供有关交易信息的查询服务。

(5) 负责省公共资源电子交易平台建设、维护、运行、服务，完善平台在线交易、服务功能，为公共资源交易、行政监督部门和监察机关等监管提供必要条件。指导全省公共资源电子交易平台信息化建设工作。

(6) 为招标人、采购人使用专家库和抽取专家提供服务。依规开展评标评审现场管理，对专家参加评标评审的履职情况进行评价，向行政监督部门反馈评标评审专家工作意见。

(7) 承担全省药品、医用耗材、疫苗等集中采购工作。

(8) 承担进场交易项目投标保证金的收取与退还、电子保函的管理。按规定执行有关指标交易资金的归集。负责公共资源交易和政府采购活动项目档案的整理、归档、保存、查询等工作。

(9) 负责向行政监督部门、监察机关等报告进场项目交易活动中的违法违规行为，配合有关部门依法实施的投诉处理及监督检查等。

(10) 完成上级交办的其他工作。

2.4.3 公共资源交易中心的服务范围及程序

进入公共资源交易中心公开交易的公共资源包括以下几类：

(1) 按规定必须公开招标的政府性工程建设项目；

(2) 国有土地使用权的招标、拍卖、挂牌；

(3) 使用财政性资金的政府采购项目，包含可社会化(含外购、外包等)政府购买服务项目；

(4) 各类环境资源交易行为；

(5) 文化、体育、教育、卫生、交通运输及市政园林等部门的特许经营项目，城市路桥和街道冠名权，公共停车场、大型户外广告空间资源等；

(6) 城市道路(特大型特殊桥梁、隧道除外)、园林绿化、公共建筑、环境卫生等非经营性公共设施的日常养护、物业管理等资源项目；

(7) 党政机关、事业单位资产及股权的市场转让和处置；

(8) 涉讼涉诉罚没资产的处置；

(9) 政府确定必须进行市场配置的其他公共资源项目。

进入公共资源交易中心的公共资源交易的一般程序包括：交易委托、信息发布、实施交易、结果公示、交易结算、交易见证、立卷归档等。

知识链接

《全国公共资源交易目录指引》

【思政引导】

通过由建设工程交易中心到公共资源交易中心的转变，看到政府本着规范管理、公共服务、公平交易的原则，逐步实现行政监管职能和市场服务职能分离，打破部门封锁和行业垄断，充分体现制度自信。

课后思考题

1. 建筑市场的主体与资质是如何管理的？
2. 简述公共资源交易中心的交易原则。
3. 简述BIM在招投标中的运用。

第3章 建设法规基础

❍ 学习目标

- 掌握建设法规的基本概念。
- 了解建设法规的组成。
- 熟悉《建筑法》《招标投标法》《政府采购法》的基本内容。

❍ 能力要求

1. 能够识读建设工程市场的相关法律法规，理解基本概念。
2. 能够查找相关法律法规并具有一定的运用能力。

❍ 思政目标

熟悉相关法律法规，诚实信用，知法守法，依法执业，依法办事。

3.1 建设法规概述

【导入】

某学生大学毕业后，和几位要好的同学合资开了一家建筑公司，在当地的工商部门进行了登记注册。那么，该公司想要承揽工程，除了办理工商营业执照外，还需要办理哪些相应的资质证书呢？都有哪些相关规定呢？

3.1.1 建设法规概念

建设法规，是指国家权力机关或其授权的行政机关制定的调整国家及其有关机构、企事业单位、社会团体、公民之间在建设活动中发生的各种社会关系的法律规范的统称。建设法规主要调整建设活动中的行政管理关系、经济关系和民事关系。其立法的意义在于，规范指导建设行为，保护合法建设行为，处罚违法建设行为。

3.1.2 建设法规体系的组成

建设法规体系是国家法律体系中的组成部分，它是由很多不同层次的法律法规组成的，根据《中华人民共和国立法法》中关于立法权限的规定，我国的建设法规体系由6个部分组成，其法律效力由高到低具体如下。

(1) 建设法律：指由全国人民代表大会及其常委会颁行的属于国务院建设行政主管部门主管业务范围的各项法律。其内容主要涉及建设领域的基本方针、政策，它的法律效力仅次于宪法，在全国范围内具有普遍约束力，是建设法律体系的核心和基础。其主要包括《建筑法》《城乡规划法》《土地管理法》《招标投标法》《政府采购法》等。

(2) 建设行政法规：指由国务院制定颁行的属于建设行政主管部门主管业务范围的各项法规。其内容一般是对建设法律条款的细化，它的法律效力仅次于建设法律，如《招标投标法实施条例》(国务院令第613号)、《中华人民共和国政府采购法实施条例》(国务院令第658号，以下简称《政府采购法实施条例》)、《建设工程质量管理条例》(国务院令第279号)、《建设工程安全生产管理条例》(国务院令第393号)、《物业管理条例》(国务院令第379号)等。

(3) 建设部门规章：指由国务院建设行政主管部门或其与国务院其他相关部门联合制定颁行的法规。它一方面将法律法规的规定进一步细化，另一方面也作为法律法规的补充，为相关部门的依法行政提供依据。部门规章对全国相关行政管理部门具有约束力，但其法律效力低于行政法规，如《必须招标的工程项目规定》(国家发展改革委令第16号)、《政府采购非招标采购方式管理办法》(财政部令第74号)、《建筑工程设计招标投标管理办法》(住房城乡建设部令第33号)等。

(4) 地方性建设法规：指由省(自治区、直辖市)、较大的市(省会城市、国务院批准的市、经济特区)的人民代表大会及其常委会结合本地区实际情况制定颁行的或经其批准颁行的，只能在本区域有效的建设方面的法规。地方性法规只在其管辖的行政区域内具有法律效力，如《四川省城乡规划条例》等。

(5) 地方性建设规章：指由省(自治区、直辖市)、较大的市(省会城市、国务院批准的市、经济特区)的人民政府结合地方实际情况制定颁行的或经其批准颁行的只能在本区域有效的建设规章，如《四川省城镇地下管线管理办法》《四川省农村住房建设管理办法》等。

(6) 最高人民法院司法解释规范性文件：最高人民法院对于法律的系统性解释文件和对法律适用的说明，对法院审判具有约束力，因此具有法律规范的性质，在司法实践中具有重要的地位和作用，如《最高人民法院关于审理建设工程施工合同纠纷案件适用法律问题的解释(二)》等。

除了最高人民法院司法解释规范性文件以外，在以上几个部分的法律法规中，当较低层次的法律、法规与较高层次的法律、法规相冲突时，应当适用较高层次的法律、法规。相同层次的法律、法规之间，当出现特别规定与一般规定不一致时，应当适用特别规定；新的规定与旧的规定不一致时，应当适用新的规定。

3.2 建设工程招投标相关法律法规

【导入】

某高校建设单位准备建一栋学生宿舍，建筑面积为8000平方米，预算投资为400万元，建设工期为10个月。工程采用公开招标的方式确定承包商。按照《招标投标法》和《建筑法》的规定，建设单位编制了招标文件，并向当地的建设行政主管部门提出招标申请，得到了批准。但是在招标之前，该建设单位就已经与甲施工公司进行了工程招标沟通，对投标价格、投标方案等实质性内容达成了一致的意向。招标公告发布后，有甲、乙、丙三家公司通过了资格预审。按照招标文件规定的时间、地点和招标程序，三家施工单位向建设单位递交了标书。在公开开标的过程中，甲、乙承包商在施工技术、施工方案、施工力量和投标报价上相差不大，乙公司在总体技术和实力上较甲公司好一些。但是，定标的结果是甲公司中标。乙公司对此很不满意，但最终接受了这个竞标结果。20多天后，一个偶然机会，乙公司接触到甲公司的一名中层管理人员，甲公司的这名员工透露，在招标之前，该建设单位已经和甲公司进行了多次接触，中标条件和中标价格是双方议定的，参加投标的其他人都蒙在鼓里。对此情节，乙公司认为该建设单位严重违反了法律的有关规定，遂向当地的建设行政主管部门举报，要求建设行政主管部门依照职权宣布该招标结果无效。经建设行政主管部门审查，乙公司的陈述属实，遂宣布本次招标结果无效。

本案例涉及的是招标单位与投标单位相互串通而导致中标无效的问题。《招标投标法》第五十五条明确规定："依法必须进行招标的项目，招标人违反本法规定，与投标人就投标价格、投标方案等实质性内容进行谈判的，给予警告，对单位直接负责的主管人员和其他直接责任人员依法给予处分。前款所列行为影响中标结果的，中标无效。"

建设工程招投标相关法律、行政法规是建设工程招投标的法律依据。此外，有关建设工程招投标的部门规章和规范性文件，以及地方性法规、地方政府规章及规范性文件，行业标准、地方标准和团体标准等，也是建设工程招投标的法律依据和工作指南。本节主要介绍《建筑法》《招标投标法》《政府采购法》。

3.3.1　建筑法

建筑法，是指调整建筑活动的法律规范的总称。建筑活动是指各类房屋建筑及其附属设施的建造和与其配套的线路、管道、设备的安装活动。

建筑法有广义和狭义之分。广义的建筑法，除了《建筑法》之外，还包括其他所有调整建筑活动的法律、法规和规章，如住房城乡建设部(原建设部)的部令、各地的地方性法规等。狭义的建筑法是指1997年11月1日由第八届全国人民代表大会常务委员会第二十八次会议通过的，于1998年3月1日起施行的《建筑法》；于2011年4月22日第十一届全国人民代表大会常务委员会第二十次会议《关于修改<中华人民共和国建筑法>的决定》第一次修正；于2019年4月23日第十三届全国人民代表大会常务委员会第十次会议《关于修改<中华人民共和国建筑法>等八部法律的决定》第二次修正。

《建筑法》以规范建筑市场行为为出发点，以建筑工程质量和安全为主线，按总则、建筑许可、建筑工程发包与承包、建筑工程监理、建筑安全生产管理、建筑工程质量管理、法律责任、附则等共八章，八十五条进行了规定，并确定了建筑活动中的一些基本法律制度。

特别提示

《建筑法》主要适用于各类房屋建筑及其附属设施的建造和与其配套的线路、管道、设备的安装活动，但其中关于施工许可、企业资质审查和工程发包、承包、禁止转包，以及工程监理、安全和质量管理的规定，也适用于其他专业建筑工程的建筑活动。

1. 建筑许可

建筑许可包括建筑工程施工许可和从业资格两个方面。

1) 建筑工程施工许可

(1) 施工许可证的申领。除国务院建设行政主管部门确定的限额以下的小型工程外，建筑工程开工前，建设单位应当按照国家有关规定向工程所在地县级以上人民政府建设行政主管部门申请领取施工许可证。按照国务院规定的权限和程序批准开工报告的建筑工程，不再领取施工许可证。

申请领取施工许可证，应当具备下列条件：

① 已经办理该建筑工程用地批准手续；

② 依法应当办理建设工程规划许可证的，已取得建设工程规划许可证；

③ 需要拆迁的，其拆迁进度符合施工要求；

④ 已经确定建筑施工企业；

⑤ 有满足施工需要的资金安排、施工图纸及技术资料；

⑥ 有保证工程质量和安全的具体措施。

▌特别提示▌

上述各项法定条件必须同时具备，缺一不可。发证机关应当自收到申请之日起七日内，对符合条件的申请颁发施工许可证。对于证明文件不齐全或者失效的，应当当场或者五日内一次告知建设单位需要补正的全部内容，审批时间可以自证明文件补正齐全后做相应顺延；对于不符合条件的，应当自收到申请之日起七日内书面通知建设单位，并说明理由。此外，《建筑工程施工许可管理办法》还规定，应当申请领取施工许可证的建筑工程未取得施工许可证的，一律不得开工。任何单位和个人不得将应当申请领取施工许可证的工程项目分解为若干限额以下的工程项目，规避申请领取施工许可证。

【案例分析3-1】

某镇为改善当地的经济环境，大力发展果品产业。某果品加工厂决定投资800万元建设果汁生产分厂，计划用地30亩，用于水果储存加工。经镇政府土地管理科批准，果品加工厂获批了该项目30亩农用地的建设用地规划许可证和建设工程规划类许可证，并筹备3个月之后开工建设。但在开工不久，县城建局便发现了此项违法建设的工程，责令立即停工，限期补办施工许可证，并要处以罚款。

问：本案例中果品加工厂有何违法行为，应如何处理？

【解析】

《建筑法》第七条规定："建筑工程开工前，建设单位应当按照国家有关规定向工程所在地县级以上人民政府建设行政主管部门申请领取施工许可证。"该果品加工厂未取得施工许可证，就擅自开工建设厂房和果库，属于违反施工许可法律规定的行为。对于此类违法行为，《建筑法》第六十四条规定："违反本法规定，未取得施工许可证或者开工报告未经批准擅自施工的，责令改正，对不符合开工条件的责令停止施工，可以处以罚款。"《建设工程质量管理条例》第五十七条规定："违反本条例规定，建设单位未取得施工许可证或者开工报告未经批准，擅自施工的，责令停止施工，限期改正，处工程合同价款1%以上2%以下的罚款。"据此，县建设局有权依法责令其停工，限期补办施工许可证，还可以根据具体情况处以工程合同价款1%以上2%以下的罚款。

此外，该果品加工厂开工建设所依据的建设用地规划许可证和建设工程规划类许可证，均为镇政府的土地管理科颁发，超越了《城乡规划法》第三十七、三十八、四十条所规定的核发权限，还应当依法追究有关机构和责任人的法律责任。

(2) 施工许可证的有效期限。建设单位应当自领取施工许可证之日起三个月内开工。因故不能按期开工的，应当向发证机关申请延期；延期以两次为限，每次不超过三个月。既不开工又不申请延期或者超过延期时限的，施工许可证自行废止。

(3) 中止施工和恢复施工。在建的建筑工程因故中止施工的，建设单位应当自中止施工之日起一个月内，向发证机关报告，并按照规定做好建筑工程的维护管理工作。

建筑工程恢复施工时，应当向发证机关报告；中止施工满一年的工程恢复施工前，建设单位应当报发证机关核验施工许可证。

【案例分析3-2】

黄河某灌区节水改造工程2008年度项目开工报告的批复为“你局2007年12月24日报来的《关于黄河灌区节水改造工程2008年度项目开工的请示》文件已收悉。根据水利部《关于加强水利工程建设项目开工管理工作的通知》(水建管〔2006〕144号)有关要求，对你局2008年度大型灌区续建配套与节水改造项目开工条件进行了审查，经研究，批复如下：

(1) 黄河灌区节水改造工程2008年度项目的项目法人、设计批复、筹资方案、质量监督、施工监理及招标投标、工程合同、材料准备等工作符合水建管〔2006〕144号文件开工条件的有关要求，同意于2008年1月15日起开工建设该项目。

(2) 要按照国家发展改革委、水利部《大型灌区续建配套与节水改造项目建设管理办法》及基本建设项目有关规章制度的要求，依据工程建设有关批复内容，严格程序，科学组织，精心施工。要加强项目管理，抓好安全生产，保质保量完成工程建设任务，及时发挥工程效益。

(3) 项目竣工后，由省水利厅主持验收。对项目预备费，要严格按照有关规定要求，不经批准，严禁动用。

(4) 在项目建设过程中，项目部要特别注意加强项目资金管理，严禁挤占、挪用项目建设资金，保证资金安全；要认真履行合同，及时做好单元、分部等阶段验收工作，做好项目施工、监理、质量检测等资料归档、整理工作，保证工程质量和进度；要积极组建灌区农民用水户协会，提高工程效益和管理水平。”

但是，该项目开工报告被批准后，因故未能按时开工。该水利管理局于2008年3月10日、5月10日两次向省水利厅报告工程项目开工准备的进展情况，一直到2008年7月1日方始开工建设。

问：该项目是否需重新办理开工报告的批准手续，为什么？

【解析】

该项目不需要重新办理开工报告的批准手续。根据《建筑法》第十一条规定；“按照国务院有关规定批准开工报告的建筑工程，因故不能按期开工或者中止施工的，应当及时向批准机关报告情况。因故不能按期开工超过六个月的，应当重新办理开工报告的批准手续。”在本案中，该项目开工报告从被批准到开工建设，虽然一再拖延开工，但是该水利管理局于2008年3月10日、5月10日两次向省水利厅报告工程项目开工准备的进展情况，且延迟开工的时间并未超过六个月。因此，按照法律的规定不需要重新办理开工报告的批准手续。

2) 从业资格

(1) 单位资质。从事建筑活动的施工企业、勘察单位、设计单位和工程监理单位，按照其拥有的注册资本、专业技术人员、技术装备和已完成的建筑工程业绩等资质条件，划分为不同的资质等级，经资质审查合格，取得相应等级的资质证书后，方可在其资质等级许可的范围内从事建筑活动。

(2) 专业技术人员资格。从事建筑活动的专业技术人员，应当依法取得相应的执业资格证书，并在执业资格证书许可的范围内从事建筑活动。

2. 建筑工程发包与承包

1) 建筑工程发包

(1) 发包方式。建筑工程依法实行招标发包，对不适于招标发包的可以直接发包。建筑工程实行招标发包的，发包单位应当将建筑工程发包给依法中标的承包单位。建筑工程实行直接发包的，发包单位应当将建筑工程发包给具有相应资质条件的承包单位。

(2) 禁止行为。提倡对建筑工程实行总承包，禁止将建筑工程肢解发包。建筑工程的发包单位可以将建筑工程的勘察、设计、施工、设备采购一并发包给一个工程总承包单位；但是，不得将应当由一个承包单位完成的建筑工程肢解成若干部分发包给几个承包单位。

按照合同约定，建筑材料、建筑构配件和设备由工程承包单位采购的，发包单位不得指定承包单位购入用于工程的建筑材料、建筑构配件和设备或者指定生产厂、供应商。

2) 建筑工程承包

(1) 承包资质。承包建筑工程的单位应当持有依法取得的资质证书，并在其资质等级许可的业务范围内承揽工程。禁止建筑施工企业超越本企业资质等级许可的业务范围或者以任何形式用其他建筑施工企业的名义承揽工程。禁止建筑施工企业以任何形式允许其他单位或个人使用本企业的资质证书、营业执照，以本企业的名义承揽工程。

(2) 联合承包。大型建筑工程或结构复杂的建筑工程，可以由两个以上的承包单位联合共同承包。共同承包的各方对承包合同的履行承担连带责任。两个以上不同资质等级的单位实行联合共同承包的，应当按照资质等级低的单位的业务许可范围承揽工程。

(3) 工程分包。建筑工程总承包单位可以将承包工程中的部分工程发包给具有相应资质条件的分包单位；但是，除总承包合同中约定的分包外，必须经建设单位认可。施工总承包的，建筑工程主体结构的施工必须由总承包单位自行完成。

建筑工程总承包单位按照总承包合同的约定对建设单位负责；分包单位按照分包合同的约定对总承包单位负责。总承包单位和分包单位就分包工程对建设单位承担连带责任。

【案例分析3-3】

某施工劳务企业，净资产为250万元，其与某工程的施工总承包企业签订的施工劳务分包合同额为158万元，但最终实际结算额为1536万元。经查，该施工劳务企业实际承揽的劳务作业工程，除木工、砌筑、抹灰作业外，还包括脚手架、模板、预拌混凝土等专业工程内容。

问：本案例中的施工劳务企业在承揽该劳务分包工程中有无违法行为？

【解析】

(1) 按照《建筑业企业资质标准》的规定，取得施工劳务资质的企业可以承接具有施工总承包资质或专业承包资质的企业分包的劳务作业。该施工劳务企业承接该工程的木工、砌筑、抹灰等劳务作业属合法的承包业务范围，但承接的脚手架、模板、预拌混凝土等专业工程均属于专业承包工程。这显然超出了施工劳务企业的资质允许承接的业务范围。

(2) 《建筑法》第二十九条第三款规定:“禁止总承包单位将工程分包给不具备相应资质条件的单位。”《建设工程质量管理条例》第七十八条第二款规定:“本条例所称违法分包,是指下列行为:(一)总承包单位将建设工程分包给不具备相应资质条件的单位的……”《房屋建筑和市政基础设施工程施工分包管理办法》进一步规定:“禁止将承包的工程进行违法分包。下列行为,属于违法分包:(一)分包工程发包人将专业工程或者劳务作业分包给不具备相应资质条件的分包工程承包人的……”《建筑工程施工转包违法分包等违法行为认定查处管理办法(试行)》第九条规定:“存在下列情形之一的,属于违法分包:……(二)施工单位将工程分包给不具备相应资质或安全生产许可的单位的……”

据此,该施工劳务企业超出其资质允许承接业务范围的专业工程部分属于违法分包,应当依法对施工总承包企业和劳务企业作出相应处罚。

(4) 禁止行为。禁止承包单位将其承包的全部建筑工程转包给他人,或将其承包的全部建筑工程肢解以后以分包的名义分别转包给他人。禁止总承包单位将工程分包给不具备相应资质条件的单位。禁止分包单位将其承包的工程再分包。

【案例分析3-4】

某工程项目由甲施工企业总承包,该企业将工程的土石方工程分包给乙公司,乙公司又与社会上的刘某签订任务书,约定由刘某组织人员负责土石方开挖、装卸和运输,负责施工的项目管理、技术指导和现场安全,单独核算,自负盈亏。

问:乙公司与刘某签订土石方工程任务书的行为应当如何定性,应该做何处理?

【解析】

本案例中,乙公司允许刘某以工程任务书形式承揽土石方工程,并将现场全权交由刘某负责,该项目施工中的技术、质量、安全管理及核算人员均由刘某自行组织而非该分包公司的人员。《房屋建筑和市政基础设施工程施工分包管理办法》第十五条规定:“分包工程发包人没有将其承包的工程进行分包,在施工现场所设项目管理机构的项目负责人、技术负责人、项目核算负责人、质量管理人员、安全管理人员不是工程承包人本单位人员的,视同允许他人以本企业名义承揽工程。”《建设工程质量管理条例》第六十一条规定:“……勘察、设计、施工、工程监理单位允许其他单位或者个人以本单位名义承揽工程的,责令改正,没收违法所得,……对施工单位处工程合同价款2%以上4%以下的罚款;可以责令停业整顿,降低资质等级;情节严重的,吊销资质证书。”据此,对乙公司应当作出相应的处罚。

3) 建筑工程造价

建筑工程的发包单位与承包单位应当依法订立书面合同,明确双方的权利和义务。发包单位和承包单位应当全面履行合同约定的义务。不按照合同约定履行义务的,依法承担违约责任。

建筑工程造价应当按照国家有关规定,由发包单位与承包单位在合同中约定。发包单位应当按照合同的约定,及时拨付工程款项。

3. 建筑工程监理

国家推行建筑工程监理制度。实行监理的建筑工程,建设单位与其委托的工程监理单位应当订立书面委托监理合同。实施建筑工程监理前,建设单位应当将委托的工程监理单位、监理的内容及监理权限,书面通知被监理的建筑施工企业。

工程监理单位应当根据建设单位的委托，客观、公正地执行监理任务。工程监理人员发现工程设计不符合建筑工程质量标准或者合同约定的质量要求的，应当报告建设单位要求设计单位改正；认为工程施工不符合工程设计要求、施工技术标准和合同约定的，有权要求建筑施工企业改正。

4. 建筑安全生产管理

建筑工程安全生产管理必须坚持安全第一、预防为主的方针，建立健全安全生产的责任制度和群防群治制度。

建筑工程设计应当符合按照国家规定制定的建筑安全规程和技术规范，保证工程的安全性能。

建筑施工企业在编制施工组织设计时，应当根据建筑工程的特点制定相应的安全技术措施；对专业性较强的工程项目，应当编制专项安全施工组织设计，并采取安全技术措施。

建筑施工企业应当在施工现场采取维护安全、防范危险、预防火灾等措施；有条件的，应当对施工现场实行封闭管理。施工现场对毗邻的建筑物、构筑物和特殊作业环境可能造成损害的，建筑施工企业应当采取安全防护措施。

施工现场安全由建筑施工企业负责。实行施工总承包的，由总承包单位负责。分包单位向总承包单位负责，服从总承包单位对施工现场的安全生产管理。

建筑施工企业应当依法为职工参加工伤保险缴纳工伤保险费。鼓励企业为从事危险作业的职工办理意外伤害保险，支付保险费。

涉及建筑主体和承重结构变动的装修工程，建设单位应当在施工前委托原设计单位或者具有相应资质条件的设计单位提出设计方案；没有设计方案的，不得施工。

房屋拆除应当由具备保证安全条件的建筑施工单位承担，由建筑施工单位负责人对安全负责。

5. 建筑工程质量管理

建设单位不得以任何理由，要求建筑设计单位或建筑施工企业在工程设计或者施工作业中，违反法律、行政法规和建筑工程质量、安全标准，降低工程质量。

建筑设计单位和建筑施工企业应当拒绝建设单位的此类要求。

建筑工程的勘察、设计单位必须对其勘察、设计的质量负责。勘察、设计文件应当符合有关法律、行政法规的规定和建筑工程质量、安全标准，建筑工程勘察、设计技术规范以及合同的约定。设计文件选用的建筑材料、建筑构配件和设备，应当注明其规格、型号、性能等技术指标，其质量要求必须符合国家规定的标准。

建筑设计单位对设计文件选用的建筑材料、建筑构配件和设备，不得指定生产厂、供应商。

知识链接

《中华人民共和国建筑法》

建筑施工企业对工程的施工质量负责。建筑施工企业必须按照工程设计图纸和施工技术标准施工，不得偷工减料。工程设计的修改由原设计单位负责，建筑施工企业不得擅自修改工程设计。

建筑施工企业必须按照工程设计要求、施工技术标准和合同的约定，对建筑材料、建筑构配件和设备进行检验，不合格的不得使用。

交付竣工验收的建筑工程，必须符合规定的建筑工程质量标准，有完整的工程技术经济资料和经签署的工程保修书，并具备国家规定的其他竣工条件。建筑工程竣工经验收合格后，方可交付使用；未经验收或者验收不合格的，不得交付使用。

建筑工程实行质量保修制度。建筑工程的保修范围应当包括地基基础工程、主体结构工程、屋面防水工程和其他土建工程，以及电气管线、上下水管线的安装工程，供热、供冷系统工程等项目。保修的期限应当按照保证建筑物合理寿命年限内正常使用，维护使用者合法权益的原则确定。

3.3.2　招标投标法

为了规范招标投标活动，保护国家利益、社会公共利益和招标投标活动当事人的合法权益，提高经济效益，保证项目质量，1999年8月30日第九届全国人民代表大会常务委员会第十一次会议通过了《招标投标法》，自2000年1月1日起施行；根据2017年12月27日第十二届全国人民代表大会常务委员会第三十一次会议《关于修改<中华人民共和国招标投标法>、<中华人民共和国计量法>的决定》进行修正。

《招标投标法》是招标投标领域的基本法律，共六章，六十八条。第一章总则，主要规定了《招标投标法》的立法宗旨、适用范围、必须招标的范围、招标投标活动应遵循的基本原则及对招标投标活动的监督；第二章招标，具体规定了招标人的定义，招标项目的条件，招标方式，招标代理机构的地位、成立条件和资格认定，招标公告和投标邀请书的发布，对潜在投标人的资格审查，招标文件的编制、澄清或修改等内容；第三章投标，具体规定了参加投标的基本条件和要求、投标人编制投标文件应当遵循的原则和要求、联合体投标，以及投标文件的递交、修改和撤回程序等内容；第四章开标、评标和中标，具体规定了开标、评标和中标环节的行为规则和时限要求等内容；第五章法律责任，规定了违反招标投标基本程序的行为规则和时限要求应承担的法律责任；第六章附则，规定了《招标投标法》的例外适用情形及生效日期。

因《招标投标法》的相关内容贯穿于本书第4章、第5章和第6章，本节不再过多讲解。

特别提示

《招标投标法》不仅适用于工程建设项目招标投标活动，对其他招标项目同样适用。根据该法第二条规定，凡是在我国境内进行的招投标活动，不论招标项目属于工程、货物还是服务，也不论是采购还是出租、出让，只要依法采用招标投标程序，就应适用《招标投标法》的规定。实践中，招标投标已涉足国民经济各个领域，在工程建设、政府采购、药品采购、国有土地使用权出让、公共资源交易等领域被广泛采用，同时也引入实施有限自然资源开发利用、直接关系公共利益的特定行业的市场准入、需要赋予特定权利的事项(如出租汽车的车辆经营权)等行政许可活动中，这些招标投标活动都适用《招标投标法》。

【思政引导】

2019年12月3日，国家发展改革委公布《中华人民共和国招标投标法(修订草案公开征求意见稿)》，宣布将对现行的《招标投标法》进行修订。引导学生思考：政府为什么要修改《招标投标法》？本次修改将带来怎样的影响？

知识链接

《中华人民共和国招标投标法》

3.3.3　政府采购法

为了规范政府采购行为，提高政府采购资金的使用效益，维护国家利益和社会公共利益，保护政府采购当事人的合法权益，促进廉政建设，2002年6月29日第九届全国人民代表大会常务委员会第二十八次会议通过了《政府采购法》，自2003年1月1日起施行；根据2014年8月31日第十二届全国人民代表大会常务委员会第十次会议《关于修改<中华人民共和国保险法>等五部法律的决定》进行修正。

《政府采购法》所称政府采购，是指各级国家机关、事业单位和团体组织，使用财政性资金采购依法制定的集中采购目录以内的或采购限额标准以上的货物、工程和服务的行为。

政府采购工程进行招标投标的，适用招标投标法。

政府采购实行集中采购和分散采购相结合。集中采购的范围由省级以上人民政府公布的集中采购目录确定。

1. 政府采购当事人

采购人采购纳入集中采购目录的政府采购项目，必须委托集中采购机构代理采购；采购未纳入集中采购目录的政府采购项目，可以自行采购，也可以委托集中采购机构在委托的范围内代理采购。

采购人可以根据采购项目的特殊要求，规定供应商的特定条件，但不得以不合理的条件对供应商实行差别待遇或者歧视待遇。

两个以上的自然人、法人或者其他组织可以组成一个联合体，以一个供应商的身份共同参加政府采购。

2. 政府采购方式

政府采购可采用的方式有：公开招标、邀请招标、竞争性谈判、单一来源采购、询价，以及国务院政府采购监督管理部门认定的其他采购方式。公开招标应作为政府采购的主要采购方式。

(1) 公开招标。采购人采购货物或者服务应当采用公开招标方式的，其具体数额标准，属于中央预算的政府采购项目，由国务院规定；属于地方预算的政府采购项目，由省、自治区、直辖市人民政府规定；因特殊情况需要采用公开招标以外的采购方式的，应当在采购活动开始前获得设区的市、自治州以上人民政府采购监督管理部门的批准。

(2) 邀请招标。符合下列情形之一的货物或服务，可以采用邀请招标方式采购：

① 具有特殊性，只能从有限范围的供应商处采购的；

② 采用公开招标方式的费用占政府采购项目总价值的比例过大的。

(3) 竞争性谈判。符合下列情形之一的货物或服务，可以采用竞争性谈判方式采购：

① 招标后没有供应商投标或者没有合格标的或者重新招标未能成立的；

② 技术复杂或者性质特殊，不能确定详细规格或者具体要求的；

③ 采用招标所需时间不能满足用户紧急需要的；

④ 不能事先计算出价格总额的。

(4) 单一来源采购。符合下列情形之一的货物或服务，可以采用单一来源方式采购：

① 只能从唯一供应商处采购的；

② 发生不可预见的紧急情况不能从其他供应商处采购的；

③ 必须保证原有采购项目一致性或服务配套的要求，需要继续从原供应商处添购，且添购资金总额不超过原合同采购金额百分之十的。

(5) 询价。采购的货物规格、标准统一、现货货源充足且价格变化幅度小的政府采购项目，可以采用询价方式采购。

3. 政府采购合同

政府采购合同应当采用书面形式。采购人可以委托采购代理机构代表其与供应商签订政府采购合同。由采购代理机构以采购人名义签订合同的，应当提交采购人的授权委托书，作为合同附件。

经采购人同意，中标、成交供应商可以依法采取分包方式履行合同。政府采购合同履行中，采购人需追加与合同标的相同的货物、工程或服务的，在不改变合同其他条款的前提下，可以与供应商协商签订补充合同，但所有补充合同的采购金额不得超过原合同采购金额的百分之十。

知识链接

《中华人民共和国政府采购法》

课后思考题

1. 简述《建筑法》的立法目的和适用范围。
2. 简述《招标投标法》和《政府采购法》的适用和区别。
3. 根据《中华人民共和国招标投标法(修订草案送审稿)》，整理对比一下修订前后，有何不同?

第4章
建设工程招标

○ 学习目标

- 了解建设工程招标的基本概念及原则。
- 掌握建设工程招标的程序及内容。
- 掌握招标文件的编制原则及方法。
- 熟悉标准招标文件的主要内容。
- 掌握最高投标限价的编制。

○ 能力要求

具备编制招标公告(资格预审公告、投标邀请书)、资格预审文件、招标文件等的能力。

○ 思政目标

培养严谨、客观、诚信守法的招标人从业态度和职业操守。

4.1 建设工程招标的基础知识

【导入】

某公立大学要建设一栋实验实训楼，投资约3000万元，经当地发改委立项，资金为自筹50%，财政拨款50%。工程位于校园内，现浇全框架结构，建筑面积为13 700平方米；施工图由××建筑设计有限公司设计，施工图的设计审图已完成，包括土建工程和安装工程。接下来应该怎么开展工作呢？

4.1.1 建设工程招标的概念及原则

1. 建设工程招标的概念

建设工程招标，是指建设单位对拟建的工程以公告或通知书的形式，通过一定的程序和方式吸引建设项目的承包单位前来投标，并从中选择条件优越者来完成工程建设任务的法律行为。

特别提示

《招标投标法》第八条规定：“招标人是依照本法规定提出招标项目、进行招标的法人或者其他组织。”

2. 建设工程招标的原则

(1) 合法原则。合法原则是指建设工程招标投标主体的一切活动必须符合法律、法规、规章和有关政策的规定。

① 主体资格要合法。招标人必须具备一定的条件才能自行组织招标，否则只能选择招标代理机构委托其办理招标事宜；投标人应当具备承担招标项目的能力。国家对投标人资格条件或者招标文件对投标人资格条件有规定的，投标人应当具备规定的资格条件。

② 活动依据要合法。招标投标活动应按照相关的法律、法规、规章和政策性文件开展。

③ 活动程序要合法。建设工程招标投标活动的程序，必须严格按照有关法规规定的要求进行。当事人不能随意增加或减少招标投标过程中某些法定步骤或环节，更不能颠倒次序、超过时限、任意变通。

④ 对招标投标活动的管理和监督要合法。建设工程招标投标管理机构必须依法监管、依法办事，不能越权干预招(投)标人的行为或进行包办代替，也不能懈怠职责、玩忽职守。

(2) 统一、开放原则。统一原则有以下三个方面。

① 市场必须统一。任何分割市场的做法都是不符合市场经济规律要求的，也是无法形成公平竞争的市场机制的。

② 管理必须统一。要建立和实行由建设行政主管部门(建设工程招标投标管理机构)统一归口管理的行政管理机制。在一个地区只能有一个主管部门履行政府统一管理的职责。

③ 规范必须统一，如市场准入规则的统一，招标文件文本的统一，合同条件的统一，工作程序、办事规则的统一等。只有这样，才能真正发挥市场机制的作用，全面实现建设工程招标投标的宗旨。

开放原则，要求根据统一准入原则，打破地区、部门和所有制等方面的限制和束缚，向全社会开放建设工程招标投标市场，破除地区和部门保护主义，反对一切人为的对外封闭市场的行为。

(3) 公开、公平、公正原则。《招标投标法》规定，“招标投标活动应当遵循公开、公平、公正和诚实信用的原则。”

① 公开原则是指建设工程招标投标活动应具有较高的透明度。具体有以下几层含义。

- 建设工程招标投标的信息公开。通过建立和完善建设工程项目报建登记制度，及时向社会发布建设工程招标投标信息，让有资格的投标者都能享受到同等的信息。
- 建设工程招标投标的条件公开。什么情况下可以组织招标，什么机构有资格组织招标，什么样的单位有资格参加投标等，必须向社会公开，便于社会监督。
- 建设工程招标投标的程序公开。在建设工程招标投标的全过程中，招标单位的主要招标活动程序、投标单位的主要投标活动程序和招标投标管理机构的主要监管程序，必须公开。
- 建设工程招标投标的结果公开。哪些单位参加了投标，最后哪个单位中了标，应当予以公开。

② 公平原则是指所有投标人在建设工程招标投标活动中，享有均等的机会，具有同等的权利，履行相应的义务，任何一方都不受歧视。

③ 公正原则是指在建设工程招标投标活动中，按照同一标准实事求是地对待所有的投标人，不偏袒任何一方。

(4) 诚实信用原则。诚实信用原则是建设工程招标投标活动的重要道德规范，是指在建设工程招标投标活动中，招(投)标人应当以诚相待，讲求信义，实事求是，做到言行一致、遵守诺言、履行合约，不得见利忘义、投机取巧、弄虚作假、隐瞒欺诈，损害国家、集体和其他人的合法权益。

(5) 求效、择优原则。求效、择优原则是建设工程招标投标的终极原则。实行建设工程招标投标的目的，就是要追求最佳的投资效益，在众多的竞争者中选出最优秀、最理想的投标人作为中标人。讲求效益和择优定标，是建设工程招标投标活动的主要目标。在建设工程招标投标活动中，除了要坚持合法、公开、公正等前提性、基础性原则外，还必须贯彻求效、择优等目的性原则。贯彻求效、择优原则，最重要的是要有一套科学合理的招标投标程序和评标定标办法。

(6) 招标投标权益不受侵犯原则。招标投标权益是当事人和中介机构进行招标投标活动的前提和基础，因此，保护合法的招标投标权益是维护建设工程招标投标秩序、促进建筑市场健康发展的必要条件。建设工程招标投标活动的当事人和中介机构依法享有的投标权益受国家法律的保护和约束，任何单位和个人不得非法干预招标投标活动的正常进行，不得非法限制或剥夺当事人和中介机构享有的合法权益。

4.1.2　建设工程招标的条件

建设工程项目招标必须符合主管部门规定的条件，这些条件分为招标人即建设单位应具备的条件和招标的工程项目应具备的条件。

1. 建设单位招标应当具备的条件

建设单位招标应当具备以下条件：

① 招标单位是法人或依法成立的其他组织；

② 有与招标工程相适应的经济、技术、管理人员；

③ 有组织编制招标文件的能力；

④ 有审查投标单位资质的能力；

⑤ 有组织开标、评标、定标的能力。

2. 招标项目应具备的条件

依法必须招标的建设工程项目，应当具备下列条件才能进行施工招标：

① 招标人已经依法成立；

② 初步设计及概算应当履行审批手续的，已经批准；

③ 招标范围、招标方式和招标组织形式等应当履行核准手续的，已经核准；

④ 有相应资金或资金来源已经落实的；

⑤ 有招标所需的设计图纸及技术资料；

⑥ 法律、法规规定的其他条件。

【案例分析4-1】

某市越江隧道工程全部由政府投资。该项目为该市建设规划的重要项目之一，且已列入地方年度固定资产投资计划，概算已经主管部门批准，施工图及有关技术资料齐全。招标范围、招标方式和招标组织形式正在按规定履行相关手续，还未核准。为赶工期，政府方决定对该项目进行施工招标。

问：政府方是否可以对该项目进行施工招标？

【解析】

因为本项目尚处在招标范围、招标方式和招标组织形式履行相关手续阶段，还未核准，因而不具备施工招标的必要条件，尚不能进行施工招标。

【典型案例】

项目资金未落实即招标将承担法律责任

2012年10月，某医院就其污水处理站扩建工程委托招标代理公司对外招标。2012年10月31日，招标代理公司向包括环保科技公司在内的受邀投标商发出招标文件，其中规定，确定中标供应商后，招标代理公司必须7日内向中标供应商发出中标通知书，中标供应商在成交后10日内无正当理由拒签合同的，采购人不予退还投标保证金。环保科技公司参加投标并交纳了投标保证金30万元。评标委员会确认环保科技公司为第一中标候选人，但招标人一直未发中标通知书。

2013年5月12日，招标代理公司向环保科技公司发出通知书，载明：某医院污水处理站扩建改造工程项目于2012年11月9日确定贵公司为第一拟中标供应商，但由于采购人对本项目的资金未落实到位，因此取消该项目成交结果及项目采购，现无息退还投标保证金。其间，该医院将涉案工程发包给其他公司施工。环保科技公司认为该医院的行为违反招投标的相关法律规定，使其不能享有合同权利，故诉至法院，请求判令该医院赔偿可预见利益122万元，并返还投标保证金30万元及利息损失。

法院认为：招标人在发布招标公告或者发出招标邀请时，应该具有合法的招标资格，主要包括项目已经法定部门审批或核准，资金已经到位等基本条件。该医院作为招标人，对外发出招标文件后，经过竞标，环保科技公司被确定为第一拟成交供应商，但该医院却以资金未落实到位为由取消项目，并将工程发包给投标人以外的供应商，严重违背了诚实信用原则，应当承担缔约过失责任。双方尚未签订合同，环保科技公司请求赔偿可得利益损失，不符合法律规定，不予支持。环保科技公司按该医院要求参加了涉案项目的投标并交纳了投标保证金，该医院应返还投标保证金及占用期间所产生的孳息。

综上，法院判决该医院支付环保科技公司投标保证金30万元及利息损失10 125元(按中国人民银行同期同类存款利率计算)，驳回其他诉讼请求。

4.1.3　建设工程招标的方式

招标投标制度在国际上已有上百年的历史，也产生了许多招标方式，这些方式决定着招标投标的竞争制度。总体来说，目前世界各国和有关国际组织通常采用的招标方式大体分为两类：一类是竞争性招标，另一类是非竞争性招标。

《招标投标法》明确规定招标的方式有两种，即公开招标和邀请招标。

1. 公开招标

公开招标亦称无限竞争性招标，是指招标人以招标公告的方式邀请不特定的法人或其其他组织投标。招标人通过报刊、广播、电视、信息网络等方式发布招标广告，愿意参加投标的承包人都可以参加投标资格审查，审查合格的承包人可购买或领取招标文件参加投标。公开招标的方式被认为是最系统、最完整及规范最好的招标方式。

公开招标的优点：为承包人提供一个公平竞争的机会，广泛吸引投标人，招投标程序的透明度容易赢得投标人的信任，较大程度上避免了招投标活动中的贿标行为；招标人可以在较广的范围内选择承包人或者供应商，竞争激烈，择优率高，有利于降低工程造价，提高工程质量和缩短工期。

公开招标的缺点：由于参与竞争的承包人可能较多，准备招标、对投标申请者进行资格预审和评标的工作量大，招标时间长，费用高；同时，参加竞争的投标人越多，每个参加者中标的机率越小，风险越大；在投标过程中也可能出现一些不诚实、信誉不好的承包人为了中标，故意压低报价，以低价挤掉那些信誉好、技术先进而报价较高的承包人。因此，采用此种招标方式，业主要加强资格预审，认真评标。

公开招标方式的适用范围：全部使用国有资金投资，或国有资金投资占控制地位或主导地位的项目。

特别提示

一般情况下，法律规定的必须招标的工程建设项目，应当公开招标；有特殊情况的，经批准才可以进行邀请招标。

2. 邀请招标

邀请招标，是指招标人以投标邀请书的方式邀请特定的法人或其他组织投标。由于投标人数量是招标人根据自己的经验和信息资料，选择并邀请有实力的承包人来投标，是有限制的，所以又称之为“有限竞争性招标”或“选择性招标”。招标人采用邀请招标方式时，邀请的投标人一般不少于3家，不超过10家。

邀请招标的优点：邀请的投标人数量少，招标工作量小可以节约招标费用，而且也提高了每个投标人中标的机会，降低了投标风险；由于招标人对投标人已经有了一定的了解，清楚投标人具有较强的专业能力，因此便于招标人在某种专业要求下选择承包人。

邀请招标的缺点：投标人的数量少，竞争不激烈，招标人有可能漏掉更好的承包人。

邀请招标的范围：根据《招标投标法》第十一条规定：国务院发展计划部门确定的国家重点项目和省、自治区、直辖市人民政府确定的地方重点项目不适宜公开招标的，经国务院发展计划部门或者省、自治区、直辖市人民政府批准，可以进行邀请招标。

《招标投标法实施条例》对“邀请招标”的情形做了进一步说明：

第八条　国有资金占控股或者主导地位的依法必须进行招标的项目，应当公开招标；但有下列情形之一的，可以邀请招标：

(一) 技术复杂、有特殊要求或者受自然环境限制，只有少量潜在投标人可供选择；

(二) 采用公开招标方式的费用占项目合同金额的比例过大。

【案例分析4-2】

空军某部，根据国防需要，须在北部地区建设一家雷达生产厂，军方原拟订在与其合作过的施工单位中通过招标选择一家，可是由于合作单位多达20家，军方为达到保密要求，再次决定在这20家施工单位内选择3家军队施工单位投标。

问：你认为该招标人的做法是否符合《招标投标法》的规定？为什么？

【解析】

显然上述招标人的做法符合《招标投标法》的做法。由于本工程涉及国家机密，不宜进行公开，可以采用邀请招标的方式选择施工单位。

《工程建设项目施工招标投标办法》也对“邀请招标”的情形作了进一步说明：

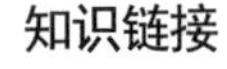

知识链接

《中华人民共和国招标投标法实施条例》

第十条　按照国家有关规定需要履行项目审批、核准手续的依法必须进行施工招标的工程建设项目，其招标范围、招标方式、招标组织形式应当报项目审批部门审批、核准。项目审批、核准部门应当及时将审批、核准确定的招标内容通报有关行政监督部门。

第十一条　依法必须进行公开招标的项目，有下列情形之一的，可以邀请招标：

(一) 项目技术复杂或有特殊要求，或者受自然地域环境限制，只有少量潜在投标人可供选择；

(二) 涉及国家安全、国家秘密或者抢险救灾，适宜招标但不宜公开招标；

(三) 采用公开招标方式的费用占项目合同金额的比例过大。

有前款第二项所列情形，属于本办法第十条规定的项目，由项目审批、核准部门在审批、核准项目时作出认定；其他项目由招标人申请有关行政监督部门作出认定。

全部使用国有资金投资或者国有资金投资占控股或者主导地位的并需要审批的工程建设项目的邀请招标，应当经项目审批部门批准，但项目审批部门只审批立项的，由有关行政监督部门审批。

特别提示

关于邀请招标，《招标投标法》只粗略地规定“不适宜公开招标”，没有进行具体规定。《招标投标法实施条例》规定了四种法定情形：

(1) 必须是技术复杂，只有少量潜在投标人可供选择；

(2) 必须是有特殊要求，只有少量潜在投标人可供选择；

(3) 必须是受自然环境限制，只有少量潜在投标人可供选择；

(4) 采用公开招标方式的费用占项目合同金额的比例过大。

其他部门规章的邀请招标的法定条件，在《招标投标法实施条例》规定的四种法定条件外，增加了三种：

(1) 必须是涉及国家安全，适宜招标但不宜公开招标；

(2) 必须是涉及国家秘密，适宜招标但不宜公开招标；

(3) 必须是涉及抢险救灾，适宜招标但不宜公开招标。

【案例分析4-3】

某卷烟厂拟扩大生产规模，准备在原厂房旁扩建并安装一条现代化生产线，预计总投资800万元，详细设计已完成，技术资料齐备，相应手续基本齐全，但资金尚未落实，现正与某银行商谈贷款事宜，并委托A项目管理公司代理招标采购。为便于管理设备和提高生产效率，经论证，将原生产线的两台主要关键设备更新成与新建生产线相同型号设备是较好的方案，只是一些细节尚需详细设计。该项目设备为专用设备，只有少数几家企业制造。扩建厂房为钢结构，设备安装要求二级以上资质。

问：

(1) 项目可否开始招标？

(2) 该项目设备采购、厂房建设、设备安装可否均采用邀请招标？为什么？

【解析】

(1) 该项目暂时还不能招标，因为其资金尚未落实。待与银行商谈贷款有结果后才符合招标条件。

(2) 本项目是国有企业投资项目，总投资800万元，属必须公开招标的项目。由于该项目设备为专用设备，只有少数几家企业制造，因此设备采购和安装符合邀请招标条件，但应该经过批准。厂房建设只能采用公开招标。

2017年7月财政部经修改后发布的《政府采购货物和服务招标投标管理办法》规定，货物服务招标分为公开招标和邀请招标。公开招标，是指采购人依法以招标公告的方式邀请非特定的供应商参加投标的采购方式。邀请招标，是指采购人依法从符合相应资格条件的供应商中随机抽取3家以上供应商，并以投标邀请书的方式邀请其参加投标的采购方式。

4.1.4 建设工程招标的范围和标准

建设工程采用招标投标这种承包方式，在提高工程经济效益、保证建设工程质量、保证社会及公众利益方面具有明显的优越性，世界各国和主要国际组织都规定，对某些建设工程项目必须实行招标投标。我国有关的法律、法规和部门规章根据工程建设项目的投资性质、工程规模等因素，也对建设工程招标范围和规模标准进行了界定，在此范围之内的项目必须通过招标进行发包；而在此范围之外的项目，是否招标业主可以自愿选择。

1. 建设工程招标的范围

(1) 建设工程强制招标的范围。《招标投标法》第三条规定，在中华人民共和国境内进行下列工程建设项目包括项目的勘察、设计、施工、监理以及与工程建设有关的重要设备、材料等的采购，必须进行招标：

① 大型基础设施、公用事业等关系社会公共利益、公众安全的项目；

② 全部或者部分使用国有资金投资或者国家融资的项目；

③ 使用国际组织或者外国政府贷款、援助资金的项目。

前款所列项目的具体范围和规模标准，由国务院发展计划部门会同国务院有关部门制订，报国务院批准。

法律或国务院对必须进行招标的其他项目的范围有规定的，依照其规定。

特别提示

此条是关于强制招标制度及其范围的规定。强制招标是指法律、法规规定一定范围的采购项目，凡是达到规定的规模标准的，必须通过招标采购，否则采购单位应当承担法律责任。

此条所称“工程建设项目”，是指工程及与工程建设有关的货物、服务。所称工程，是指建设工程，包括建筑物和构筑物的新建、改建、扩建及其相关的装修、拆除、修缮等；所称与工程建设有关的货物，是指构成工程不可分割的组成部分，且为实现工程基本功能所必需的设备、材料等；所称与工程建设有关的服务，是指为完成工程所需的勘察、设计、监理等服务。这里的“与工程建设有关的重要设备、材料”，包括用于工程建设项目本身的各种建筑材料、设备，项目所需的设备、设施，工业建设项目的生产设备等。

根据《必须招标的工程项目规定》(国家发展改革委令第16号)，对“全部或者部分使用国有资金投资或者国家融资的项目”和“使用国际组织或者外国政府贷款、援助资金的项目”范围作出了进一步细化的规定。

全部或者部分使用国有资金投资或者国家融资的项目包括：

① 使用预算资金200万元人民币以上，并且该资金占投资额10%以上的项目；

② 使用国有企业事业单位资金，并且该资金占控股或者主导地位的项目。

特别提示

国有资金是指国家财政性资金(包括预算内资金和预算外资金)和国家机关、国有企事业单位的自有资金。

使用国际组织或者外国政府贷款、援助资金的项目包括：

① 使用世界银行、亚洲开发银行等国际组织贷款、援助资金的项目；

② 使用外国政府及其机构贷款、援助资金的项目。

不属于上述两条规定情形的大型基础设施、公用事业等关系社会公共利益、公众安全的项目，必须招标的具体范围由国务院发展改革部门会同国务院有关部门按照确有必要、严格限定的原则制订，报国务院批准。

为明确必须招标的大型基础设施和公用事业项目范围，国家发展改革委出台了《必须招标的基础设施和公用事业项目范围规定》(发改法规规〔2018〕843号，简称“843号文”)，其第二条规定：不属于《必须招标的工程项目规定》第二条、第三条规定情形的大型基础设施、公用事业等关系社会公共利益、公众安全的项目，必须招标的具体范围包括：

① 煤炭、石油、天然气、电力、新能源等能源基础设施项目；

② 铁路、公路、管道、水运，以及公共航空和A1级通用机场等交通运输基础设施项目；

③ 电信枢纽、通信信息网络等通信基础设施项目；

④ 防洪、灌溉、排涝、引(供)水等水利基础设施项目；

⑤ 城市轨道交通等城建项目。

作为《必须招标的工程项目规定》(国家发展改革委令第16号)的配套文件，843号文大幅缩小了必须招标的基础设施、公用事业项目范围，坚持“确有必要、严格限定”的原则，将原《工程建设项目招标范围和规模标准规定》(国家发展计划委第3号令，现已废止)规定的13大类必须招标的基础设施和公用事业项目，压缩到能源、交通、通信、水利、城建等5大类，大幅度放宽对市场主体特别是民营企业选择发包方式的限制。

(2) 依法必须公开招标的项目范围。依法必须进行招标的项目，全部使用国有资金投资或者国有资金投资占控股或者主导地位的，应当公开招标。

(3) 可以不进行招标的建设项目范围。《招标投标法》第六十六条规定：“涉及国家安全、国家秘密、抢险救灾或者属于利用扶贫资金实行以工代赈、需要使用农民工等特殊情况，不适宜进行招标的项目，按照国家有关规定可以不进行招标。”

《招标投标法实施条例》《工程建设项目施工招标投标办法》《房屋建筑和市政基础设施工程施工招标投标管理办法》等均对可以不进行招标的情况做了具体规定。

《招标投标法实施条例》第九条规定，除招标投标法第六十六条规定的可以不进行招标的特殊情况外，有下列情形之一的，可以不进行招标：

① 需要采用不可替代的专利或者专有技术；

② 采购人依法能够自行建设、生产或者提供；

③ 已通过招标方式选定的特许经营项目投资人依法能够自行建设、生产或者提供；

④ 需要向原中标人采购工程、货物或者服务，否则将影响施工或者功能配套要求；

⑤ 国家规定的其他特殊情形。

《工程建设项目施工招标投标办法》第十二条规定，依法必须进行施工招标的工程建设项目有下列情形之一的，可以不进行施工招标：

① 涉及国家安全、国家秘密、抢险救灾或者属于利用扶贫资金实行以工代赈需要使用农民工等特殊情况，不适宜进行招标；

② 施工主要技术采用不可替代的专利或者专有技术；

③ 已通过招标方式选定的特许经营项目投资人依法能够自行建设；

④ 采购人依法能够自行建设；

⑤ 在建工程追加的附属小型工程或者主体加层工程，原中标人仍具备承包能力，并且其他人承担将影响施工或者功能配套要求；

⑥ 国家规定的其他情形。

知识链接

《工程建设项目施工招标投标办法》

《房屋建筑和市政基础设施工程施工招标投标管理办法》第九条规定，工程有下列情形之一的，经县级以上地方人民政府建设行政主管部门批准，可以不进行施工招标：

① 停建或者缓建后恢复建设的单位工程，且承包人未发生变更的；

② 施工企业自建自用的工程，且该施工企业资质等级符合工程要求的；

③ 在建工程追加的附属小型工程或者主体加层工程，且承包人未发生变更的；

④ 法律、法规、规章规定的其他情形。

知识链接

《房屋建筑和市政基础设施工程施工招标投标管理办法》

2014年8月经修改后颁布的《政府采购法》规定，政府采购工程进行招标投标的，适用招标投标法。2015年1月颁布的《政府采购法实施条例》进一步规定，政府采购工程依法不进行招标的，应当依照政府采购法和本条例规定的竞争性谈判或者单一来源采购方式采购。

2013年12月财政部颁发的《政府采购非招标采购方式管理办法》(财政部令第74号)进一步规定，竞争性谈判是指谈判小组与符合资格条件的供应商就采购货物、工程和服务事宜进行谈判，供应商按照谈判文件的要求提交响应文件和最后报价，采购人从谈判小组提出的成交候选人中确定成交供应商的采购方式。单一来源采购是指采购人从某一特定供应商处采购货物、工程和服务的采购方式。

特别提示

《国务院办公厅关于促进建筑业持续健康发展的意见》(国办发〔2017〕19号)中规定，在民间投资的房屋建筑工程中，探索由建设单位自主决定发包方式。对依法通过竞争性谈判或单一来源方式确定供应商的政府采购工程建设项目，符合相应条件的应当颁发施工许可证。

(4) 违反法律和行政法规规定的规避招标应承担的法律责任。《招标投标法》第四条规定，任何单位和个人不得将依法必须进行招标的项目化整为零或者以其他任何方式规避招标；第四十九条对相关责任进行了明确，必须进行招标的项目而不招标的，将必须进行招标的项目化整为零或者以其他任何方式规避招标的，责令限期改正，可以处项目合同金额千分之五以上千分之十以下的罚款；对全部或部分使用国有资金的项目，可以暂停项目执行或者暂停资金拨付；对单位直接负责的主管人员和其他直接责任人员依法给予处分。

2. 建设工程强制招标的规模标准

《必须招标的工程项目规定》(国家发展改革委令第16号)第五条对必须招标项目的规模标准分别作出了规定，本规定第二条至第四条规定范围内的项目，其勘察、设计、施工、监理以及与工程建设有关的重要设备、材料等的采购达到下列标准之一的，必须招标：

① 施工单项合同估算价在400万元人民币以上；

② 重要设备、材料等货物的采购，单项合同估算价在200万元人民币以上；

③ 勘察、设计、监理等服务的采购，单项合同估算价在100万元人民币以上。

同一项目中可以合并进行的勘察、设计、施工、监理以及与工程建设有关的重要设备、材料等的采购，合同估算价合计达到前款规定标准的，必须招标。

知识链接

《必须招标的工程项目规定》

知识链接

《必须招标的基础设施和公用事业项目范围规定》

【案例分析4-4】

某县政府投资新建30公里县级公路，分两个标段进行施工监理招标。标段一为14公里，监理合同估算价为80万元，计划2018年7月30日招标。标段二为16公里，监理合同估算价为90万元，计划2019年1月30日招标。

问：该监理是否必须招标？

【解析】

本案同一项目是30公里县级公路，划分两个标段并没有违反国家法律法规对划分标段的原则性规定。依据国家发展改革委令第16号第五条的规定，同一项目中可以合并进行的勘察、设计、施工、监理以及与工程建设有关的重要设备、材料等的采购，合同估算价合计达到必须招标的工程项目规定标准的，必须招标。

两个标段监理合同估算价应当合并计算。标段一与标段二监理合并后单项合同估算价为170万元，达到了必须招标的标准，因此，应当必须招标。

如果两个标段同时进行招标，可以将监理合并招标，当然分开招两个监理单位进行监理也可以，并没有违反法律法规强制性规定。

【思政引导】

通过学习国家发展改革委令第16号与843号文的内容，了解国家组织清理与《必须招标的工程项目规定》不一致的规定，使简政放权的效果落到实处。同时，进一步创新完善招标投标制度，更好发挥招标投标竞争择优的作用，促进经济社会持续健康发展。

4.1.5　自行组织招标与招标代理

工程建设项目施工招标，招标人可以自行办理招标事宜，也可以委托招标代理机构办理。

1. 自行招标

招标人具有编制招标文件和组织评标能力的，可以自行办理招标事宜。任何单位和个人不得强制其委托招标代理机构办理招标事宜。

招标人自行办理施工招标事宜的，应当具有编制招标文件和组织评标的能力，具体包括以下条件：

(1) 具有项目法人资格(或者法人资格)；

(2) 具有与招标项目规模和复杂程度相适应的工程技术、概预算、财务和工程管理等方面专业技术力量；

(3) 有从事同类工程建设项目招标的经验；

(4) 拥有3名以上取得招标职业资格的专职招标业务人员；

(5) 熟悉和掌握招标投标法及有关法规规章。

不具备上述条件的，招标人应当委托工程招标代理机构代理施工招标。

特别提示

依法必须进行招标的项目，招标人自行办理招标事宜的，应当向有关行政监督部门备案；对于需要审核、核准的必须招标项目，还应当在项目审批、核准时按照《工程建设项目自行招标试行办法》的规定向项目审批、核准部门报送书面材料，通过审批、核准。

【案例分析4-5】

某建设工程的建设单位自行办理招标事宜。由于该工程技术复杂且需采用大型专用施工设备，经有关主管部门批准，建设单位决定采用邀请招标方式，共邀请A、B两家国有特级施工企业参加投标。

知识链接

《工程建设项目自行招标试行办法》

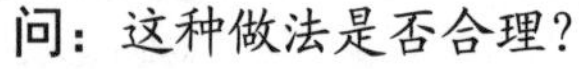

问：这种做法是否合理？

【解析】

招标人具有编制招标文件和组织评标能力的，可以自行办理招标事宜。依法必须进行招标的项目，招标人自行办理招标事宜的，应当向有关行政监督部门备案。该项目工程技术复杂且需采用大型专用施工设备，经有关主管部门批准，是符合邀请招标的基本程序的，但是邀请投标单位的数量不符合三家以上的规定要求。

2. 招标代理

1) 招标代理机构

《招标投标法》第十三条规定，招标代理机构是依法设立，从事招标代理业务并提供相关服务的社会中介组织。

招标代理机构应当具备以下条件：

(1) 从事招标代理业务的营业场所和相应资金；

(2) 有能够编制招标文件和组织评标的相应专业力量。

《招标投标法》第十四条规定，招标代理机构与行政机关和其他国家机关不得存在隶属关系或者其他利益关系。

2) 招标代理范围

招标代理机构可以代理的范围具体如下。

(1) 根据拟招标工程性质和招标人的要求，拟订招标方案，编制和出售招标文件、资格预审文件。

(2) 审查投标人资格。

(3) 组织投标人踏勘现场。

(4) 接受投标人递交的投标文件；如投标文件有疑问，进行澄清和答疑，并书面通知所有投标人；根据投标具体情况，决定是否延长投标有效期。

(5) 组织开标、评标，并协助招标人定标。

(6) 协助招标人与中标人签订合同。

(7) 招标人委托的其他事项。

招标代理机构应当在招标人委托的范围内开展招标工作。未经招标人同意，不得转让招标代理业务。在同一招标项目中，招标代理机构不得同时接受招标代理和投标咨询业务。

3) 招标代理监管

深入推进工程建设领域“放管服”改革，加强工程建设项目招标代理机构(以下简称招标代理机构)事中事后监管，规范工程招标代理行为，维护建筑市场秩序，2017年12月28日，《住房城乡建设部办公厅关于取消工程建设项目招标代理机构资格认定加强事中事后监管的通知》发布。具体内容如下。

(1) 停止招标代理机构资格申请受理和审批。自2017年12月28日起，各级住房城乡建设部门不再受理招标代理机构资格认定申请，停止招标代理机构资格审批。

(2) 建立信息报送和公开制度。招标代理机构可按照自愿原则向工商注册所在地省级建筑市场监管一体化工作平台报送基本信息。信息内容包括：营业执照相关信息、注册执业人员、具有工程建设类职称的专职人员、近3年代表性业绩、联系方式。上述信息统一在住房城乡建设部全国建筑市场监管公共服务平台(以下简称公共服务平台)对外公开，供招标人根据工程项目实际情况选择参考。

招标代理机构对报送信息的真实性和准确性负责，并及时核实其在公共服务平台的信息内容。信息内容发生变化的，应当及时更新。任何单位和个人如发现招标代理机构报送虚假信息，可向招标代理机构工商注册所在地省级住房城乡建设主管部门举报。工商注册所在地省级住房城乡建设主管部门应当及时组织核实，对涉及非本省市工程业绩的，可商请工程所在地省级住房城乡建设主管部门协助核查，工程所在地省级住房城乡建设主管部门应当给予配合。对存在报送虚假信息行为的招标代理机构，工商注册所在地省级住房城乡建设主管部门应当将其弄虚作假行为信息推送至公共服务平台对外公布。

(3) 规范工程招标代理行为。招标代理机构应当与招标人签订工程招标代理书面委托合同，并在合同约定的范围内依法开展工程招标代理活动。招标代理机构及其从业人员应当严格按照招标投标法、招标投标法实施条例等相关法律法规开展工程招标代理活动，并对工程招标代理业务承担相应责任。

(4) 强化工程招投标活动监管。各级住房城乡建设主管部门要加大房屋建筑和市政基础设施招标投标活动监管力度，推进电子招投标，加强招标代理机构行为监管，严格依法查处招标代理机构违法违规行为，及时归集相关处罚信息并向社会公开，切实维护建筑市场秩序。

(5) 加强信用体系建设。加快推进省级建筑市场监管一体化工作平台建设，规范招标代理机构信用信息采集、报送机制，加大信息公开力度，强化信用信息应用，推进部门之间信用信息共享共用。加快建立失信联合惩戒机制，强化信用对招标代理机构的约束作用，构建“一处失信、处处受制”的市场环境。

(6) 加大投诉举报查处力度。各级住房城乡建设主管部门要建立健全公平、高效的投诉举报处理机制，严格按照《工程建设项目招标投标活动投诉处理办法》，及时受理并依法处理房屋建筑和市政基础设施领域的招投标投诉举报，保护招标投标活动当事人的合法权益，维护招标投标活动的正常市场秩序。

(7) 推进行业自律。充分发挥行业协会对促进工程建设项目招标代理行业规范发展的重要作用。支持行业协会研究制定从业机构和从业人员行为规范，发布行业自律公约，加强对招标代理机构和从业人员行为的约束和管理。鼓励行业协会开展招标代理机构资信评价和从业人员培训工作，提升招标代理服务能力。

2018年3月8日，《住房城乡建设部关于废止<工程建设项目招标代理机构资格认定办法>的决定》(住房城乡建设部令第38号)发布，自发布之日起，废止《工程建设项目招标代理机构资格认定办法》(建设部令第154号)。

▍特别提示▍

根据《招标投标法》第五十条的规定，招标代理机构违反本法规定，泄露应当保密的与招标投标活动有关的情况和资料的，或者与招标人、投标人串通损害国家利益、社会公共利益或者他人合法权益的，处五万元以上二十五万元以下的罚款；对单位直接负责的主管人员和其他直接责任人员处单位罚款数额百分之五以上百分之十以下的罚款；有违法所得的，并处没收违法所得；情节严重的，禁止其一年至二年内代理依法必须进行招标的项目并予以公告，直至由工商行政管理机关吊销营业执照；构成犯罪的，依法追究刑事责任。给他人造成损失的，依法承担赔偿责任。前款所列行为影响中标结果的，中标无效。

【思政案例】

中国招标投标行业首个国家标准《招标代理服务规范》发布实施

由中国招标投标协会、中国标准化研究院牵头起草的中国招标投标行业首部国家标准——《招标代理服务规范》，2019年12月31日经国家市场监督管理总局、中国国家标准化管理委员会批准发布实施。《招标代理服务规范》是推荐性国家标准(标准号：GB/T 38357—2019)，对于促进招标代理服务专业化、精细化、系统化、规范化和标准化，引导招标代理服务行业优化升级和高质量发展将发挥重要作用。

知识链接

《招标代理服务规范》

该标准规定了招标代理服务的基本要求、服务阶段与内容、服务提供、服务评价与改进等内容，适用于招标代理机构开展工程、货物、服务等各类项目招标代理服务，也可用于外部组织对招标代理服务的评价或认证。

【思政思考】

1.《招标代理服务规范》是在什么样的背景下发布的？

2. 制定《招标代理服务规范》的目的是什么？对招标代理行业有什么影响？

3. 行业协会对工程建设项目招标代理行业规范发展发挥哪些作用？

4.1.6 建设工程招标程序

建设工程招标的程序一般包括三个阶段。

1. 招标准备阶段

招标准备阶段的主要工作有：项目的招标条件准备、办理审批手续、组建招标组织、策划招标方案、发布招标公告(资格预审公告)或发出投标邀请书、编制标底或最高投标限价、准备招标文件。其主要工作步骤与工作内容如表4-1所示。

表4-1　招标准备阶段的主要工作步骤与内容一览表

阶段	主要工作步骤	主要工作内容
		招标人
招标准备	项目的招标条件准备	完成项目前期研究与立项、图纸和技术要求等技术文件准备、项目相关建设手续办理等
	办理审批手续	招标范围、招标方式、招标组织形式的审批核准
	组建招标组织	自行建立招标组织或招标代理机构
	策划招标方案	施工标段划分，合同计价方式、合同类型选择，潜在竞争程度评价，投标人资格要求，评标方法设置要求等
	发布招标公告(资格预审公告)或发出投标邀请	明确招标公告(资格预审公告)内容发布招标公告(资格预审公告)或者选择确定受邀单位，发出投标邀请函
	编制标底或确定最高投标限价	自行或委托专业机构编制标底或最高投标限价完成相关评审并最终确定
	准备招标文件	编制资格预审文件和招标文件并完成相关评审或备案手续

特别提示

《招标投标法》第九条规定，招标项目按照国家有关规定需要履行项目审批手续的，应当先履行审批手续，取得批准。招标人应当有进行招标项目的相应资金或者资金来源已经落实，并应当在招标文件中如实载明。

《招标投标法实施条例》进一步规定，按照国家有关规定需要履行项目审批、核准手续的依法必须进行招标的项目，其招标范围、招标方式、招标组织形式应当报项目审批、核准部门审批、核准。项目审批、核准部门应当及时将审批、核准确定的招标范围、招标方式、招标组织形式通报有关行政监督部门。

知识链接

《国务院办公厅关于开展工程建设项目审批制度改革试点的通知》

2. 资格审查与投标阶段

资格审查与投标阶段的主要工作有：发售资格预审文件(实行资格预审)、进行资格预审(实行资格预审)、发售招标文件、进行现场踏勘、召开标前会议、投标文件的编制、递交和接收。其主要工作步骤与工作内容如表4-2所示。

表4-2　资格审查与投标阶段的主要工作步骤与内容一览表

阶段	主要工作步骤	主要工作内容	
		招标人	投标人
资格审查与投标	发售资格预审文件(实行资格预审)	发售资格预审文件	购买资格预审文件 填报资格预审材料
	进行资格预审(实行资格预审)	分析评价资格预审材料确定资格预审合格者通知资格预审结果	收到回函 资格预审结果
	发售招标文件	发售招标文件	购买招标文件
	现场踏勘、标前会议(必要时)	组织现场踏勘和标前会议(必要时)进行招标文件的澄清和补遗	参加现场踏勘和标前会议或自主开展现场踏勘对招标文件提出疑问
	投标文件的编制、递交和接收	接收投标文件(包括投标保证金或投标保函)	编制投标文件、递交投标文件(包括投标保证金或投标保函)

3. 开标、评标与授标阶段

开标、评标与授标阶段的主要工作有：开标、评标、授标。其主要工作步骤与工作内容如表4-3所示。

表4-3 开标、评标与授标阶段的主要工作步骤与内容一览表

阶段	主要工作步骤	主要工作内容	
		招标人	投标人
开标、评标与授标	开标	组织开标会议	参加开标会议
	评标	组建评标委员会投标文件初评(符合性鉴定) 投标文件详评(技术性、商务标评审) 要求投标人提交澄清资料(必要时) 资格后审(实行资格后审) 编写评标报告	提交澄清资料(必要时)
	授标	确定中标候选人、公示中标候选人、发出中标通知书、签订施工合同、退还投标保证金	提交履约保函，签订施工合同，收回投标保证金

【案例分析4-6】

某建设单位经相关主管部门批准，组织某建设项目全过程总承包(即EPC模式)的公开招标工作。根据实际情况和建设单位要求，该工程工期定为2年，考虑到各种因素的影响，决定该工程在基本方案确定后即开始招标，确定的招标程序如下。

(1) 成立该工程招标领导机构。

(2) 委托招标代理机构代理招标。

(3) 发出投标邀请书。

(4) 对报名参加投标者进行资格预审，并将结果通知合格的申请投标人。

(5) 向所有获得投标资格的投标人发售招标文件。

(6) 召开投标预备会。

(7) 招标文件的澄清与修改。

(8) 建立评标组织，制定标底和评标、定标办法。

(9) 召开开标会议，审查投标书。

(10) 组织评标。

(11) 与合格的投标者进行质疑澄清。

(12) 确定中标单位。

(13) 发出中标通知书。

(14) 建设单位与中标单位签订承发包合同。

问：请指出以上招标程序中的不妥和不完善之处。

【解析】

招标程序中不妥和不完善之处如下。

- 第(3)条发出投标邀请书不妥，应为发布(或刊登)招标通告(或公告)。
- 第(4)条将资格预审结果仅通知合格的申请投标人不妥，资格预审的结果应通知到所有投标人。
- 第(8)条制定标底和评标、定标办法不妥，该工作不应安排在此处进行。

知识链接

《电子招标投标办法》

需要引起重视的是，目前国家鼓励利用信息网络进行电子招标投标。电子招标投标是指利用现代信息技术，以数据电文形式进行的无纸化招标投标活动。2013年2月4日，由国家发改委、工信部等八部委联合发布了《电子招标投标办法》。《电子招标投标办法》中明确了数据电文形式与纸质形式的招标投标活动具有同等法律效力。2017年2月28日，国家发改委、工信部、住建部等六部委印发了《"互联网+"招标采购行动方案(2017—2019年)》。其目的是促进电子招标投标的发展。推行电子招标投标，对于提高招投标效率、增加透明度预防腐败、节约资源和交易成本、规范行政监督行为等方面具有非常重要的意义。

4.2 编制招标公告、资格预审公告和投标邀请书

【导入】

某大型工程项目由政府投资建设，业主委托某招标代理公司代理施工招标。招标代理公司确定该项目采用公开招标方式招标。业主对招标代理公司提出以下要求：为了避免潜在的投标人过多，项目招标公告只在本市日报上发布，采用邀请招标方式招标。业主对招标代理公司提出的要求是否正确？

4.2.1 编制招标公告和资格预审公告

招标人采用公开招标的，应当发布招标公告。依法必须进行招标的项目的招标公告和公示信息应当在"中国招标投标公共服务平台"或者项目所在地省级电子招标投标公共服务平台发布(以下统一简称"发布媒介")。招标公告的发布应当充分公开，任何单位和个人不得非法限制招标公告的发布地点和发布范围。发布媒介应当免费提供依法必须招标项目的招标公告和公示信息发布服务，并允许社会公众和市场主体免费、及时查阅招标公告和公示的完整信息。

根据国家发展改革委令第10号《招标公告和公示信息发布管理办法》的规定，依法必须招标项目的资格预审公告和招标公告，应当载明以下内容：

① 招标项目名称、内容、范围、规模、资金来源；
② 投标资格能力要求，以及是否接受联合体投标；
③ 获取资格预审文件或招标文件的时间、方式；
④ 递交资格预审文件或投标文件的截止时间、方式；
⑤ 招标人及其招标代理机构的名称、地址、联系人及联系方式；
⑥ 采用电子招标投标方式的，潜在投标人访问电子招标投标交易平台的网址和方法；
⑦ 其他依法应当载明的内容。

招标公告的一般格式如下所示。

招标公告(未进行资格预审)

________(项目名称)________标段施工招标公告

1. 招标条件

本招标项目____________(项目名称)已由________(项目审批、核准或备案机关名称)以_______(批文名称及编号)批准建设，项目业主为_______，建设资金来自_____(资金来源)，项目出资比例为_____，招标人为________。项目已具备招标条件，现对该项目的施工进行公开招标。

2. 项目概况与招标范围

______(说明本次招标项目的建设地点、规模、计划工期、招标范围、标段划分等)。

3. 投标人资格要求

3.1 本次招标要求投标人须具备________资质，_______业绩，并在人员、设备、资金等方面具有相应的施工能力。

3.2 本次招标____________(接受或不接受)联合体投标。联合体投标的，应满足下列要求：________________。

3.3 各投标人均可就上述标段中的_______(具体数量)个标段投标。

4. 招标文件的获取

4.1 凡有意参加投标者，请于______年____ 月___日至_______年____月____日(法定公休日、法定节假日除外)，每日上午_____时至_____时，下午_____时至_____时(北京时间，下同)，在______________________(详细地址)持单位介绍信购买招标文件。

4.2 招标文件每套售价_______ 元，售后不退。图纸押金_______元，在退还图纸时退还(不计利息)。

4.3 邮购招标文件的，需另加手续费(含邮费)_______元。招标人在收到单位介绍信和邮购款(含手续费)后____ 日内寄送。

5. 投标文件的递交

5.1 投标文件递交的截止时间(投标截止时间，下同)为_______年____月___日____时____分，地点为______________________。

5.2 逾期送达的或者未送达指定地点的投标文件，招标人不予受理。

6. 发布公告的媒介

本次招标公告同时在________________(发布公告的媒介名称)上发布。

7. 联系方式

招 标 人：________________	招标代理机构：________________
地　　址：________________	地　　址：________________
邮　　编：________________	邮　　编：________________
联 系 人：________________	联 系 人：________________
电　　话：________________	电　　话：________________
传　　真：________________	传　　真：________________
电子邮件：________________	电子邮件：________________
网　　址：________________	网　　址：________________
开户银行：________________	开户银行：________________
账　　号：________________	账　　号：________________

______年_______月______日

资格预审公告，如下所示。

资格预审公告(代招标公告)

________(项目名称)________标段施工招标

1. 招标条件

本招标项目________(项目名称)已由________(项目审批、核准或备案机关名称)以________(批文名称及编号)批准建设，项目业主为__________，建设资金来自________(资金来源)，项目出资比例为__________，招标人为__________。项目已具备招标条件，现进行公开招标，特邀请有兴趣的潜在投标人(以下简称申请人)提出资格预审申请。

2. 项目概况与招标范围

__________(说明本次招标项目的建设地点、规模、计划工期、招标范围、标段划分等)。

3. 申请人资格要求

3.1 本次资格预审要求申请人具备__________资质，________业绩，并在人员、设备、资金等方面具有相应的施工能力。

3.2 本次资格预审__________(接受或不接受)联合体资格预审申请。联合体申请资格预审的，应满足下列要求：__________。

3.3 各申请人可就上述标段中的_______(具体数量)个标段提出资格预审申请。

4. 资格预审方法

本次资格预审采用__________(合格制/有限数量制)。

5. 资格预审文件的获取

5.1 请申请人于_____年_____月_____日至_____年_____月_____日(法定公休日、法定节假日除外)，每日上午_____时至_____时，下午____时至_____时(北京时间，下同)，在__________(详细地址)持单位介绍信购买资格预审文件。

5.2 资格预审文件每套售价__________元，售后不退。

5.3 邮购资格预审文件的，需另加手续费(含邮费)__________元。招标人在收到单位介绍信和邮购款(含手续费)后_____日内寄送。

6. 资格预审申请文件的递交

6.1 递交资格预审申请文件截止时间(申请截止时间，下同)为_______年_______月_______日______时______分，地点为____________。

6.2 逾期送达或者未送达指定地点的资格预审申请文件，招标人不予受理。

7. 发布公告的媒介

本次资格预审公告同时在_________(发布公告的媒介名称)上发布。

8. 联系方式

招标人：__________________	招标代理机构：__________________
地　址：__________________	地　址：__________________
邮　编：__________________	邮　编：__________________
联系人：__________________	联系人：__________________
电　话：__________________	电　话：__________________
传　真：__________________	传　真：__________________
电子邮件：__________________	电子邮件：__________________
网　址：__________________	网　址：__________________
开户银行：__________________	开户银行：__________________
账　号：__________________	账　号：__________________

________年______月______日

特别提示

招标人应当在资格预审公告、招标公告或者投标邀请书中载明是否接受联合体投标。

任何单位和个人认为招标人或其招标代理机构在招标公告和公示信息发布活动中存在违法违规行为的，可以依法向有关行政监督部门投诉、举报；认为发布媒介在招标公告和公示信息发布活动中存在违法违规行为的，根据有关规定可以向相应的省级以上发展改革部门或其他有关部门投诉、举报。

特别提示

依法必须招标项目的招标公告和公示信息有下列情形之一的，潜在投标人或者投标人可以要求招标人或其招标代理机构予以澄清、改正、补充或调整：

(1) 资格预审公告、招标公告载明的事项不符合本办法第五条规定，中标候选人公示载明的事项不符合本办法第六条规定；

(2) 在两家以上媒介发布的同一招标项目的招标公告和公示信息内容不一致；

(3) 招标公告和公示信息内容不符合法律法规规定。

招标人或其招标代理机构应当认真核查，及时处理，并将处理结果告知提出意见的潜在投标人或者投标人。

【案例分析4-7】

知识链接

《招标公告和公示信息发布管理办法》

某国有资金投资占控股地位的通用建设项目，施工图设计文件已经相关行政主管部门批准，建设单位采用了公开招标方式进行施工招标。

2022年3月1日发布了该工程项目的施工招标公告，其内容如下：

(1) 招标单位的名称和地址；

(2) 招标项目的内容、规模、工期、项目经理和质量标准要求；

(3) 招标项目的实施地点、资金来源和评标标准；

(4) 施工单位应具有二级及以上施工总承包企业资质，并且近三年获得两项以上本市优质工程奖；

(5) 获取招标文件的时间、地点和费用。

问：该工程招标公告中的各项内容是否妥当？对不妥当之处说明理由。

【解析】

(1) 招标单位的名称和地址妥当。

(2) 招标项目的内容、规模和工期妥当。

(3) 招标项目的项目经理和质量标准要求不妥，招标公告的作用只是告知工程招标的信息，而项目经理和质量标准的要求涉及工程的组织安排和技术标准，应在招标文件中提出。

(4) 招标项目的实施地点和资金来源妥当。

(5) 招标项目的评标标准不妥，评标标准是为了比较投标文件并据此进行评审的标准，故不出现在招标公告中，应是招标文件中的重要内容。

(6) 施工单位应具有二级及以上施工总承包企业资质妥当。

(7) 施工单位应在近三年获得两项以上本市优质工程奖不妥当，因为有的施工企业可能具有很强的管理和技术实力，虽然在其他省市获得了工程奖项，但并没有在本市获奖，所以以是否在本市获奖为条件来评价施工单位的水平是不公平的，是对潜在投标人的歧视限制条件。

(8) 获取招标文件的时间、地点和费用妥当。

【案例分析4-8】

某市某局利用财政性资金建设办公楼项目，预算为3000万元，总建筑面积20 000m^2。招标人采用公开招标的方式组织施工招标。招标公告编制完成后，招标人在该市很有影响力的一份报纸上发布了招标公告。招标公告规定的投标人资格条件中有一项为“注册资本金在5000万元以上”；其还规定，在购买招标文件的同时，潜在投标人须提交50%的投标保证金，即5万元后才能够购买，以保证潜在投标人购买招标文件后参加项目投标。招标公告发布后三天，有两家单位购买了招标文件，招标人经分析后认为“注册资本金在5000万元以上”的资格条件可能过高，影响了潜在投标人参与竞争，于是决定将其修改为“注册资本金在1000万元以上”。为减少招标时间，经商讨，招标人决定直接在招标文件中对上述资格条件进行调整，并在开标前十五日通知所有购买招标文件的投标人，而不再重新发布招标公告，以保证开标计划能够如期进行。最终共有8名投标人参加投标，开标计划如期进行。

问：招标人在上述招标公告的发布过程中有哪些不正确的行为？为什么？正确的处理方法是怎样的？

【解析】

招标人在上述招标公告的发布过程中，有以下不正确的行为：

(1) 仅在该市很有影响的一份报纸上发布招标公告；

(2) 要求潜在投标人提交5万元的投标保证金后才能购买招标文件；

(3) 在招标文件中直接调整招标公告规定的资格条件，而未重新发布招标公告。

不正确的原因及正确做法具体如下。

(1) 本项目利用财政性资金投资建设的项目，预算为3000万元，属于必须招标的项目。根据《招标公告和公示信息发布管理办法》规定，依法必须进行招标的项目的招标公告和公示信息应当在“中国招标投标公共服务平台”或者项目所在地省级电子招标投标公共服务平台发布。

(2) 投标保证金从性质上属于投标文件的一部分，是用来保证投标人从递交投标要约到中标后，按照招标文件的要求递交履约保证金，并与招标人签订合同等一系列缔约行为的。在投标截止时间前，投标人都有权决定是否递交投标要约，即递交投标文件，这是法律赋予潜在投标人的一个基本权利。本案中，招标人要求潜在投标人必须提交50%的投标保证金才能够购买招标文件的做法侵害了投标人的权利，是不正确的。因此，应取消该规定，重新发布招标公告。

(3) 招标公告属于订立合同过程中的要约邀请，招标文件属于在招标公告基础上的细化和补充，但不能修改招标公告中已经明确的实质性内容，如本案中的资格条件等。因此，招标人在招标公告发布后修改其中实质性条件的，需要重新发布招标公告，而不能直接在招标文件中进行调整。

4.2.2　编制投标邀请书

采用邀请招标的，招标人应向三个以上具备承担招标工程的能力、资信良好的施工单位发出投标邀请书。投标邀请书的一般格式如下所示。

投标邀请书(适用于邀请招标)

________(项目名称)________标段投标邀请书

________________(被邀请单位名称):

1. 招标条件

本招标项目______________(项目名称)已由__________(项目审批、核准或备案机关名称)以________(批文名称及编号)批准建设，项目业主为_________，建设资金来自______(资金来源)，项目出资比例为_________，招标人为________。项目已具备招标条件，现邀请你单位参加___________(项目名称)___________标段施工投标。

2. 项目概况与招标范围

___________(说明本次招标项目的建设地点、规模、计划工期、招标范围、标段划分等)。

3. 投标人资格要求

3.1 本次招标要求投标人须具备_________资质，_______业绩，并在人员、设备、资金等方面具有相应的施工能力。

3.2 你单位________(可以或不可以)组成联合体投标。联合体投标的，应满足下列要求：_________。

4. 招标文件的获取

4.1请于______年_____月____日至______年____月____日(法定公休日、法定节假日除外)，每日上午____时至____时，下午____时至____时(北京时间，下同)，在__________________(详细地址)持本投标邀请书购买招标文件。

4.2 招标文件每套售价______元，售后不退。图纸押金______元，在退还图纸时退还(不计利息)。

4.3 邮购招标文件的，需另加手续费(含邮费)______元。招标人在收到单位介绍信和邮购款(含手续费)后____日内寄送。

5. 投标文件的递交

5.1 投标文件递交的截止时间(投标截止时间，下同)为______年____月___日____时____分，地点为____________________。

5.2 逾期送达的或者未送达指定地点的投标文件，招标人不予受理。

6. 确认

你单位收到本投标邀请书后，请于_________(具体时间)前以传真或快递方式予以确认。

7. 联系方式

招 标 人：________________	招标代理机构：______________
地　　址：________________	地　　址：________________
邮　　编：________________	邮　　编：________________
联 系 人：________________	联 系 人：________________
电　　话：________________	电　　话：________________
传　　真：________________	传　　真：________________
电子邮件：________________	电子邮件：________________
网　　址：________________	网　　址：________________
开户银行：________________	开户银行：________________
账　　号：________________	账　　号：________________

____________年________月_______日

【特别提示】

邀请招标是向特定的法人或其他组织发出投标邀请的一种招标方式，采用这种方式的招标人虽然可以根据项目的特点选择特定的潜在投标人，但在招标程序、评标标准等招标的重要环节上均与公开招标相同，邀请招标不是议标，不能因为其招标对象的特定性而取代了招标公开性、竞争性的本质特征。

【案例分析4-9】

某省国有资金投资的某重点工程项目计划于2022年12月28日开工，由于工程复杂，技术难度高，一般施工队伍难以胜任，业主自行决定采取邀请招标方式。

问：业主自行决定采取邀请招标方式的做法是否妥当？请说明理由。

【解析】

业主自行决定采取邀请招标方式招标的做法不妥当。根据《招标投标法》第十一条规定，国务院发展计划部门确定的国家重点项目和省、自治区、直辖市人民政府确定的地方重点项目不适宜公开招标的，经国务院发展计划部门或省、自治区、直辖市人民政府批准，可以进行邀请招标。因此，本案中业主须经省人民政府批准，才可以进行邀请招标。

4.3　投标人(潜在投标人)的资格审查

【导入】

某大学扩建项目，其建安工程投资额为30 000万元人民币。项目地处某城市郊区，系在原农用耕地上修建，共包括8个单体建筑工程，分别为办公楼、$1^{\#}$-$3^{\#}$教学楼、学生食堂、学生公寓、图书馆、10KV变电所和大门及门卫室等，总建筑面积126 436m^2，占地面积86 000m^2，其中教学楼和学生公寓为地上六层框架结构，学生食堂、图书馆为地上三层框架结构，变电所及门卫室为单层混合结构。招标人拟将整个扩建工程作为一个标段发包，组织资格审查，但不接受联合体投标。

思考：

(1) 资格审查有哪几种方法？

(2) 施工招标资格审查有哪几方面内容？

(3) 针对本项目实际情况，选择哪种资格审查方法和审查办法，并设置资格审查因素和审查标准。

4.3.1　资格审查的分类

《招标投标法》第十八条规定，招标人可以根据招标项目本身的要求，在招标公告或者投标邀请书中，要求潜在投标人提供有关资质证明文件和业绩情况，并对潜在投标人进行资格审查；国家对投标人的资格条件有规定的，依照其规定。

对潜在投标人的资格审查是招标人的一项权利，其目的是审查投标人是否具有承担招标项目的能力，以保证投标人中标后，能切实履行合同义务。

资格审查分为资格预审和资格后审两种。

(1) 资格预审是指招标人在发放招标文件前，对报名参加投标的申请人的承包能力、业绩、资格和资质、财务状况和信誉等进行审查，并确定合格的投标人名单的过程。未通过资格预审的申请人，不具有投标的资格。

《招标投标法实施条例》规定，招标人采用资格预审办法对潜在投标人进行资格审查的，应当发布资格预审公告、编制资格预审文件。

招标人应当合理确定提交资格预审申请文件的时间。依法必须进行招标的项目提交资格预审申请文件的时间，自资格预审文件停止发售之日起不得少于5日。

资格预审应当按照资格预审文件载明的标准和方法进行。国有资金占控股或者主导地位的依法必须进行招标的项目，招标人应当组建资格审查委员会审查资格预审申请文件。资格审查委员会及其成员应当遵守招标投标法和招标投标法实施条例有关评标委员会及其成员的规定。

资格预审结束后，招标人应当及时向资格预审申请人发出资格预审结果通知书。未通过资格预审的申请人不具有投标资格。通过资格预审的申请人少于3个的，应当重新招标。

潜在投标人或者其他利害关系人对资格预审文件有异议的，应当在提交资格预审申请文件截止时间2日前提出。招标人应当自收到异议之日起3日内作出答复；作出答复前，应当暂停招标投标活动。

招标人编制的资格预审文件的内容违反法律、行政法规的强制性规定，违反公开、公平、公正和诚实信用原则，影响资格预审结果的，依法必须进行招标的项目的招标人应当在修改资格预审文件后重新招标。

(2) 资格后审是指在开标后、评标前，由评标委员会按照招标文件规定的资格条件、审查标准和审查方法对投标人进行的资格审查。采用资格后审时，招标人应当在开标后由评标委员会按照招标文件规定的标准和方法对投标人的资格进行审查。资格后审是评标的一个重要内容。对资格后审不合格的投标人，评标委员会应否决其投标。

资格预审和资格后审的区别如表4-4所示。

表4-4 资格预审和资格后审的区别

资格审查	资格预审	资格后审
审查时间	在发售招标文件之前	在开标之后的评标阶段
评审人	招标人或资格审查委员会	评标委员会
评审方法	合格制和有限数量制，一般采用合格制；潜在投标人过多时，可采用有限数量制	合格制
优点	避免不合格的申请人进入投标阶段，节约社会成本；提高投标人投标的针对性、积极性；减少评标阶段的工作量，缩短评标时间，提高评标的科学性，可比性	减少资格预审环节，缩短招标时间；投标人数量相对较多，竞争性更强；提高串标、围标难度
缺点	延长招投标过程，增加招标人组织资格预审和申请人参加资格预审的费用；通过资格预审的申请人相对减少，容易串标	投标方案差异大，会增加评标工作难度；在投标人过多时，会增加评标费用和评标工作量；增加社会综合成本
适用范围	技术复杂或投标文件编制费用较高，或潜在投标人数量较多	潜在投标人数量不多，具有通用性、标准化的招标项目

┃特别提示┃

资格审查时，招标人不得以不合理的条件限制、排斥潜在的投标人，不得对潜在投标人实行歧视待遇。任何单位和个人不得以行政手段或其他不合理的方式限制投标人的数量。

《招标投标法实施条例》第三十二条规定，招标人有下列行为之一的，属于以不合理条件限制、排斥潜在投标人或者投标人：

① 就同一招标项目向潜在投标人或投标人提供有差别的项目信息；

② 设定的资格、技术、商务条件与招标项目的具体特点和实际需要不相适应或者与合同履行无关；

③ 依法必须进行招标的项目以特定行政区域或者特定行业的业绩、奖项作为加分条件或者中标条件；

④ 对潜在投标人或者投标人采取不同的资格审查或者评标标准；

⑤ 限定或者指定特定的专利、商标、品牌、原产地或者供应商；

⑥ 依法必须进行招标的项目非法限定潜在投标人或者投标人的所有制形式或者组织形式；

⑦ 以其他不合理条件限制、排斥潜在投标人或者投标人。

4.3.2　资格审查的主要内容

招标人对投标人(潜在投标人)的资格审查包括两个方面的内容，一是有权要求投标人提供与其资质能力相关的资料和情况，包括要求投标人提供国家授予的有关的资质证书、生产经营状况、所承担项目的业绩等；二是有权对投标人是否具有相应资质能力进行审查，包括对投标人是否是依法成立的法人或其他组织，是否具有独立签约能力；经营状况是否正常，是否处于停业、财产被冻结、被他人接管；是否具有相应的资金、人员、机械设备等。

《工程建设施工项目招标投标办法》第二十条规定，资格审查应主要审查潜在投标人或者投标人是否符合下列条件：

① 具有独立订立合同的权利；

② 具有履行合同的能力，包括专业、技术资格和能力，资金、设备和其他物质设施状况，管理能力，经验、信誉和相应的从业人员；

③ 没有处于被责令停业，投标资格被取消，财产被接管、冻结，破产状态；

④ 在最近三年内没有骗取中标和严重违约及重大工程质量问题；

⑤ 法律、行政法规规定的其他资格条件。

4.3.3　资格审查的方法

资格审查的方法分为合格制和有限数量制两种。

(1) 合格制是指凡符合资格审查办法前附表(见表4-5)第2.1款和第2.2款规定审查标准的申请人，均通过资格预审，即为合格的投标申请人。合格制既可用在资格预审，又可用在资格后审。

表4-5　资格审查办法前附表

条款号	条款名称	编列内容
1	通过资格审查的人数	
2	审查因素	审查标准

(续表)

条款号		条款名称	编列内容
2.1	初步审查标准	申请人名称	与营业执照、资质证书、安全生产许可证一致
		申请函签字盖章	有法定代表人或其委托代理人签字或加盖单位章
		申请文件格式	符合第四章“资格预审申请文件格式”的要求
		联合体申请人	提交联合体协议书，并明确联合体牵头人(如有)
		……	……
2.2	详细审查标准	营业执照	具备有效的营业执照
		安全生产许可证	具备有效的安全生产许可证
		资质等级	符合第二章“申请人须知”第 1.4.1 项规定
		财务状况	符合第二章“申请人须知”第 1.4.1 项规定
		类似项目业绩	符合第二章“申请人须知”第 1.4.1 项规定
		信誉	符合第二章“申请人须知”第 1.4.1 项规定
		项目经理资格	符合第二章“申请人须知”第 1.4.1 项规定
		其他要求	符合第二章“申请人须知”第 1.4.1 项规定
		联合体申请人	符合第二章“申请人须知”第 1.4.2 项规定
		……	……
2.3	评分标准	评分因素	评分标准
		财务状况	……
		类似项目业绩	……
		信誉	……
		认证体系	……
		……	……

(2) 有限数量制，是指资格审查委员会按照资格审查办法前附表(见表4-8)第2.1款、第2.2款和第2.3款规定的审查标准和程序，对通过初步审查和详细审查的资格预审申请文件进行量化打分，按得分由高到低的顺序确定通过资格预审的申请人。通过这种审查方法的合格投标申请人的数量是有限的(不能超过资格审查办法前附表规定的数量)，故称为有限数量制。有限数量制一般用于资格预审。

合格制和有限数量制的区别，如表4-6所示。

表4-6　合格制和有限数量制

审查方法	合格制	有限数量制
审查标准	初步审查、详细审查	初步审查、详细审查、评分标准
审查程序	申请文件的初步审查、详细审查、申请文件的澄清	申请文件的初步审查、详细审查、申请文件的澄清及评分
适用范围	一般情况下	当潜在投标人过多时

【案例分析4-10】

某公路工程全长44km。全线采用双向四车道高速公路标准建设，设计速度为120km/h，路基宽度为28m，桥涵设计汽车荷载采用公路I级。其共分为6个标段，标段划分及主要工程内容如表4-7所示。招标人拟对本项目施工进行公开招标，并组织资格审查。

表4-7　标段划分及主要工程内容

标段号	桩号	里程长度(km)	工程内容
1	K0+000～K4+000	4	路基、桥涵、排水、防护工程，且包含 1 座主跨为 150m，总长为 1800m 的特大桥
2	K4+000～K10+200	6.2	路基、桥涵、排水、防护工程，且包含 1 座主跨为 150m，总长为 2000m 的特大桥
3	K10+200～K16+928	6.728	路基、桥涵、排水、防护工程
4	K16+928～K27+000	10.072	路基、桥涵、排水、防护工程
5	K27+000～K34+000	7	路基、桥涵、排水、防护工程
6	K34+000～K44+000	10	路基、桥涵、排水、防护工程

问：针对标段1～标段6，应该选择哪种资格审查方法？

【解析】

本项目设置的6个标段中，第1、2标段的工程内容均包含单座桥梁总长度超过1000m的特大桥，相对第3～6标段的工程内容要复杂得多，因此对潜在投标人的选择应该更加严格，宜选择在施工经验、财务能力、施工能力、管理能力和履约信誉等方面综合能力相对较强的潜在投标人，以满足工程的需要。

综上所述，应对第1、2标段的资格审查采用有限数量制资格审查方法。第3～6标段的工程均为常规的路基、桥涵、排水、防护工程，在施工技术方面无特殊要求，所以采用合格制资格审查方法即可。

4.3.4　资格预审的程序

资格预审程序主要有资格预审文件的编制、发布资格预审公告(或投标邀请书)、资格预审申请、资格审查、发布资格预审结果通知等阶段。

1. 编制资格预审文件

依法必须进行招标的项目进行资格预审时，招标人应使用国务院发展改革部门会同有关行政监督部门制定的标准文本，根据招标项目的特点和需要编制资格预审文件。资格预审文件包括资格预审公告、申请人须知、资格审查办法、资格预审申请文件格式、项目建设概况，以及资格预审文件的澄清、修改。具体内容详见4.3.5节。

2. 发布资格预审公告

公开招标的项目，应当发布资格预审公告。对于依法必须进行招标项目的资格预审公告，应当在国务院发展改革部门依法指定的媒介发布。

3. 发售资格预审文件

招标人应当按照资格预审公告规定的时间、地点发售资格预审文件。资格预审文件的发售期不得少于5日。招标人发售资格预审文件收取的费用应当限于补偿印刷、邮寄的成本支出，不得以营利为目的。

4. 资格预审文件的澄清、修改

招标人可以对已发出的资格预审文件进行必要的澄清或者修改。澄清或者修改的内容可能影响资格预审申请文件编制的，招标人应当在提交资格预审申请文件截止时间至少3日前，以书面形式通知所有获取资格预审文件的潜在投标人；不足3日的，招标人应当顺延提交资格预审申请文件的截止时间。

5. 编制并提交资格预审申请文件

资格预审申请文件一般包括下列内容：

(1) 资格预审申请函；

(2) 法定代表人身份证明或附有法定代表人身份证明的授权委托书；

(3) 联合体协议书(组成联合体的)；

(4) 申请人基本情况表；

(5) 近年财务状况表；

(6) 近年完成的类似项目情况表；

(7) 正在施工和新承接的项目情况表；

(8) 近年发生的诉讼及仲裁情况；

(9) 招标人要求的其他材料。

申请人应严格按照资格预审文件要求的格式和内容，编制、签署、装订、密封、标识资格预审申请文件，按照规定的时间、地点、方式提交。依法必须进行招标的项目提交资格预审申请文件的时间，自资格预审文件停止发售之日起不得少于5日。

6. 组建资格审查委员会

国有资金占控股或者主导地位的依法必须进行招标的项目，招标人应当组建资格审查委员会审查资格预审申请文件。其他招标项目，招标人可以自行审查资格预审申请文件，可以由其委托的招标代理机构，也可以由其组建的资格审查委员会审查资格预审申请文件。资格审查委员会及其成员应当遵守招标投标法和招标投标法实施条例有关评标委员会及其成员的规定。

7. 评审资格预审申请文件，编写资格审查报告

资格审查委员会对资格预审申请文件的评审分为初步审查和详细审查。

1) 初步审查

初步审查的因素主要有申请人名称、申请函签字盖章、申请文件格式、联合体申请人等内容。其主要包括：

(1) 申请人名称是否与营业执照、资质证书、安全生产许可证一致；

(2) 申请函签字盖章是否有法定代表人或其委托代理人签字或加盖单位章；

(3) 申请文件格式是否符合资格预审申请文件格式的要求；

(4) 如有联合体投标，联合体申请人要提交联合体协议书，并明确联合体牵头人。

对上述因素按标准审查，有一项因素不符合审查标准的，不能通过资格预审。

2) 详细审查

详细审查是资格审查委员会对通过初步审查的申请人的资格预审申请文件进行进一步审

查。其主要包括：营业执照的有效性、安全生产许可证的有效性及资质等级、财务状况、类似项目业绩、信誉、项目经理资格、其他要求、联合体申请人等方面按标准审查。有一项因素不符合审查标准的，不能通过资格预审。

在审查过程中，资格审查委员会可以书面形式，要求申请人对所提交的资格预审申请文件中不明确的内容进行必要的澄清或说明。申请人的澄清或说明应采用书面形式，并不得改变资格预审申请文件的实质性内容。申请人的澄清和说明内容属于资格预审申请文件的组成部分。招标人和审查委员会不接受申请人主动提出的澄清或说明。

资格预审的评审可采用合格制和有限数量制。采用资格预审时，一般情况下应使用合格制，潜在投标人过多时，可采用有限数量制。

招标人或资格审查委员会应当按照资格预审文件载明的标准和方法，对资格预审申请文件进行审查，确定通过资格预审的申请人，并提交书面资格审查报告。

资格审查报告一般包括以下内容：

(1) 基本情况和数据表；

(2) 资格审查委员会名单；

(3) 澄清、说明、补正事项纪要等；

(4) 审查程序和时间、未通过资格审查的情况说明、通过评审的申请人名单；

(5) 评分比较一览表和排序；

(6) 其他需要说明的问题。

8. 确认通过资格预审的申请人

招标人根据资格审查报告确认通过资格预审的申请人，并向其发出投标邀请书(代资格预审通过通知书)，格式如下所示。

投标邀请书(代资格预审通过通知书)

投标邀请书(代资格预审通过通知书)

____________(项目名称)____________标段施工投标邀请书

______________(被邀请单位名称)：

你单位已通过资格预审，现邀请你单位按招标文件规定的内容，参加__________(项目名称)______标段施工投标。

请你单位于_____年_____月_____日至_____年_____月______日(法定公休日、法定节假日除外)，每日上午_____时至_____时，下午______时至_______时(北京时间，下同)，在____________(详细地址)持本投标邀请书购买招标文件。

招标文件每套售价为_______元，售后不退。图纸押金_______元，在退还图纸时退还(不计利息)。邮购招标文件的，需另加手续费(含邮费)_______元。招标人在收到邮购款(含手续费)后______日内寄送。

(续)

递交投标文件的截止时间(投标截止时间，下同)为______年____月___日___时___分，地点为______________。 逾期送达的或者未送达指定地点的投标文件，招标人不予受理。 你单位收到本投标邀请书后，请于__________(具体时间)前以传真或快递方式予以确认。 招 标 人：____________ 招标代理机构：____________ 地　　址：____________ 地　　址：____________ 邮　　编：____________ 邮　　编：____________ 联 系 人：____________ 联 系 人：____________ 电　　话：____________ 电　　话：____________ 传　　真：____________ 传　　真：____________ 电子邮件：____________ 电子邮件：____________ 网　　址：____________ 网　　址：____________ 开户银行：____________ 开户银行：____________ 账　　号：____________ 账　　号：____________ ______年____月____日

招标人应要求通过资格预审的申请人收到投标邀请书后，以书面形式确认是否参与投标。同时，招标人还应向未通过资格预审的申请人发出资格预审结果的书面通知。

特别提示

通过资格预审的申请人名单应当保密，不应公示通过资格预审的申请人名单。

通过资格预审的申请人收到投标邀请书后，应在申请人须知前附表规定的时间内以书面形式明确表示是否参加投标。在申请人须知前附表规定时间内未表示是否参加投标或明确表示不参加投标的，不得再参加投标。因此造成潜在投标人数量不足三个的，招标人重新组织资格预审或不再组织资格预审而直接招标。

招标人采用资格后审办法对投标人进行资格审查的，应当在开标后由评标委员会按照招标文件规定的标准和方法对投标人的资格进行审查。

特别提示

招标人接受联合体投标并进行资格预审的，联合体应当在提交资格预审申请文件前组成。资格预审后联合体增减、更换成员的，其投标无效。联合体各方在同一招标项目中以自己名义单独投标或者参加其他联合体投标的，相关投标均无效。

【案例分析4-11】

某政府投资工程于2018年10月组织施工招标资格预审。资格预审文件采用《标准施工招标资格预审文件》(2007年版)编制，审查办法为合格制，其中，部分审查因素和标准如表4-8所示。

表4-8　部分审查因素和标准

审查因素	审查标准
申请人名称	与营业执照、资质证书、安全生产许可证一致
申请函签字盖章	有法定代表人或其委托代理人签字或盖单位公章
申请唯一性	只能提交唯一有效申请
营业执照	具备有效的营业执照
安全生产许可证	具备有效的安全生产许可证
资质等级	具备房屋建筑工程施工总承包一级以上资质
项目经理资格	具有建筑工程专业一级建造师职业资格及注册证书
投标资格	有效，投标资格没有被取消或暂停
投标行为	合法，近三年内没有骗取中标行为
其他	法律法规规定的其他条件

招标人收到了12份资格预审申请文件，其中申请人12的资格申请文件是在规定的资格预审文件递交截止时间后2分钟收到的。招标人组建了资格审查委员会，对受理的12份资格预审申请文件进行审查，审查过程有关情况如下。

(1) 申请人1同时是联合体申请人10的成员，资格审查委员会要求申请人1确认是参加联合体还是独自申请。在规定的时间内申请人1确认其参加联合体，随即撤回其独立的资格预审申请。资格审查委员会确认申请人1的申请合格。

(2) 申请人2不具备相应资质，使用资质为其子公司的资质，资格审查委员会认为母公司采用子公司资质申请有效。

(3) 申请人3的安全生产许可证有效期已过，资格审查委员会要求申请人3提交重新申领的安全生产许可证原件。在规定的时间内，申请人3重新提交了其重新申领的安全生产许可证，资格审查委员会确认其申请合格。

(4) 招标人临时要求核查申请人资质证书原件，申请人4提交的申请文件虽符合资格预审文件要求，但未按照要求提供资质证书原件供资格审查委员会审查，资格审查委员会据此判定申请人4不能通过资格审查。

(5) 申请人5在2015年10月因在投标过程中参与串标而受到了暂停投标资格一年的行政处罚，资格审查委员会认为其他外部证据不能作为审查的依据，依据资格预审文件判定申请人5通过了资格审查。其他申请文件均符合要求。

(6) 经资格审查委员会审查，确认申请人1、2、3、5、6、7、8、9、10、11和12通过了资格审查。

问：指出以上资格审查过程有哪些不妥之处，分别说明理由。

【解析】

以上资格审查过程有5个不妥之处。

(1) 不妥之处：资格审查委员会要求申请人1确认是参加联合体还是独自申请，并确认申请人1的申请合格。理由：不符合只能提交唯一有效申请的要求。

(2) 不妥之处：资格审查委员会认为申请人2采用子公司资格申请有效。理由：不符合申请人名称应与营业执照、资质证书、安全生产许可证一致的要求。

(3) 不妥之处：资格审查委员会确认申请人3的申请合格。理由：不符合必须具备有效的安全生产许可证的要求。

(4) 妥当。

(5) 不妥之处：资格审查委员会认为其他外部证据不能作为审查的依据，依据资格预审文件判定申请人5通过了资格审查。理由：不符合近三年内没有骗取中标行为的要求。

(6) 不妥之处：确认申请人1、2、3、5、6、7、8、9、10、11和12通过了资格审查。理由：应该确认申请人6、7、8、9、11通过了资格审查。

知识链接

资格预审各流程时间期限的规定

4.3.5 资格预审文件的编制

资格预审文件是告知申请人资格预审条件、标准和方法，资格预审申请文件编制和提交要求的载体，是对申请人的经营资格、履约能力进行评审，确定通过资格预审申请人的依据。资格预审文件由招标人或其委托的招标代理机构编制。

1. 建设工程资格预审文件的适用范围

《标准施工招标资格预审文件》(2007年版)适用于一定规模以上，且设计和施工不是由同一承包人承担的房屋建筑和市政工程施工招标的资格预审。

2. 建设工程资格预审文件的组成

按照《标准施工招标资格预审文件》(2007年版)的要求，资格预审文件应包括：

(1) 资格预审公告。资格预审公告包括招标条件、项目概况与招标范围、申请人资格要求、资格预审方法、资格预审文件的获取、资格预审申请文件的提交、发布公告的媒介、招标人的联系方式等内容。

(2) 申请人须知。申请人须知包括的内容有：申请人须知前附表(见表4-9)、总则、资格预审文件、资格预审申请文件的编制、资格预审申请文件的递交，资格预审申请文件的审查、通知和确认、申请人的资格改变、纪律与监督、需要补充的其他内容等。

表4-9　申请人须知前附表

条款号	条款名称	编列内容
1.1.2	招标人	名　　称： 地　　址： 联 系 人： 电　　话： 电子邮件：
1.1.3	招标代理机构	名　　称： 地　　址： 联 系 人： 电　　话： 电子邮件：
1.1.4	项目名称	

(续表)

条款号	条款名称	编列内容
1.1.5	建设地点	
1.2.1	资金来源	
1.2.2	出资比例	
1.2.3	资金落实情况	
1.3.1	招标范围	
1.3.2	计划工期	计划工期：__________日历天 计划开工日期：______年___月____日 计划竣工日期：______年___月____日
1.3.3	质量要求	质量标准：
1.4.1	申请人资质条件、能力和信誉	资质条件： 财务要求： 业绩要求：　(与资格预审公告要求一致) 信誉要求： (1) 诉讼及仲裁情况 (2) 不良行为记录 (3) 合同履约率 项目经理资格：______专业____级(含以上级)注册建造师执业资格和有效的安全生产考核合格证书，且未担任其他在施建设工程项目的项目经理。 其他要求：
1.4.2	是否接受联合体资格预审申请	□不接受 □接受，应满足下列要求： 其中：联合体资质按照联合体协议约定的分工认定，其他审查标准按联合体协议中约定的各成员分工所占合同工作量的比例，进行加权折算
2.2.1	申请人要求澄清资格预审文件的截止时间	
2.2.2	招标人澄清资格预审文件的截止时间	
2.2.3	申请人确认收到资格预审文件澄清的时间	
2.3.1	招标人修改资格预审文件的截止时间	
2.3.2	申请人确认收到资格预审文件修改的时间	
3.1.1	申请人需补充的其他材料	
3.2.4	近年财务状况的年份要求	_____年，指___年___月___日起至_____年___月___日止
3.2.5	近年完成的类似项目的年份要求	_____年，指___年___月___日起至_____年___月___日止
3.2.7	近年发生的诉讼及仲裁情况的年份要求	_____年，指___年___月___日起至_____年___月___日止
3.3.1	签字和(或)盖章要求	
3.3.2	资格预审申请文件副本份数	_____份

(续表)

条款号	条款名称	编列内容
3.3.3	资格预审申请文件的装订要求	□不分册装订 □分册装订，共分___册，分别为： ______________________________ ______________________________ 每册采用____方式装订，装订应牢固、不易拆散和换页，不得采用活页装订
4.1.2	封套上写明	招标人的地址： 招标人全称： ____(项目名称)___标段施工招标资格预审申请文件在____年__月__日___时___分前不得开启。
4.2.1	申请截止时间	____年__月__日__时__分
4.2.2	递交资格预审申请文件的地点	
4.2.3	是否退还资格预审申请文件	□否________ □是，退还安排：
5.1.2	审查委员会人数	审查委员会构成：___人，其中招标人代表___人(限招标人在职人员，且应当具备评标专家的相应的或者类似的条件)，专家____人； 审查专家确定方式：_____________
5.2	资格审查方法	□合格制　　□有限数量制
6.1	资格预审结果的通知时间	
6.3	资格预审结果的确认时间	
9	需要补充的其他内容	
……	……	

(3) 资格审查办法。资格预审的方法有合格制和有限数量制两种。审查标准，包括初步审查和详细审查的标准，采用有限数量制时的评分标准。审查程序，包括资格预审申请文件的初步审查、详细审查、申请文件的澄清及有限数量制的评分等内容和规则。

(4) 资格预审申请文件格式。资格预审申请文件主要包括资格预审申请函、法定代表人身份证明、授权委托书、联合体协议书(若为联合体投标)、申请人基本情况表、近年财务状况表、近年完成的类似项目情况表、正在施工的和新承接的项目情况表、近年发生的诉讼及仲裁情况、其他材料9个部分，具体格式可参照《标准施工招标资格预审文件》(2007年版)。

(5) 项目建设概况。建设项目概况的内容包括项目说明、建设条件、建设要求和其他需要说明的情况。

(6) 资格预审文件的澄清。申请人应仔细阅读和检查资格预审文件的全部内容。如有疑问，应在申请人须知前附表规定的时间前以书面形式(包括信函、电报、传真等可以有形表现所载内容的形式，下同)要求招标人对资格预审文件进行澄清。招标人应在申请人须知前附表规定的时间前，以书面形式将澄清内容发给所有购买资格预审文件的申请人，但不指明澄清问题的来源。申请人收到澄清后，应在申请人须知前附表规定的时间内以书面形式通知招标人，确认已收到该澄清。

(7) 资格预审文件的修改等。在申请人须知前附表规定的时间前，招标人可以书面形式通知申请人修改资格预审文件。在申请人须知前附表规定的时间后修改资格预审文件的，招标人应相应顺延申请截止时间。申请人收到修改的内容后，应在申请人须知前附表规定的时间内以书面形式通知招标人，确认已收到该修改。当资格预审文件、资格预审文件的澄清或修改等在同一内容的表述上不一致时，以最后发出的书面文件为准。

知识链接

《中华人民共和国标准施工招标资格预审文件》(2007年版)

【典型案例】

PPP项目——徐州市餐厨废弃物处置项目的资格预审

根据《政府和社会资本合作项目政府采购管理办法》(财库〔2014〕215号)(以下简称“215号文”)，PPP项目采购应当实行资格预审。下面以江苏省徐州市餐厨废弃物处置项目为例介绍PPP项目的资格预审。

1. 合作模式

徐州市餐厨废弃物处置项目占地面积约45亩，总投资额约1.5亿元，包括餐厨废弃物集中收集、运输+餐厨废弃物预处理+生物柴油+厌氧消化+餐厨废弃物处理后的“废水、废渣、废气”处理的投资建设与运营管理，项目计划运营25年。经批准，该项目被列入江苏省财政厅PPP试点项目，由采购中心负责通过公开招标方式采购一名社会资本合作者。

社会资本合作方选定后，将和政府共同成立PPP项目公司，注册资本金为5000万元，政府参股35%，其余65%由社会资本参股。政府出资人与社会资本共同成立PPP项目法人，PPP项目法人负责项目的运营管理，政府协助项目公司通过出让方式取得项目土地，以及负责对该项目实施监督并进行评估。

在合作范围方面，具体而言，项目的筹划、资金的筹措、建设设施、运营管理、养护维护、债务偿还和资产管理全过程由PPP项目法人单位负责。特许经营期满后，项目及全部设施将无偿移交给当地城市管理局或政府指定的其他机构。财政补贴、餐厨废弃物资源化利用收益、政策性奖励或扶持资金将作为项目回报给予社会资本合作者。

2. 资格要求

根据215号文，资格预审公告应当包括项目授权主体、实施机构和名称、采购需求、对社会资本的资格要求等。因此，餐厨废弃物处置项目资格预审公告详细介绍了项目概况、申请人资格、资格预审文件发布信息、申请文件接收信息、资格审查及确定潜在投标人方法等。

在资格要求方面，采购中心将“符合政府采购法第二十二条第一款规定的条件”作为该项目的资格条件之一。同时，根据项目特点，通过咨询相关专家意见，并遵循相关法律法规的要求，采购中心将有建成运行或正在建设的同类项目业绩、具有从事餐厨废弃物处理的专业技术力量等作为其他资格条件。具体如下。

(1) 有效的营业执照副本复印件、税务登记证副本复印件、法定代表人身份证或授权委托人身份证复印件、法定代表人授权书、财务状况报告，依法缴纳税金和社会保障资金的相关材料。

(2) 申请人必须是在中国大陆境内依法成立并具备承担该项目投融资能力的独立企业法人，其注册资金不得低于5000万元人民币；如联合体投标，联合体牵头方注册资金不得低于5000万元人民币。

(3) 申请人有建成运行或正在建设的餐厨废弃物处理项目的业绩至少一项(以PPP、BOT、BOOT、BOO中标通知书或PPP、BOT、BOOT、BOO特许经营协议为标准；联合体投标的，其中一方具备类似项目业绩即可)。

(4) 申请人应具有从事餐厨废弃物处理的专业技术力量，包括拥有技术人员和完整的技术管理体系。

(5) 申请人负责人为同一人或者存在控股、管理关系的不同单位，不得同时参加本项目投标。

(6) 本项目接受联合体投标，但联合体成员数量不得超过两名，联合体各方应当签订联合体协议，明确牵头人及各方拟承担的工作和责任，并将联合体协议连同资格预审申请文件一并提交。

(7) 本项目不限定参与竞争的合格社会资本的数量。

根据以上资格要求，申请人应在参加资格预审时提供营业执照、税务登记证、财务状况报告、前三年内没有重大违法记录书面声明等资质证明文件，任何一项没有或者不符合要求，将无法进入下一轮采购程序。

3. 标准化模板

为提高资格预审的效率，省采购中心在资格预审文件中详细注明了资格预审申请文件的格式，并附有相应的模板。其中包括资格预审申请书、授权书参考格式、联合体投标协议书、资信证明文件，以及申请人组织机构、企业餐厨废弃物处理项目业绩、技术人员情况、技术管理体系等6份资格预审申请表。申请人提交全部申请材料后，由项目评审小组对其进行符合性评审。资格预审采用合格制，所有合格的社会资本均作为合格投标人进入下一轮投标。申请人如存在未按要求在资格预审申请文件上盖章、文件中关键内容字迹模糊不清、提供虚假材料等8种情形中的任意一种，都无法通过资格预审。这8种情形具体如下：

(1) 资格预审申请文件未按要求盖章、签署(印鉴)的；

(2) 资格证明文件不全的或不符合资格预审文件标明的资格要求的；

(3) 资格预审文件的关键内容字迹模糊不清、无法辨认的，或者投标文件中修正的内容字迹模糊难以辨认或者修改处未按规定签名盖章的；

(4) 投标申请人提供虚假材料的或虚报、瞒报有关材料的；

(5) 未如实提供投标人违法记录信息，被限制投标情况的；

(6) 申请人营业执照和法定代表人授权书等资料中有一项或多项为无效的；

(7) 申请人采用多种形式对本标段提交了两份或多份申请文件，其中内容不一致的；

(8) 授权委托人未到场或未提供有效身份证明的。

按照资格预审文件的要求，评审专家对10家投标申请人的申请材料进行了集中评审，最终，8家顺利通过审查，2家因未提供建成运行或正在建设的餐厨废弃物处理项目的业绩证明被淘汰。

4.4　编制招标文件

【导入】

某单位职工宿舍楼工程施工准备向外招标，由于甲方不会编制招标文件，便委托了有招标投标经历的张某来编写，而张某仅仅是参加过工程投标，从来没有编制过招标文件，于是便“借鉴”了一个已经完工的宿舍楼项目的招标文件，其中的各项内容均未做改变，仅将封皮换成了新的，请问：在这个招标文件的整个编制过程中出现了哪些不正确的做法?

4.4.1　招标文件的编制原则

编制招标文件必须遵守国家有关招标投标的法律、法规和部门规章的规定，遵循下列原则和要求。

(1) 招标文件必须遵循公开、公平、公正的原则，不得以不合理的条件限制或者排斥潜在投标人，不得对潜在投标人实行歧视待遇。

(2) 招标文件必须遵循诚实信用的原则，招标人向投标人提供的工程情况，特别是工程项目的审批、资金来源和落实等情况，都要确保真实和可靠。

(3) 招标文件介绍的工程情况和提出的要求，必须与资格预审文件的内容相一致。

(4) 招标文件的内容要能清楚地反映工程的规模、性质、商务和技术要求等内容，设计图纸应与技术规范或技术要求相一致，使招标文件系统、完整、准确。

(5) 招标文件规定的各项技术标准应符合国家强制性标准。

(6) 招标文件不得要求或者标明特定的专利、商标、名称、设计、原产地或建筑材料、构配件等生产供应者，以及含有倾向或者排斥投标申请人的其他内容。如果必须引用某一生产供应者的技术标准才能准确或清楚地说明拟招标项目的技术标准，则应当在参照后面加上“或相当于”的字样。

(7) 招标人应当在招标文件中规定实质性要求和条件，并用醒目的方式标明。

4.4.2　招标文件的组成

招标文件由招标人(或其委托的咨询机构)编制，由招标人发布，它既是投标单位编制投标文件的依据，也是招标人与中标人签订工程承包合同的基础。招标文件由招标文件正式文本、对招标文件正式文本的解释和对招标文件正式文本的修改三部分组成。

1. 招标文件正式文本

招标文件正式文本由招标公告或投标邀请书、投标人须知、合同主要条款、投标文件格式、工程量清单(采用工程量清单招标的应当提供)、技术条款、设计图纸、评标标准和方法、投标辅助材料等组成。

2. 对招标文件正式文本的解释

投标人拿到招标文件正式文本之后，如果认为招标文件有问题需要解释，应在收到招标文件后在规定的时间内以书面形式向招标人提出，招标人以书面形式向所有投标人作出答复。其具体形式是招标文件答疑会议记录等，这些也构成招标文件的一部分。

3. 对招标文件正式文本的修改

在投标截止日前，招标人可以对已经发出的招标文件进行修改、补充，这些修改和补充也是招标文件的一部分，对投标人起约束作用。修改意见由招标人以书面形式发给所有获得招标文件的投标人，并且保证这些修改和补充从发出之日到投标截止时间有15天的合理时间。

4.4.3 标准施工招标文件的内容

招标文件中提出的各项要求，对整个招标工作乃至发承包双方都具有约束力，因此，招标文件的编制及其内容必须符合有关法律法规的规定。2007年11月1日国家发改委、财政部、建设部(现住房城乡建设部)、铁道部(现国家铁路局)、交通部(现交通运输部)、信息产业部(现工业和信息化部)、水利部、中国民用航空总局(现国家民用航空局)、国家广播电影电视总局(现国家广播电视总局)等9部委联合制定了《〈标准施工招标资格预审文件〉和〈标准施工招标文件〉试行规定》，自2008年5月1日起施行。

2013年3月11日，国家发改委、工业和信息化部、财政部、住房城乡建设部、交通运输部、铁道部(现国家铁路局)、水利部、国家广播电影电视总局(现国家广播电视总局)、中国民用航空局等9部委令第23号《关于废止和修改部分招标投标规章和规范性文件的决定》对《〈标准施工招标资格预审文件〉和〈标准施工招标文件〉试行规定》作出修改，将“《〈标准施工招标资格预审文件〉和〈标准施工招标文件〉试行规定》”修改为“《〈标准施工招标资格预审文件〉和〈标准施工招标文件〉暂行规定》”，并对与此相关规章条文内容进行了删除和修改。

《标准施工招标文件》共包含封面格式和四卷八章的内容，第一卷包括第一章至第五章，内容分别为招标公告(或投标邀请书)、投标人须知、评标办法、合同条款及格式、工程量清单。其中，第一章和第三章并列给出了不同情况，由招标人根据招标项目特点和需要分别选择；第二卷由第六章图纸组成；第三卷由第七章技术标准和要求组成；第四卷由第八章投标文件格式组成。具体章节如下：

第一卷

第一章 招标公告(或投标邀请书)

第二章 投标人须知

第三章 评标办法

第四章 合同条款及格式

第五章 工程量清单

第二卷

第六章 图纸

第三卷

第七章 技术标准和要求

第四卷

第八章 投标文件格式

下面简单介绍这8个部分的主要内容。

1. 招标公告(或投标邀请书)

招标公告(或投标邀请书)是《标准施工招标文件》的第一章。未进行资格预审时，招标文件中应包括招标公告。当进行资格预审时，招标文件中应包括投标邀请书，该邀请书可代替资格预审通过通知书，以明确投标人已具备在某具体项目某具体标段的投标资格，其他内容包括招标文件的获取、投标文件的递交等。招标公告和投标邀请书的相关内容可参见本书4.2.1节和4.2.2节，此处不再赘述。

2. 投标人须知

投标人须知是投标人的投标指南，但投标人须知不是合同文件的组成部分，希望有合同约束力的内容应在构成合同文件组成部分的合同条款、技术标准与要求等文件中界定。投标人须知一般包括两部分：一部分为投标人须知前附表；另一部分为投标人须知正文。投标人须知正文与投标人须知前附表内容衔接一致，互为补充，缺一不可。

1) 投标人须知前附表

投标人须知前附表的主要作用有：一是有利于引起投标人注意和便于查阅检索；二是进一步明确“投标人须知”正文中的未尽事宜。招标人应结合招标项目具体特点和实际需要编制和填写投标人须知前附表，如表4-10所示，但不得与“投标人须知”正文内容相抵触，否则抵触内容无效。

表4-10　投标人须知前附表

条款号	条款名称	编列内容
1.1.2	招标人	名　称： 地　址： 联系人： 电　话：
1.1.3	招标代理机构	名　称： 地　址： 联系人： 电　话：
1.1.4	项目名称	
1.1.5	建设地点	
1.2.1	资金来源	
1.2.2	出资比例	
1.2.3	资金落实情况	
1.3.1	招标范围	
1.3.2	计划工期	计划工期：________日历天 计划开工日期：______年____月____日 计划竣工日期：______年____月____日
1.3.3	质量要求	
1.4.1	投标人资质条件、能力和信誉	资质条件： 财务要求：

(续表)

条款号	条款名称	编列内容
1.4.1	投标人资质条件、能力和信誉	业绩要求： 信誉要求： 项目经理(建造师，下同)资格： 其他要求：
1.4.2	是否接受联合体投标	□不接受 □接受，应满足下列要求：
1.9.1	踏勘现场	□不组织 □组织，踏勘时间： 踏勘集中地点：
1.10.1	投标预备会	□不召开 □召开，召开时间： 召开地点：
1.10.2	投标人提出问题的截止时间	
1.10.3	招标人书面澄清的时间	
1.11	分包	□不允许 □允许，分包内容要求： 分包金额要求： 接受分包的第三人资质要求：
1.12	偏离	□不允许 □允许
2.1	构成招标文件的其他材料	
2.2.1	投标人要求澄清招标文件的截止时间	
2.2.2	投标截止时间	年 月 日 时 分
2.2.3	投标人确认收到招标文件澄清的时间	
2.3.2	投标人确认收到招标文件修改的时间	
3.1.1	构成投标文件的其他材料	
3.3.1	投标有效期	
3.4.1	投标保证金	投标保证金的形式： 投标保证金的金额：
3.5.2	近年财务状况的年份要求	________年
3.5.3	近年完成的类似项目的年份要求	________年
3.5.5	近年发生的诉讼及仲裁情况的年份要求	________年
3.6	是否允许递交备选投标方案	□不允许 □允许
3.7.3	签字或盖章要求	
3.7.4	投标文件副本份数	________份
3.7.5	装订要求	

(续表)

条款号	条款名称	编列内容
4.1.2	封套上写明	招标人的地址： 招标人名称： ____(项目名称)____标段投标文件在____年__月__日__时__分前不得开启
4.2.2	递交投标文件地点	
4.2.3	是否退还投标文件	□否 □是
5.1	开标时间和地点	开标时间：同投标截止时间 开标地点：
5.2	开标程序	(4) 密封情况检查： (5) 开标顺序：
6.1.1	评标委员会的组建	评标委员会构成：______人，其中招标人代表______人，专家______人； 评标专家确定方式：
7.1	是否授权评标委员会确定中标人	□是 □否，推荐的中标候选人数：
7.3.1	履约担保	履约担保的形式： 履约担保的金额：
10	需要补充的其他内容	
……	……	
……	……	

2) 投标人须知正文

投标人须知正文主要包括对总则、招标文件、投标文件、投标、开标、评标、合同授予等方面的说明和要求。

(1) 总则。总则由下列内容组成。

a. 项目概况。应说明项目已具备的招标条件、项目招标人、招标代理机构、项目名称、建设地点等。

b. 资金来源和落实情况。应说明项目的资金来源、出资比例、资金落实情况等。

c. 招标范围、计划工期和质量要求。应说明招标范围、计划工期、质量要求等。对于招标范围，应采用工程专业术语填写；对于计划工期，由招标人根据项目建设计划来判断填写；对于质量要求，根据国家、行业颁布的建设工程施工质量验收标准填写，注意不要与各种质量奖项混淆。

d. 投标人资格要求。对于已进行资格预审的，投标人应是符合资格预审条件，收到招标人发出投标邀请书的单位；对于未进行资格预审的，建筑企业的资质管理规定对投标人资格提出明确的要求。

e. 费用承担。投标人准备和参加投标活动发生的费用自理。

f. 保密。要求参加招标投标活动的各方应对招标文件和投标文件中的商业和技术等秘密保密。

g. 语言文字。可要求除专用术语外，均使用中文。

h. 计量单位。所有计量均采用中华人民共和国法定计量单位。

i. 踏勘现场。招标人根据项目的具体情况，可以组织潜在投标人踏勘项目现场，向其介绍工程场地和相关环境的情况。

特别提示

招标文件中规定的踏勘项目现场的时间不宜过早，过早会使潜在投标人来不及研究招标文件，无法对应招标文件的要求踏勘项目现场；也不宜过晚，过晚会使潜在投标人踏勘项目现场后没有足够的时间编制投标文件。招标人在确定踏勘项目现场的具体时间时，应当避免经验丰富和实力强大的潜在投标人因准备时间不足而粗制滥造地编制投标文件，从而失去中标机会，这对于招标人而言也是一种损失。踏勘项目现场的时间，可由招标人根据招标项目的具体情况自行确定。

j. 投标预备会。是否召开投标预备会，以及何时召开由招标人根据项目具体需要和招标进程安排确定。

k. 分包。由招标人根据项目具体特点来判断是否允许分包。如果允许分包，可进一步明确分包内容的名称或要求，以及分包项目金额和资质条件等方面的限制。

l. 偏离。偏离即《评标委员会和评标方法暂行规定》中的偏差。招标人根据项目具体特点来设定非实质性要求和条件允许偏离的范围和幅度。

(2) 招标文件。投标人须知要说明招标文件的组成、发售的时间、地点，以及招标文件的澄清和说明。

(3) 投标文件。投标文件是投标人响应招标文件的条件和实质性要求，向招标人发出的要约文件。招标人应在投标人须知中明确投标文件的组成、投标报价、投标有效期、投标保证金、资格审查资料、备选投标方案、投标文件的编制等要求。

(4) 投标。投标包括投标文件的密封和标记、投标文件的递交、投标文件的修改和撤回等规定。

(5) 开标。开标包括开标时间、地点和开标程序等规定。

(6) 评标。评标包括评标委员会的组建方法、评标原则和采取的评标方法等规定。

(7) 合同授予。合同授予包括拟采用的定标方式、中标通知的发出时间、履约担保和签订合同的时限等规定。

(8) 重新招标和不再招标。有下列情形之一的，招标人将重新招标：一是当投标截止时间到达时，投标人少于3个的；二是经评标委员会评审后否决所有投标的。重新招标后投标人仍少于3个或者所有投标被否决的，属于必须审批或核准的工程建设项目，经原审批或核准部门批准后不再进行招标。

(9) 纪律和监督。其主要包括对招标人、投标人、评标委员会、与评标活动有关的工作人员的纪律要求及投诉监督。

(10) 附表格式。附表格式包括招标活动中需要使用的表格文件格式，通常有开标记录表、问题澄清通知、问题的澄清、中标通知书、中标结果通知书、确认通知等。

3. 评标办法

标准施工招标文件中“评标办法”主要包括评标办法前附表、评标方法、评审标准、评标程序等方面内容。

(1) 评标办法前附表。“评标办法前附表”用于明确资格审查和评标的方法、因素、标准和程序。根据评标方法不同，评标办法前附表略有不同，如表4-11和表4-12所示。

表4-11　评标办法前附表(经评审的最低投标价法)

<table>
<tr><th colspan="2">条款号</th><th>评审因素</th><th>评审标准</th></tr>
<tr><td rowspan="6">2.1.1</td><td rowspan="6">形式评审标准</td><td>投标人名称</td><td>与营业执照、资质证书、安全生产许可证一致</td></tr>
<tr><td>投标函签字盖章</td><td>有法定代表人或其委托代理人签字或加盖单位章</td></tr>
<tr><td>投标文件格式</td><td>符合第八章“投标文件格式”的要求</td></tr>
<tr><td>联合体投标人</td><td>提交联合体协议书，并明确联合体牵头人(如有)</td></tr>
<tr><td>报价唯一</td><td>只能有一个有效报价</td></tr>
<tr><td>……</td><td>……</td></tr>
<tr><td rowspan="10">2.1.2</td><td rowspan="10">资格评审标准</td><td>营业执照</td><td>具备有效的营业执照</td></tr>
<tr><td>安全生产许可证</td><td>具备有效的安全生产许可证</td></tr>
<tr><td>资质等级</td><td>符合第二章“投标人须知”第1.4.1项规定</td></tr>
<tr><td>财务状况</td><td>符合第二章“投标人须知”第1.4.1项规定</td></tr>
<tr><td>类似项目业绩</td><td>符合第二章“投标人须知”第1.4.1项规定</td></tr>
<tr><td>信誉</td><td>符合第二章“投标人须知”第1.4.1项规定</td></tr>
<tr><td>项目经理</td><td>符合第二章“投标人须知”第1.4.1项规定</td></tr>
<tr><td>其他要求</td><td>符合第二章“投标人须知”第1.4.1项规定</td></tr>
<tr><td>联合体投标人</td><td>符合第二章“投标人须知”第1.4.2项规定(如有)</td></tr>
<tr><td>……</td><td>……</td></tr>
<tr><td rowspan="9">2.1.3</td><td rowspan="9">响应性评审标准</td><td>投标内容</td><td>符合第二章“投标人须知”第1.3.1项规定</td></tr>
<tr><td>工期</td><td>符合第二章“投标人须知”第1.3.2项规定</td></tr>
<tr><td>工程质量</td><td>符合第二章“投标人须知”第1.3.3项规定</td></tr>
<tr><td>投标有效期</td><td>符合第二章“投标人须知”第3.3.1项规定</td></tr>
<tr><td>投标保证金</td><td>符合第二章“投标人须知”第3.4.1项规定</td></tr>
<tr><td>权利义务</td><td>符合第四章“合同条款及格式”规定</td></tr>
<tr><td>已标价工程量清单</td><td>符合第五章“工程量清单”给出的范围及数量</td></tr>
<tr><td>技术标准和要求</td><td>符合第七章“技术标准和要求”规定</td></tr>
<tr><td>……</td><td>……</td></tr>
<tr><td rowspan="7">2.1.4</td><td rowspan="7">施工组织设计和项目管理机构评审标准</td><td>施工方案与技术措施</td><td>……</td></tr>
<tr><td>质量管理体系与措施</td><td>……</td></tr>
<tr><td>安全管理体系与措施</td><td>……</td></tr>
<tr><td>环境保护管理体系与措施</td><td>……</td></tr>
<tr><td>工程进度计划与措施</td><td>……</td></tr>
<tr><td>资源配备计划</td><td>……</td></tr>
<tr><td>技术负责人</td><td>……</td></tr>
</table>

(续表)

条款号		评审因素	评审标准
2.1.4	施工组织设计和项目管理机构评审标准	其他主要人员	……
		施工设备	……
		试验、检测仪器设备	……
		……	……
条款号		量化因素	量化标准
2.2	详细评审标准	单价遗漏	……
		付款条件	……
		……	……

表4-12　评标办法前附表(综合评估法)

条款号		评审因素	评审标准
2.1.1	形式评审标准	投标人名称	与营业执照、资质证书、安全生产许可证一致
		投标函签字盖章	有法定代表人或其委托代理人签字或加盖单位章
		投标文件格式	符合第八章“投标文件格式”的要求
		联合体投标人	提交联合体协议书，并明确联合体牵头人
		报价唯一	只能有一个有效报价
		……	……
2.1.2	资格评审标准	营业执照	具备有效的营业执照
		安全生产许可证	具备有效的安全生产许可证
		资质等级	符合第二章“投标人须知”第 1.4.1 项规定
		财务状况	符合第二章“投标人须知”第 1.4.1 项规定
		类似项目业绩	符合第二章“投标人须知”第 1.4.1 项规定
		信誉	符合第二章“投标人须知”第 1.4.1 项规定
		项目经理	符合第二章“投标人须知”第 1.4.1 项规定
		其他要求	符合第二章“投标人须知”第 1.4.1 项规定
		联合体投标人	符合第二章“投标人须知”第 1.4.2 项规定
		……	……
2.1.3	响应性评审标准	投标内容	符合第二章“投标人须知”第 1.3.1 项规定
		工期	符合第二章“投标人须知”第 1.3.2 项规定
		工程质量	符合第二章“投标人须知”第 1.3.3 项规定
		投标有效期	符合第二章“投标人须知”第 3.3.1 项规定
		投标保证金	符合第二章“投标人须知”第 3.4.1 项规定
		权利义务	符合第四章“合同条款及格式”规定
		已标价工程量清单	符合第五章“工程量清单”给出的范围及数量
		技术标准和要求	符合第七章“技术标准和要求”规定
		……	……

(续表)

<table>
<tr><th colspan="2">条款号</th><th>条款内容</th><th>编列内容</th></tr>
<tr><td colspan="2">2.2.1</td><td>分值构成(总分 100 分)</td><td>施工组织设计：_______分
项目管理机构：_______分
投标报价：___________分
其他评分因素：_______分</td></tr>
<tr><td colspan="2">2.2.2</td><td>评标基准价计算方法</td><td></td></tr>
<tr><td colspan="2">2.2.3</td><td>投标报价的偏差率计算公式</td><td>偏差率=100%×(投标人报价-评标基准价)/评标基准价</td></tr>
<tr><th colspan="2">条款号</th><th>评分因素</th><th>评分标准</th></tr>
<tr><td rowspan="8">2.2.4(1)</td><td rowspan="8">施工组织制定评分标准</td><td>内容完整性和编制水平</td><td>……</td></tr>
<tr><td>施工方案与技术措施</td><td>……</td></tr>
<tr><td>质量管理体系与措施</td><td>……</td></tr>
<tr><td>安全管理体系与措施</td><td>……</td></tr>
<tr><td>环境保护管理体系与措施</td><td>……</td></tr>
<tr><td>工程进度计划与措施</td><td>……</td></tr>
<tr><td>资源配备计划</td><td>……</td></tr>
<tr><td>……</td><td>……</td></tr>
<tr><td rowspan="4">2.2.4(2)</td><td rowspan="4">项目管理机构评分标准</td><td>项目经理任职资格与业绩</td><td>……</td></tr>
<tr><td>技术负责人任职资格与业绩</td><td>……</td></tr>
<tr><td>其他主要人员</td><td>……</td></tr>
<tr><td>……</td><td>……</td></tr>
<tr><td rowspan="2">2.2.4(3)</td><td rowspan="2">投标报价评分标准</td><td>偏差率</td><td>……</td></tr>
<tr><td>……</td><td>……</td></tr>
<tr><td>2.2.4(4)</td><td>其他因素评分标准</td><td>……</td><td>……</td></tr>
</table>

(2) 评标方法。《标准施工招标文件》中评标方法主要涉及两种：经评审的最低投标报价法和综合评估法。招标人根据招标项目规模、招标范围等具体特点和实际需要选择适用的方法。

(3) 评审标准。针对初步评审和详细评审分别制定相应的评审因素和标准。

(4) 评标程序。评标程序包括初步评审、详细评审、投标文件的澄清和补正、评标结果。

4. 合同条款及格式

1) 合同条款

合同条款又称合同条件，是招标文件的重要组成部分，是具有法律约束力的文件。工程合同条款一般分为两大部分，即“通用合同条款”和“专用合同条款”。招标人和招标代理机构要以招标项目的所在地和具体工程情况，采用各部委规定的标准合同条款作为招标项目的通用合同条款和专用合同条款，并依此作为投标人投标报价的商务条件；在合同实施阶段它是合同双方的行为准则，履行各自的义务和责任，监理人依此对合同进行管理及支付项目价款，承包人依此承建工程项目，使发包人在资金得到控制的条件下按期获得合格的工程，使承包人获得合理的报酬。

通用合同条款和专用合同条款是整个施工合同中最重要的合同文件，它根据公平原则，约定了合同双方在履行合同全过程中的工作规则，其中通用合同条款是要求各建设行业共同遵守的共性规则，专用合同条款则是可由各行业根据其行业的特殊情况，自行约定的行业规则是结合工程所在国、所在地、工程本身的特点和实际需要，对通用合同条款进行的补充、细化或修改。合同专用条款要与通用条款保持一致，不能相互矛盾。

2) 合同格式

合同格式主要包括合同协议书格式、履约担保格式和预付款担保格式。

(1) 合同协议书格式，如下所示。

合同协议书

______(发包人名称)(下称“发包人”)为实施____________________(项目名称)，已接受______(承包人名称)(下称“承包人”)对该项目________标段施工的投标。发包人和承包人共同达成如下协议。

1. 本协议书与下列文件一起构成合同文件：

(1) 中标通知书；

(2) 投标函及投标函附录；

(3) 专用合同条款；

(4) 通用合同条款；

(5) 技术标准和要求；

(6) 图纸；

(7) 已标价工程量清单；

(8) 其他合同文件。

2. 上述文件互相补充和解释，如有不明确或不一致之处，以合同约定次序在先者为准。

3. 签约合同价：人民币(大写)________元(¥________)。

4. 承包人项目经理：__________。

5. 工程质量符合________标准。

6. 承包人承诺按合同约定承担工程的实施、完成及缺陷修复。

7. 发包人承诺按合同约定的条件、时间和方式向承包人支付合同价款。

8. 承包人应按照监理人指示开工，工期为________日历天。

9. 本协议书一式____份，合同双方各执一份。

10. 合同未尽事宜，双方另行签订补充协议。补充协议是合同的组成部分。

发包人(盖单位章)：____________ 承包人(盖单位章)：____________

法定代表人或其委托代理人：(签字)______ 法定代表人或其委托代理人：(签字)______

______年______月______日 ______年______月______日

(2) 履约担保格式，如下所示。

履约担保

________(发包人名称)：

鉴于________(发包人名称)(下称“发包人”)接受 ______(承包人名称)(下称“承包人”)于______年___月___日参加__________(项目名称)________标段施工的投标。我方愿意无条件地、不可撤销地就承包人履行与你方订立的合同，向你方提供担保。

1. 担保金额人民币(大写)__________元(¥__________)。

2. 担保有效期自发包人与承包人签订的合同生效之日起至发包人签发工程接收证书之日止。

3. 在本担保有效期内，因承包人违反合同约定的义务给你方造成经济损失时，我方在收到你方以书面形式提出的在担保金额内的赔偿要求后，在7天内无条件支付。

4. 发包人和承包人按《通用合同条款》第15条变更合同时，我方承担本担保规定的义务不变。

担 保 人：(盖单位章)__________　　法定代表人或其委托代理人：(签字)__________

地　　址：__________　　邮政编码：__________

电　　话：__________　　传　　真：__________

________年______月______日

(3) 预付款担保格式，如下所示。

预付款担保

________ (发包人名称)：

根据________(承包人名称)(下称“承包人”)与__________(发包人名称)(下称“发包人”)于_____年____月____日签订的__________(项目名称)________ 标段施工承包合同，承包人按约定的金额向发包人提交一份预付款担保，即有权得到发包人支付相等金额的预付款。我方愿意就你方提供给承包人的预付款提供担保。

1. 担保金额人民币(大写)__________元(¥__________)。

2. 担保有效期自预付款支付给承包人起生效，至发包人签发的进度付款证书说明已完全扣清止。

3. 在本保函有效期内，因承包人违反合同约定的义务而要求收回预付款时，我方在收到你方的书面通知后，在7天内无条件支付。但本保函的担保金额，在任何时候不应超过预付款金额减去发包人按合同约定在向承包人签发的进度付款证书中扣除的金额。

4. 发包人和承包人按《通用合同条款》第15条变更合同时，我方承担本保函规定的义务不变。

担保人(盖单位章)：__________　　法定代表人或其委托代理人(签字)：________

地　　址：__________　　邮政编码：__________

电　　话：__________　　传　　真：__________

__________年______月______日

5. 工程量清单

采用工程量清单招标的，应当提供工程量清单。工程量清单是招标文件的重要组成部分，是对招标工程的全部项目，按统一的工程量计算规则、项目划分和计量单位计算出的工程数量列出的表格。工程量清单包括工程量清单封面、分部分项工程量清单、措施项目清单、其他项目清单、规费税金项目清单。招标人应按规定的统一格式提供工程量清单。

6. 图纸

图纸是招标文件的重要组成部分，是指用于招标工程施工的全部图纸，是进行施工的依据。图纸是招标人编制工程量清单的依据，也是投标人编制投标报价和施工组织设计的依据。建设工程施工图纸一般包括图纸目录、设计说明、建筑施工图、结构施工图、给排水施工图、电气施工图、采暖通风施工图等。

7. 技术标准和要求

技术标准和要求是招标人在编制招标文件时，为了保证工程质量，向投标人提出使用工程建设标准的要求。其可按现行的国家、地方、行业工程建设标准、技术规范执行。

特别提示

招标文件中规定的各项技术标准均不得要求或标明某一特定的专利商标、名称、设计、原产地或生产供应者，不得含有倾向或者排斥潜在投标人的其他内容。如果必须引用某一生产供应商的技术标准才能准确或清楚地说明拟招标项目的技术标准，则应当在参照后面加上“或相当于”的字样。

8. 投标文件格式

投标文件的格式是由招标人在招标文件中提供的。投标文件是由投标人按照招标文件所提供的统一格式填写的，用以表达参与招标工程投标意愿的文件。投标人应按招标人提供的投标格式编制投标书，否则被认为不响应招标文件的实质性要求，视为废标。

知识链接

《中华人民共和国标准施工招标文件(2007版)》

4.4.4 编制招标文件应注意的问题

1. 招标文件的发售

招标人应当按招标公告或投标邀请书规定的时间、地点发售招标文件。自招标文件开始发售之日起至停止发售之日止，最短不得少于 5 日。招标文件发售后，不予退还。政府投资项目的招标文件应当自发出之日起至递交投标文件截止时间止，以适当方式向社会公开，接受社会监督。招标人发售招标文件收取的费用应当限于补偿印刷、邮寄的成本支出，不得以营利为目的。

2. 招标文件的澄清与修改

1) 招标文件的澄清

投标人应仔细阅读和检查招标文件的全部内容，如发现缺页或附件不全，应及时向招标人提出，以便补齐；如有疑问，应在投标人须知前附表规定的时间前以书面形式(包括信函、电报、传真等可以有形地表现所载内容的形式)要求招标人对招标文件予以澄清。招标文件的澄清将在投标人须知前附表规定的投标截止时间 15日前以书面形式发给所有购买招标文件的投标人，但不指明澄清问题的来源。如果澄清发出的时间距投标截止时间不足 15 日，相应延长投标截止时间。

特别提示

投标人在收到澄清后，应在规定的时间内以书面形式通知招标人，确认已收到该澄清。招标人要求投标人收到澄清后的确认时间，可以采用一个相对的时间，如招标文件澄清发出后12小时以内；也可以采用一个绝对的时间，如2022年10月15日17:00以前。

2) 招标文件的修改

招标人对已发出的招标文件进行必要的修改，应当在招标文件要求提交投标文件截止时间至少15日前，以书面形式修改招标文件，并通知所有招标文件收受人。如果修改招标文件的时间距投标截止时间不足15日，相应推后投标截止时间。投标人收到修改内容后，应在规定的时间内以书面形式通知招标人，确认已收到该修改文件。

3. 招标文件异议的提出与答复

潜在投标人或者其他利害关系人对招标文件有异议的，应当在投标截止时间10日前提出。招标人应当自收到异议之日起3日内作出答复；作出答复前，应当暂停招标投标活动。

特别提示

招标人在接收异议时，建议首先确认提出异议的主体身份。如果提出异议的主体不是已经购买了资格预审文件或者招标文件的潜在投标人，而且与招标项目也不存在直接或者间接的利害关系，则招标人不承担答复的义务，可以拒绝接收异议和进行答复。

4. 招标终止的处理

招标人终止招标的，应当及时发布公告，或者以书面形式通知被邀请的或者已经获取资格预审文件、招标文件的潜在投标人。已经发售资格预审文件、招标文件或者已经收取投标保证金的，招标人应当及时退还所收取的资格预审文件、招标文件的费用，以及所收取的投标保证金及银行同期存款利息。

特别提示

施工类招标项目中，招标人擅自终止招标的，除承担告知和退还相关费用的义务外，根据相关部门规章的规定，还应当承担相应的赔偿责任。经《关于废止和修改部分招标投标规章和规范性文件的决定》修订后的《工程建设项目施工招标投标办法》规定，招标人在发布招标公告，发出投标邀请书或者售出招标文件或资格预审文件后终止招标的，应当及时退还所收取的资格预审文件、招标文件的费用，以及所收取的投标保证金及银行同期存款利息。给潜在投标人或者投标人造成损失的，应当赔偿损失。

5. 其他需要注意的问题

(1) 招标文件应体现工程建设项目的特点和要求。招标文件牵涉的专业内容比较广泛，具有明显的多样性和差异性，编写一套适用于具体工程建设项目的招标文件，需要具有较强的专业知识和一定的实践经验，还要准确把握项目的专业特点。编制招标文件时，必须认真阅读研究有关设计与技术文件，与招标人充分沟通，了解招标项目的特点和需求，包括项目概况、性质、审批或核准情况、标段划分计划、资格审查方式、评标方法、承包模式、合同计价类型、进度时间节点要求等，并充分反映在招标文件中。

特别提示

招标人若对招标项目划分标段，应当遵守《招标投标法》的有关规定，不得利用划分标段限制或排斥潜在投标人。依法必须进行招标的项目的招标人不得利用划分标段规避招标。

【思政引导】

为建立系统治理长效机制，进一步落实招标人主体责任，加强监督管理，优化招标投标营商环境，目前多地出台了国家投资工程建设项目招标人行为规范积分管理办法。以《成都市国家投资工程建设项目招标人行为规范积分管理办法(试行)》为例，让学生以招标人角色解读该办法，规范招标人行为，培养招标人角度的职业素养和专业素质。

知识链接

《成都市国家投资工程建设项目招标人行为规范积分管理办法(试行)》

【案例分析4-12】

某市政道路工程，为赶在雨季来临前完工，招标人将该工程分两个标段进行招标，采用公开招标，并将边石工程和路灯工程分离出来。由于该两项工程价值较小，没有达到国家发改委规定的必须招标的规模，故直接委托给具有资质的A、B两家承包商。

问：招标人的做法是否妥当？

【解析】

招标人的做法不妥。招标人对招标项目划分标段的，应当遵守招标投标法的相关规定，不得利用划分标段限制或者排斥潜在投标人。依法必须招标的项目的招标人不得利用划分标段规避招标。

(2) 招标文件必须明确投标人实质性响应的内容。投标人必须完全按照招标文件的要求编写投标文件，如果投标人没有对招标文件的实质性要求和条件作出响应，或者响应不完全，都可能导致投标人投标失败。所以，招标文件中需要投标人作出实质性响应的所有内容，如招标范围、工期、投标有效期、质量要求、技术标准和要求等应具体、清晰、无争议，且以醒目的方式提示，避免使用原则性的、模糊的或者容易引起歧义的语句。

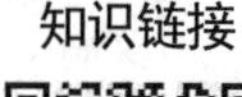

知识链接

工程招标项目中的标段划分应考虑的因素

(3) 防范招标文件中的违法、歧视性条款。编制招标文件必须熟悉和遵守招标投标的法律法规，并及时掌握最新规定和有关技术标准，坚持公平、公正、遵纪守法的要求。严格防范招标文件中出现违法、歧视、倾向条款限制、排斥或保护潜在投标人，并要公平合理划分招标人和投标人的风险责任。只有招标文件客观与公正，才能保证整个招标投标活动的客观与公正。

(4) 保证招标文件格式、合同条款的规范一致。编制招标文件应保证格式文件、合同条款规范一致，从而保证招标文件逻辑清晰、表达准确，避免产生歧义和争议。招标文件合同条款部分如采用通用合同条款和专用合同条款形式编写的，正确的合同条款编写方式为：“通用合同条款”全文引用，不得删改；“专用合同条款”按其条款编号和内容，根据工程实际情况进行修改和补充。

(5) 电子招标。招标人可以通过信息网络或者其他媒介发布电子招标文件，电子招标文件应当与书面纸质招标文件一致，具有同等法律效力。按照《工程建设项目施工招标投标办法》和《工程建设项目货物招标投标办法》的规定，当电子招标文件与书面招标文件不一致时，应以书面招标文件为准。

(6) 总承包招标的规定。招标人可以依法对工程及与工程建设有关的货物、服务全部或者部分实行总承包招标。以暂估价形式包括在总承包范围内的工程、货物、服务属于依法必须进行招标的项目范围且达到国家规定规模标准的，应当依法进行招标。

(7) 两阶段招标的规定。对技术复杂或者无法精确拟定技术规格的项目，招标人可以分两阶段进行招标：第一阶段，投标人按照招标公告或者投标邀请书的要求提交不带报价的技术建议，招标人根据投标人提交的技术建议确定技术标准和要求，编制招标文件；第二阶段，招标人向在第一阶段提交技术建议的投标人提供招标文件，投标人按照招标文件的要求提交包括最终技术方案和投标报价的投标文件。招标人要求投标人提交投标保证金的，应当在第二阶段提出。

(8) 标段的划分。招标人对招标项目划分标段的，应当遵守《招标投标法》的有关规定，不得利用划分标段限制或者排斥潜在投标人。依法必须进行招标的项目的招标人，不得利用划分标段规避招标。招标人应当合理划分标段、确定工期，并在招标文件中载明。

(9) 备选方案。招标人可以要求投标人在提交符合招标文件规定要求的投标文件外，提交备选投标方案，但应当在招标文件中作出说明，并提出相应的评审和比较办法。

【案例分析4-13】

某国有投资的大型建设项目，建设单位采用工程量清单公开招标方式进行了施工招标。建设单位委托具有相应资质的招标代理机构编制了招标文件，招标文件包括如下规定：

(1) 招标人设有最高投标限价和最低投标限价，高于最高投标限价和低于最低投标限价的投标文件均按废标处理。

(2) 投标人应对工程量清单进行复核，招标人不对工程量清单的准确性和完整性负责。

(3) 招标人将在投标截止日后的90日内完成评标和公布中标候选人工作。

问：分析招标代理机构编制的招标文件中(1)～(3)项规定是否妥当？说明理由。

【解析】

(1)“招标人设有最高投标限价，高于最高投标限价的投标人报价按废标处理”妥当。理由：《招标投标法实施条例》规定，招标人可以设定最高投标限价；且根据《建设工程工程量清单计价规范》规定，国有资金投资的工程建设项目招标，招标人应编制招标控制价(最高投标限价)，高于招标控制价的投标人报价按废标处理。

“招标人设有最低投标限价”不妥。理由：《招标投标法实施条例》规定，招标人不得规定最低投标限价。

(2)“投标人应对工程量清单进行复核”妥当。理由：投标人复核招标人提供的工程量清单的准确性和完整性是投标人科学投标的基础。

“招标人对清单的准确性和完整性不负责任”不妥。理由：根据《建设工程工程量清单计价规范》规定，工程量清单必须作为招标文件的组成部分，其准确性和完整性由招标人负责。

(3)“招标人将在投标截至日后的90日内完成评标和公布中标候选人工作”妥当。理由：我国招标投标相关法规规定，招标人根据项目实际情况(规模、技术复杂程度等)合理确定评标时间，本案例中招标文件对评标和公布中标候选人工作时间的规定，并未违反相关限制性规定。

【案例分析4-14】

某省属高校投资建设一栋建筑面积为30 000m^{2}的普通教学楼，拟采用工程量清单以公开招标方式进行施工招标，业主委托具有相应招标代理和造价咨询资质的某咨询企业编制招标文件和最高投标限价(该项目的最高投标限价为5000万元)。为了响应业主对潜在投标人择优选择的高要求，咨询企业的项目经理在招标文件中设置了以下几项内容。

(1) 投标人资格条件之一为：投标人近5年必须承担过高校教学楼工程。

(2) 投标人近5年获得过鲁班奖、本省省级质量奖等奖项作为加分条件。

(3) 项目的投标保证金为75万元，且投标保证金必须从投标企业的基本账户转出。

(4) 中标人的履约保证金为最高投标限价的10%。

问：请逐一指出咨询企业项目经理为响应业主要求提出的(1)～(4)项内容是否妥当，并说明理由。

【解析】

(1)“投标人资格条件之一为：投标人近5年必须承担过高校教学楼工程。”不妥当。

理由：根据《招标投标法》的相关规定，招标人不得以不合理的条件限制或者排斥潜在投标人，不得对潜在投标人实行歧视待遇。

(2)“投标人近5年获得过鲁班奖、本省省级质量奖等奖项作为加分条件。”不妥当。

理由：根据《招标投标法》的相关规定，以奖项作为加分条件属于不合理条件限制或排斥潜在投标人。依法必须进行招标的项目，其招标投标活动不受地区或者部门的限制。任何单位和个人不得违法限制或者排斥本地区、本系统以外的法人或者其他组织参加投标，不得以任何方式非法干涉招标投标活动。

(3)“项目的投标保证金为75万元，且投标保证金必须从投标企业的基本账户转出。”妥当。

理由：根据《招标投标法实施条例》的相关规定，招标人在招标文件中要求投标人提交投标保证金的，投标保证金不得超过招标项目估算价的2%。投标保证金应当从投标人的基本账户转出。投标保证金有效期应当与投标有效期一致。

(4)“中标人的履约保证金为最高投标限价的10%。”不妥当。

理由：根据《招标投标法实施条例》的相关规定，招标文件要求中标人提交履约保证金的，中标人应当按照招标文件的要求提交。履约保证金不得超过中标合同金额的10%。

【案例分析4-15】

某国有资金投资建设项目，采用公开招标方式进行施工招标，业主委托具有相应资质的招标代理和造价咨询中介机构编制了招标文件和招标控制价。

该项目招标文件包括如下规定：

(1) 招标人不组织项目现场踏勘活动。

(2) 投标人对招标文件有异议的，应当在投标截止时间10日前提出，否则招标人拒绝回复。

(3) 投标人报价时必须采用当地建设行政管理部门造价管理机构发布的计价定额中分部分项工程人工、材料、机械台班消耗量标准。

(4) 招标人将聘请第三方造价咨询机构在开标后评标前开展清标活动。

(5) 投标人报价低于招标控制价幅度超过30%的，投标人在评标时须向评标委员会说明报价较低的理由，并提供证据：投标人不能说明理由、提供证据的，将认定为废标。

问：请逐一分析项目招标文件包括的(1)～(5)项规定是否妥当，并分别说明理由。

【解析】

(1)“招标人不组织项目现场踏勘活动”妥当。根据《招标投标法》的规定，招标人根据招标项目的具体情况，可以组织潜在投标人踏勘项目现场，所以招标人可以自行决定是否组织现场踏勘。

(2) “投标人对招标文件有异议的，应当在投标截止时间10日前提出，否则招标人拒绝回复”妥当。根据《招标投标法实施条例》的规定，投标人对招标文件有异议的，应当在投标截止时间10日前提出。

(3) “投标人报价时必须采用当地建设行政管理部门造价管理机构发布的计价额定中分部分项工程人工、材料、机械台班消耗量标准”不妥。投标人可依据本企业定额、招标文件及其招标工程量清单自主确定报价成本。

(4) “招标人将招聘请三方造价咨询机构在开标后评标前开展清标活动”妥当。没有法律、法规、条例限制招标人这样做。招标人可招聘第三方造价咨询机构在开标后评标前开展清标活动以减少评标工作。

(5) “投标人报价低于招标控制价幅度超过30%的，投标人在评标时须向评标委员会说明报价较低的理由，并提供证据；投标人不能说明理由、提供证据的，并认定为废标”妥当。在评标过程中，评标委员会发现投标人的报价过低，使得其投标报价可能低于其个别成本的，应当要求该投标人作出书面说明并提供相关证明材料。投标人不能合理说明或者不能提供相关证明材料的，由评标委员会认定该投标人以低于成本报价竞标，其投标应作废标处理。

4.5　编制招标工程量清单和最高投标限价

【导入】

业主委托了具有相应资质的某造价咨询企业A编制招标文件和最高投标限价。该咨询企业技术负责人在审核项目成果文件时，发现项目工程量清单中存在漏项，要求作出修改。而该项目经理认为第二天需要向委托人提交成果文件且合同条款中已有关于漏项的处理约定，故不用修改。请问：他们的行为是否正确？

4.5.1　编制招标工程量清单

招标工程量清单是招标人依据国家标准、招标文件、设计文件及施工现场实际情况编制的，随招标文件发布、供投标报价的工程量清单，包括说明和表格。编制招标工程量清单，应充分体现“实体净量”“量价分离”和“风险分担”的原则。招标阶段，由招标人或其委托的工程造价咨询人根据工程项目设计文件，编制出招标工程项目的工程量清单，并将其作为招标文件的组成部分。招标人对工程量清单的准确性和完整性负责；投标人应结合企业自身实际、参考市场有关价格信息完成清单项目工程的组合报价，并对其承担风险。

1. 招标工程量清单的编制依据

招标工程量清单的编制依据如下：

- 《建设工程工程量清单计价规范》(GB 50500—2013)，以及各专业工程量计算规范等；
- 国家或省级、行业建设主管部门颁发的计价依据、标准和办法；
- 建设工程设计文件及相关资料；

- 与建设工程有关的标准、规范、技术资料；
- 拟定的招标文件；
- 施工现场情况、地勘水文资料、工程特点及常规施工方案；
- 其他相关资料。

2. 招标工程量清单编制的准备工作

招标工程量清单编制的相关工作在收集资料包括编制依据的基础上，需进行如下工作。

(1) 初步研究。对各种资料进行认真研究，为工程量清单的编制做准备。其主要包括以下几点。

① 熟悉《建设工程工程量清单计价规范》(GB 50500—2013)、专业工程量计算规范、当地计价规定及相关文件；熟悉设计文件，掌握工程全貌，便于清单项目列项的完整、工程量的准确计算及清单项目的准确描述，对设计文件中出现的问题应及时提出。

② 熟悉招标文件、招标图纸，确定工程量清单编审的范围及需要设定的暂估价；收集相关市场价格信息，为暂估价的确定提供依据。

③ 对《建设工程工程量清单计价规范》(GB 50500—2013)缺项的新材料、新技术、新工艺，收集足够的基础资料，为补充项目的制定提供依据。

(2) 现场踏勘。为了选用合理的施工组织设计和施工技术方案，需进行现场踏勘，以充分了解施工现场情况及工程特点，主要对以下两方面进行调查。

① 自然地理条件：主要指工程所在地的地理位置、地形、地貌、用地范围等；气象、水文情况，包括气温、湿度、降雨量等；地质情况，包括地质构造及特征、承载能力等；地震、洪水及其他自然灾害情况。

② 施工条件：主要指工程现场周围的道路、进出场条件、交通限制情况；工程现场施工临时设施、大型施工机具、材料堆放场地安排情况；工程现场邻近建筑物与招标工程的间距、结构形式、基础埋深、新旧程度、高度；市政给排水管线位置、管径、压力，废水、污水处理方式，市政、消防供水管道管径、压力、位置等；现场供电方式、方位、距离、电压等；工程现场通信线路的连接和铺设；当地政府有关部门对施工现场管理的一般要求、特殊要求及规定等。

(3) 拟定常规施工组织设计。施工组织设计是指导拟建工程项目的施工准备和施工的技术经济文件。根据项目的具体情况编制施工组织设计，拟定工程的施工方案、施工顺序、施工方法等，便于工程量清单的编制及准确计算，特别是工程量清单中的措施项目。施工组织设计编制的主要依据为：招标文件中的相关要求，设计文件中的图纸及相关说明，现场踏勘资料，有关计价依据和标准，现行有关技术标准、施工规范或规则等。作为招标人，仅需拟定常规的施工组织设计。

特别提示

在拟定常规的施工组织设计时需注意以下问题。

(1) 估算整体工程量。根据概算指标或类似工程进行估算，且仅对主要项目加以估算，如土石方、混凝土等。

(2) 拟定施工总方案。施工总方案只需对重大问题和关键工艺做原则性的规定，不需考虑施工步骤，主要包括：施工方法，施工机械设备的选择，科学的施工组织，合理的施工时间，现场的平面布置及各种技术措施。制定总方案要满足以下原则：从实际出发，符合现场的实际情况，在切实可行的范围内尽量求其先进和快速；满足工期的要求；确保工程质量和施工安全；尽量降低施工成本，使方案更加经济合理。

(3) 编制施工进度计划。施工进度计划要满足合同对工期的要求，在不增加资源的前提下尽量提前。编制施工进度计划时要处理好工程中各分部、分项、单位工程之间的关系，避免出现施工顺序的颠倒或工种相互冲突。

(4) 计算人、材、机资源需要量。人工工日数量根据估算的工程量、选用的计价依据、拟定的施工总方案、施工方法及要求的工期来确定，并考虑节假日、气候等因素的影响。材料需要量主要根据估算的工程量和选用的材料消耗标准进行计算。机具台班数量则根据施工方案确定选择机械设备及仪器仪表方案和种类的匹配要求，再根据估算的工程量和机械台班消耗标准进行计算。

(5) 施工平面的布置。施工平面布置需根据施工方案、施工进度要求，对施工现场的道路交通、材料仓库、临时设施等作出合理的规划布置，主要包括：建设项目施工总平面图上的一切地上、地下已有和拟建的建筑物、构筑物，以及其他设施的位置和尺寸；所有为施工服务的临时设施的布置位置，如施工用地范围，施工用道路，材料仓库，取土与弃土位置，水源、电源位置，安全、消防设施位置；永久性测量放线标桩位置等。

3. 招标工程量清单的编制内容

1) 分部分项工程项目清单的编制

分部分项工程项目清单所反映的是拟建工程分部分项工程项目名称和相应数量的明细清单，招标人负责包括项目编码、项目名称、项目特征、计量单位和工程量在内的5项内容。

(1) 项目编码。分部分项工程项目清单的项目编码，应根据拟建工程的工程项目清单项目名称设置，同一招标工程的项目编码不得有重码。

(2) 项目名称。分部分项工程项目清单的项目名称，应根据专业工程量计算规范附录的项目名称，结合拟建工程的实际确定。

特别提示

在分部分项工程项目清单中所列出的项目，应是在单位工程的施工过程中以其本身构成该单位工程实体的分项工程，但应注意：

- 当在拟建工程的施工图纸中有体现，并且在专业工程量计算规范附录中也有相对应的项目时，则根据附录中的规定直接列项，计算工程量，确定其项目编码；
- 当在拟建工程的施工图纸中有体现，但在专业工程量计算规范附录中没有相对应的项目，并且在附录项目的“项目特征”或“工程内容”中也没有提示时，则必须编制针对这些分项工程的补充项目，在清单中单独列项并在清单的编制说明中注明。

(3) 项目特征。工程量清单的项目特征是确定一个清单项目综合单价不可缺少的重要依据，在编制工程量清单时，必须对项目特征进行准确和全面的描述。

特别提示

当有些项目特征用文字往往又难以准确和全面地描述时，为达到规范、简洁、准确、全面描述项目特征的要求，应按以下原则进行。

- 项目特征描述的内容应按专业工程量计算规范附录中的规定，结合拟建工程的实际，满足确定综合单价的需要。

- 若采用标准图集或施工图纸能够全部或部分满足项目特征描述的要求，项目特征描述可直接采用“详见××图集”或“××图号”的方式。对不能满足项目特征描述要求的部分，仍应用文字描述。

(4) 计量单位。分部分项工程项目清单的计量单位与有效位数应遵守《建设工程工程量清单计价规范》的规定。当附录中有两个或两个以上计量单位的，应结合拟建工程项目的实际选择其中一个确定。

(5) 工程量计算。分部分项工程项目清单中所列工程量应按专业工程量计算规范规定的工程量计算规则计算。另外，对补充项的工程量计算规则必须符合下述原则：一是计算规则要具有可计算性，二是计算结果要具有唯一性。

特别提示

工程量的计算是一项繁杂而细致的工作，为了计算得快速准确并尽量避免漏算或重算，必须依据一定的计算原则及方法。

- 计算口径一致。根据施工图列出的工程量清单项目，必须与专业工程工程量计算规范中相应清单项目的口径相一致。
- 按工程量计算规则计算。工程量计算规则是综合确定各项消耗指标的基本依据，也是具体工程测算和分析资料的基准。
- 按图纸计算。工程量按每一分项工程，根据设计图纸进行计算，计算时采用的原始数据必须以施工图纸所表示的尺寸或施工图纸能读出的尺寸为准进行计算，不得任意增减。
- 按一定顺序计算。计算分部分项工程量时，可以按照清单分部分项编目顺序或按照施工图专业顺序依次进行计算。对于计算同一张图纸的分项工程量时，一般可采用以下几种顺序：按顺时针或逆时针顺序计算；按先横后纵顺序计算；按轴线编号顺序计算；按施工先后顺序计算。

2) 措施项目清单的编制

措施项目清单是指为完成工程项目施工，发生于该工程施工准备和施工过程中的技术、生活、安全、环境保护等方面的项目清单，措施项目分为单价措施项目和总价措施项目。

措施项目清单的编制需考虑多种因素，除工程本身的因素外，还涉及水文、气象、环境、安全等因素。措施项目清单应根据拟建工程的实际情况列项，若出现《建设工程工程量清单计价规范》(GB 50500—2013)中未列的项目，可根据工程实际情况补充。项目清单的设置要考虑拟建工程的施工组织设计，施工技术方案，相关的施工规范与施工验收规范，招标文件中提出的某些必须通过一定的技术措施才能实现的要求，设计文件中一些不足以写进技术方案的但是要通过一定的技术措施才能实现的内容。

一些可以精确计算工程量的措施项目可采用与分部分项工程项目清单编制相同的方式，编制“分部分项工程和单价措施项目清单与计价表”，而有一些措施项目费用的发生与使用时间、施工方法或者两个以上的工序相关并大都与实际完成的实体工程量的大小关系不大，如安全文明施工、冬雨季施工、已完工程设备保护等，应编制“总价措施项目清单与计价表”。

3) 其他项目清单的编制

其他项目清单是应招标人的特殊要求而发生的与拟建工程有关的其他费用项目和相应数量的清单。工程建设标准的高低、工程的复杂程度、工程的工期长短、工程的组成内容、发包人对工程管理要求等都直接影响其具体内容。当出现未包含在表格中的内容的项目时，可根据实际情况补充，具体如下。

(1) 暂列金额。暂列金额是指招标人暂定并包括在合同中的一笔款项，用于工程合同签订时尚未确定或者不可预见的所需材料、工程设备、服务的采购，施工中可能发生的工程变更、合同约定调整因素出现时的合同价款调整及发生的索赔、现场签证确认等的费用。此项费用由招标人填写其项目名称、计量单位、暂定金额等，若不能详列，也可只列暂定金额总额。由于暂列金额由招标人支配，实际发生后才得以支付。因此，在确定暂列金额时应根据施工图纸的深度、暂估价设定的水平、合同价款约定调整的因素及工程实际情况合理确定。一般可按分部分项工程项目清单的10%～15%确定，不同专业预留的暂列金额应分别列项。

(2) 暂估价。暂估价是招标人在招标文件中提供的用于支付必然要发生但暂时不能确定价格的材料、工程设备的单价及专业工程的金额。一般而言，为方便合同管理和计价，需要纳入分部分项工程量项目综合单价中的暂估价，应只是材料、工程设备暂估单价，以方便投标与组价。以“项”为计量单位给出的专业工程暂估价一般应是综合暂估价，即应当包括除规费、税金以外的管理费、利润等。

(3) 计日工。计日工是为了解决现场发生的工程合同范围以外的零星工作或项目的计价而设立的。计日工为额外工作的计价提供一个方便快捷的途径。计日工对完成零星工作所消耗的人工工时、材料数量、机具台班进行计量，并按照计日工表中填报的适用项目的单价进行计价支付。编制计日工表格时，一定要给出暂定数量，并且需要根据经验，尽可能估算一个比较贴近实际的数量，且尽可能把项目列全，以消除因此而产生的争议。

【案例分析4-16】

某依法必须公开招标的国有资产建设投资项目，采用工程量清单计价方式进行施工招标，业主委托具有相应资质的某咨询企业编制招标控制价，其招标工程量清单中给出的“计日工表(局部)”，如表4-13所示。

表4-13　计日工表

工程名称：×××　　　　标段：×××　　　　第 × 页　　共 × 页

编号	项目名称	单位	暂定数量	实际数量	综合单价(元)	合价(元)	
						暂定	实际
一	人工						
1	建筑与装饰工程普工	工日	1		120		
2	混凝土工、抹灰工、砌筑工	工日	1		160		
3	木工、模板工	工日	1		180		
4	钢筋工、架子工	工日	1		170		
人工小计							
二	材料						
…	…	…	…				

问：该计日工表有何不妥之处？请说明理由。

【解析】

该计日工表格中综合单价由招标人填写不妥当。理由：计日工表的项目名称、暂定数量由招标人填写，单价由投标人自主报价。

(4) 总承包服务费。总承包服务费是为了解决招标人在法律法规允许的条件下，进行专业工程发包及自行采购供应材料、设备时，要求总承包人对发包的专业工程提供协调和配合服务，对供应的材料、设备提供收、发和保管服务及对施工现场进行统一管理，对竣工资料进行统一汇总整理等发生并向承包人支付的费用。招标人应当按照投标人的投标报价支付该项费用。

4) 规费、税金项目清单的编制

规费、税金项目清单应按照规定的内容列项，当出现规范中没有的项目时，应根据省级政府或有关部门的规定列项。税金项目清单除规定的内容外，如国家税法发生变化或增加税种，应对税金项目清单进行补充。规费、税金的计算基础和费率均应按国家或地方相关部门的规定执行。

5) 工程量清单总说明的编制

工程量清单总说明包括以下内容。

(1) 工程概况。工程概况中要对建设规模、工程特征、计划工期、施工现场实际情况、自然地理条件、环境保护要求等作出描述。其中，建设规模是指建筑面积；工程特征应说明基础及结构类型、建筑层数、高度、门窗类型及各部位装饰、装修做法；计划工期是根据工程实际需要而安排的施工天数；施工现场实际情况是指施工场地的地表状况；自然地理条件是指建筑场地所处地理位置的气候及交通运输条件；环境保护要求是针对施工噪声及材料运输可能对周围环境造成的影响和污染所提出的防护要求。

(2) 工程招标及分包范围。招标范围是指单位工程的招标范围，如建筑工程招标范围为“全部建筑工程”，装饰装修工程招标范围为“全部装饰装修工程”，或招标范围不含桩基础、幕墙、门窗等。工程分包是指特殊工程项目的分包，如招标人自行采购安装“铝合金门窗”等。

(3) 工程量清单编制依据。工程量清单编制依据包括《建设工程工程量清单计价规范》、设计文件、招标文件、施工现场情况、工程特点及常规施工方案等。

(4) 工程质量、材料、施工等的特殊要求。对工程质量的要求是指招标人要求拟建工程的质量应达到合格或优良标准；对材料的要求是指招标人根据工程的重要性、使用功能及装饰装修标准提出，如对水泥的品牌、钢材的生产厂家、花岗石的出产地、品牌等的要求；施工要求，一般是指建设项目中对单项工程的施工顺序等的要求。

(5) 其他需要说明的事项。

6) 招标工程量清单汇总

在分部分项工程项目清单、措施项目清单、其他项目清单、规费和税金项目清单编制完成以后，经审查复核，与工程量清单封面及总说明汇总并装订，由相关责任人签字和盖章，形成完整的招标工程量清单文件。

特别提示

由于招标人所用工程量清单表格与投标人报价所用表格是同一表格，招标人发布的工程量清单表格中，除暂列金额、暂估价列有“金额”外，只列出工程量，该工程量是根据工程量计算规范的计算规则所得。

4.5.2 编制最高投标限价

《招标投标法实施条例》规定，招标人可以自行决定是否编制标底；一个招标项目只能有一个标底；标底必须保密。同时规定，招标人设有最高投标限价的，应当在招标文件中明确最高投标限价或者最高投标限价的计算方法；招标人不得规定最低投标限价。

最高投标限价是指根据国家或省级建设行政主管部门颁发的有关计价依据和办法，依据拟定的招标文件和招标工程量清单，结合工程具体情况发布的招标工程的最高投标限价。根据住房城乡建设部颁布的《建筑工程施工发包与承包计价管理办法》(住房城乡建设部令第16号)的规定，国有资金投资的建筑工程招标的，应当设有最高投标限价；非国有资金投资的建筑工程招标的，可以设有最高投标限价或者招标标底。

标底是由业主组织专门人员为准备招标的工程或设备计算出的一个预期价格，能反映出拟建工程的资金额度，以明确招标单位在财务上应承担的义务。我国国内工程施工招标的标底，应在批准的工程概算或修正概算以内，招标单位用它来控制工程造价，并以此为尺度来评判投标者的报价是否合理，中标都要按照报价签订合同。它是招标人对工程的心理价位。

最高投标限价与标底的区别具体如下。

(1) 最高投标限价是最高限价，投标价如超过则为废标；标底是用来比较分析投标报价的，具有参考作用，但不能作为中标或废标的唯一直接依据。

(2) 最高投标限价应该在招标文件中公开；标底在开标前保密，在开标时宣布。

1. 最高投标限价在招投标活动中的作用

最高投标限价在招标投标活动中具有如下作用。

(1) 招标人有效控制项目投资，防止恶性投标带来的投资风险。

(2) 增强招标过程的透明度，有利于正常评标。

(3) 利于引导投标方投标报价，避免投标方无标底情况下的无序竞争。

(4) 最高投标限价反映的是社会平均水平，为招标人判断最低投标价是否低于成本提供参考依据。

(5) 可为工程变更新增项目确定单价提供计算依据。

(6) 作为评标的参考依据，避免出现较大偏离。

(7) 投标人根据自己的企业实力、施工方案等报价，不必揣测招标人的标底，提高了市场交易效率。

(8) 减少了投标人的交易成本，使投标人不必花费人力、财力去套取招标人的标底。

(9) 招标人把工程投资控制在最高投标限价范围内，提高了交易成功的可能性。

特别提示

采用最高投标限价招标也可能出现如下问题。

(1) 若“最高限价”大幅高于市场平均价时，就预示中标后利润很丰厚，只要投标不超过公布的限额都是有效投标，从而可能诱导投标人串标、围标。

(2) 若公布的最高限价远远低于市场平均价，就会影响招标效率。即可能出现只有1～2人投标或出现无人投标的情况，因为按此限额投标将无利可图，超出此限额投标又成为无效投标，导致招标失败或使招标人不得不进行二次招标。

2. 最高投标限价的编制原则

(1) 我国对国有资金投资控制实行的是设计概算审批制度，国有资金投资的工程原则上不能超过批准的投资概算。最高投标限价超过批准的概算时，招标人应将其报原概算审批部门进行审核。

(2) 国有资金投资的工程建设项目应实行工程量清单招标，应编制最高投标限价，并拒绝高于最高投标限价的投标报价，即投标人的投标报价若超过公布的最高投标限价，则其投标应被否决。

(3) 最高投标限价应由具有编制能力的招标人，或受其委托具有相应资质的工程造价咨询人编制。工程造价咨询人不得同时接受招标人和投标人对同一工程的最高投标限价和投标报价的编制。

(4) 最高投标限价应当依据工程量清单、工程计价有关规定和市场价格信息等编制，并不得进行上浮或下调。招标人应当在招标文件中公布最高投标限价的总价，以及各单位工程的分部分项工程费、措施项目费、其他项目费、规费和税金。

(5) 投标人经复核认为招标人公布的最高投标限价未按照《建设工程工程量清单计价规范》(GB 50500—2013)的规定进行编制的，应当在最高投标限价公布后5天内向招标投标监督机构和工程造价管理机构投诉。工程造价管理机构受理投诉后，应立即对最高投标限价进行复查，组织投诉人、被投诉人或其委托的最高投标限价编制人等单位人员对投诉问题逐一核对。工程造价管理机构应当在受理投诉的10天内完成复查，特殊情况下可适当延长，并作出书面结论通知投诉人、被投诉人及负责该工程招标投标监督的招标投标管理机构。当最高投标限价复查结论与原公布的最高投标限价误差大于±3%时，应责成招标人改正。当重新公布最高投标限价时，若重新公布之日起至原投标截止期不足15天的应延长投标截止期。

(6) 招标人应将最高投标限价及有关资料报送工程所在地或有该工程管辖权的行业管理部门工程造价管理机构备查。

3. 最高投标限价的编制依据

最高投标限价的编制依据是指在编制最高投标限价时需要进行工程量计量、价格确认、工程计价的有关参数、率值的确定等工作时所需的基础性资料。虽然《工程造价改革工作方案》(建办标〔2020〕38号)提出了“取消最高投标限价按定额计价的规定，逐步停止发布预算定额”的要求，但在一定时期内，由于市场化的造价信息，以及对应一定计量单位的工程量清单或工程量清单子项具有地区、行业特征的工程造价指标尚不能完全满足工程计价的需要，因此最高投标限价的编制依据应是各级建设行政主管部门发布的计价依据、标准、办法与市场化的工程造价信息的混合使用。最高投标限价的编制依据主要包括如下几个方面：

(1) 现行国家标准《建设工程工程量清单计价规范》(GB 50500—2013)与专业工程量计算规范；

(2) 国家或省级、行业建设主管部门颁发的计价定额、标准和办法；

(3) 建设工程设计文件及相关资料；

(4) 拟定的招标文件及招标工程量清单；

(5) 与建设项目相关的标准、规范、技术资料；

(6) 施工现场情况、工程特点及常规施工方案；

(7) 工程造价管理机构发布的工程造价信息；工程造价信息没有发布时，参照市场价；

(8) 其他相关资料。

4. 最高投标限价的编制内容

建设工程的最高投标限价是由分部分项工程费、措施项目费、其他项目费、规费和税金组成。

1) 分部分项工程费的编制

分部分项工程费应根据招标文件中的分部分项工程项目清单及有关要求，按《建设工程工程量清单计价规范》(GB 50500—2013)有关规定确定综合单价计价。

(1) 综合单价的组价过程。

最高投标限价的分部分项工程费应由各单位工程的招标工程量清单中给定的工程量乘以其相应综合单价汇总而成。综合单价应按照招标人发布的分部分项工程项目清单的项目名称、工程量、项目特征描述，依据工程所在地区的工程计价依据和标准或工程造价指标进行组价确定。首先，依据提供的工程量清单和施工图纸，确定清单计量单位所组价的子项目名称，并计算出相应的工程量；其次，依据工程造价政策规定或信息价确定其对应组价子项的人工、材料、施工机具台班单价；再次，在考虑风险因素确定管理费率和利润率的基础上，按规定程序计算出所组价子项的合价，如公式4-1所示；最后，将若干项所组价的子项合价相加，并考虑未计价材料费，除以工程量清单项目工程量，便得到工程量清单项目综合单价，如公式4-2所示，对于未计价材料费(包括暂估单价的材料费)应计入综合单价。

清单组价子项合价=清单组价子项工程量×[∑(人工消耗量×人工单价)+∑(材料消耗量×材料单价)+∑(机具台班消耗量×机具台班单价)+管理费和利润]　(式4-1)

$$\text{工程量清单综合单价}=\frac{\Sigma\text{定额项目合价}+\text{未计价材料}}{\text{工程量清单项目工程量}} \quad (\text{式4-2})$$

(2) 综合单价中的风险因素。

为使最高投标限价与投标报价所包含的内容一致，综合单价中应包括招标文件中要求投标人所承担的风险内容及其范围(幅度)产生的风险费用。

① 对于技术难度较大和管理复杂的项目，可考虑一定的风险费用，并纳入综合单价中。

② 对于工程设备、材料价格的市场风险，应依据招标文件的规定，工程所在地或行业工程造价管理机构的有关规定，以及市场价格趋势，考虑一定率值的风险费用，纳入综合单价中。

③ 税金、规费等法律、法规、规章和政策变化的风险和人工单价等风险费用不应纳入综合单价。

2) 措施项目费的编制

措施项目应按招标文件中提供的措施项目清单确定，措施项目分为以“量”计算和以“项”计算两种。对于可计量的措施项目，以“量”计算，即按其工程量以与分部分项工程项目清单单价相同的方式确定综合单价；对于不可计量的措施项目，则以“项”为单位，采用费率法按有关规定综合确定，采用费率法时需确定某项费用的计费基数及其费率，结果应是包括除规费、税金以外的全部费用，计算公式为

以“项”计算的措施项目清单费=措施项目计费基数×费率　　(式4-3)

措施项目费中的安全文明施工费应当按照国家或省级、行业建设主管部门的规定标准计价，该部分不得作为竞争性费用。

3) 其他项目费的编制

(1) 暂列金额。暂列金额由招标人根据工程特点，按有关计价规定进行估算确定。为保证工程施工建设的顺利实施，在编制最高投标限价时应就施工过程中可能出现的各种不确定因素对工程造价的影响进行估算，列出一笔暂列金额。暂列金额可根据工程的复杂程度、设计深度、工程环境条件(包括地质、水文、气候条件等)进行估算，一般可按分部分项工程费的10%～15%作为参考。

(2) 暂估价。暂估价包括材料暂估价和专业工程暂估价。暂估价中的材料单价应按照工程造价管理机构发布的工程造价信息中的材料单价计算，工程造价信息未发布的材料单价，其单价参考市场价格估算；暂估价中的专业工程暂估价应分不同专业，按有关计价规定估算。

(3) 计日工。计日工包括计日工人工、材料和施工机械。在编制最高投标限价时，对计日工中的人工单价和施工机械台班单价应按省级、行业建设主管部门或其授权的工程造价管理机构公布的单价计算；材料应按工程造价管理机构发布的工程造价信息中的材料单价计算，工程造价信息未发布材料单价的材料，其价格应按市场调查确定的单价计算。

(4) 总承包服务费。总承包服务费应按照省级或行业建设主管部门的规定计算，在计算时可参考以下标准：

① 招标人仅要求对分包的专业工程进行总承包管理和协调时，按分包的专业工程估算造价的1.5%计算；

② 招标人要求对分包的专业工程进行总承包管理和协调，并同时要求提供配合服务时，根据招标文件中列出的配合服务内容和提出的要求，按分包的专业工程估算造价的3%～5%计算；

③ 招标人自行供应材料的，按招标人供应材料价值的1%计算。

4) 规费和税金的编制

规费和税金必须按国家或省级、行业建设主管部门的规定计算，其中税金计算公式为

税金=(人工费+材料费+施工机具使用费+企业管理费+利润+规费)×增值税税率　　(式4-4)

5. 最高投标限价编制的注意事项

(1) 应该正确、全面地选用行业和地方的计价依据、标准、办法和市场化的工程造价信息。采用的材料价格应是通过工程造价信息平台发布的材料价格。工程造价信息未发布材料单价的材料，其材料价格应通过市场调查确定。未采用发布的工程造价信息时，需在招标文件或答疑补充文件中对最高投标限价采用的与造价信息不一致的市场价格予以说明，采用的市场价格则应通过调查、分析确定，有可靠的信息来源。

(2) 施工机械设备的选型直接关系到综合单价水平，应根据工程项目特点和施工条件，本着经济实用、先进高效的原则确定。

(3) 不可竞争的措施项目和规费、税金等费用的计算均属于强制性的条款，编制最高投标限价时应按国家有关规定计算。

(4) 不同工程项目、不同投标人会有不同的施工组织方法，所发生的措施费也会有所不同，因此，对于竞争性的措施费用的确定，招标人应首先编制常规的施工组织设计或施工方案，然后经科学论证后再进行合理确定措施项目与费用。

【思政引导】

北京市建设工程招标投标和造价管理协会于2022年6月14日发布的《全过程造价咨询服务清单及服务标准调研报告》，从市场调研中发现，全过程造价咨询中，超八成的人表明招投标阶段的服务内容占比最多。这表明工程量清单编制或审核、最高投标限价的编制或审核、清标报告编制等专业能力是行业的对应岗位的核心能力。在提高学生的知识水平和技能水平的同时，注重培养学生的专业自豪感，引导学生培养求真务实、精益求精、责任担当的职业精神。

【案例分析4-18】

业主委托具有相应资质的某造价咨询企业编制招标文件和最高投标限价。该咨询企业技术负责人在审核项目成果文件时发现项目工程量清单中存在漏项，要求作出修改。项目经理解释认为第二天需要向委托人提交成果文件且合同条款中已有关于漏项的处理约定，故不用修改。

问：项目经理的观点是否妥当，并说明理由。

【解析】

项目经理的观点不妥。理由：漏项可能造成合同履行期间的价款调整或纠纷，还可能造成承包人不平衡报价，发现漏项时，项目经理应及时组织修改。

【案例分析4-19】

某省属高校投资建设一幢建筑面积为30 000m^{2}的普通教学楼，拟采用工程量清单以公开招标方式进行施工招标。业主委托具有相应资质的某造价咨询企业编制招标文件和最高投标限价(该项目的最高投标限价为9 500万元)。咨询企业在编制招标文件和最高投标限价过程中，为控制投标报价的价格水平，与业主商定，以代表省内先进水平的A施工企业的企业定额作为主要依据，编制了本项目的最高投标限价。此外，由于某分项工程使用了一种新型材料，定额及造价信息均无该材料消耗量和价格的信息。编制人员按照理论计算法计算出材料净用量，并以此净用量乘以向材料生产厂家询价确认的材料出厂价格，得到该分项工程综合单价中新型材料的材料费。

问：相关人员的行为或观点是否正确或妥当，并说明理由。

【解析】

(1) “以A施工企业的企业定额为依据编制项目的最高投标限价”不妥。理由：编制最高投标限价应依据国家或省级、行业建设主管部门颁发的计价定额(编制最高投标限价应依据反映社会平均水平的计价定额)。

(2) 造价咨询公司编制人员确定综合单价中新型材料费的方法不正确。应按照下列方法确定新型材料费：

材料费=材料消耗量×材料单价

其中，材料消耗量=材料净用量+材料损耗量；

材料单价=材料原价(出厂价格)+材料运杂费+运输损耗费+采购及保管费

课后思考题

1. 简述招投标的概念及原则。
2. 简述建设工程招标的条件。
3. 简述建设工程必须招标的项目范围和规模。
4. 简述公开招标和邀请招标的特点和适用范围。
5. 简述建设工程施工招标的程序。

第5章
建设工程投标

❍ 学习目标

- 熟悉建设工程投标的基本程序。
- 了解建设工程投标的准备工作。
- 掌握投标文件和投标报价的编制。
- 掌握联合体投标和串通投标的内容。

❍ 能力要求

能对具体的招标文件进行分析，决定采用何种投标策略；具备编制资格预审申请文件、投标文件等的能力。

❍ 思政目标

培养诚实守信、勇于担当，认真负责，爱岗敬业，团结协作的投标人从业态度和职业操守。

5.1 建设工程投标的基础知识

【导入】

某工程项目施工招标，A、B、C、D四家施工企业前来投标，但是各自都出现了一些情况。A单位在开标后30分钟赶到开标现场；B单位未交纳投标保证金；C单位投标文件忘记加盖单位公章；D单位投标文件没有采取密封措施。出现这些情况会导致什么结果呢？

5.1.1 建设工程投标的概念

建设工程投标，是指具有合法资格和能力的投标人根据招标条件，经过初步研究和估算，在指定期限内填写投标文件，并等候开标的经济活动。

《招标投标法》规定，投标人是响应招标、参加投标竞争的法人或者其他组织。投标人应当具备承担招标项目的能力；国家有关规定对投标人资格条件或者招标文件对投标人资格条件有规定的，投标人应当具备规定的资格条件。

《招标投标法实施条例》进一步规定，投标人参加依法必须进行招标的项目的投标，不受地区或者部门的限制，任何单位和个人不得非法干涉。与招标人存在利害关系可能影响招标公正性的法人、其他组织或者个人，不得参加投标。单位负责人为同一人或者存在控股、管理关系的不同单位，不得参加同一标段投标或者未划分标段的同一招标项目投标。违反以上规定的，相关投标均无效。

特别提示

投标人发生合并、分立、破产等重大变化的，应当及时书面告知招标人。投标人不再具备资格预审文件、招标文件规定的资格条件或者其投标影响招标公正性的，其投标无效。

5.1.2 建设工程投标的程序

建设工程投标程序主要是指投标活动在时间和空间上应遵循的先后顺序。建设工程投标的程序如图5-1所示。

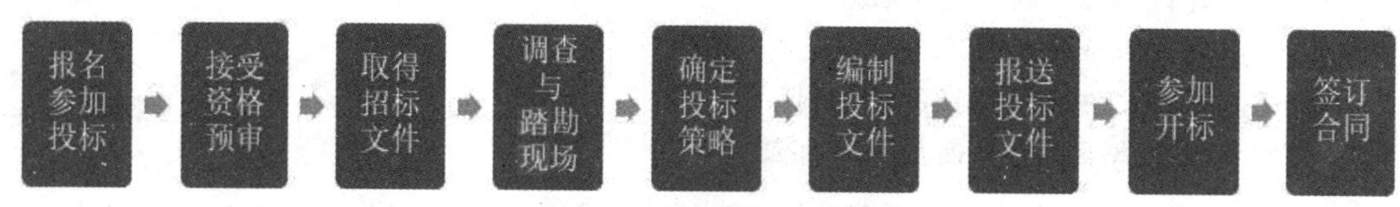

图5-1 建设工程投标的程序

公开招标，实践中大多采用资格后审，投标的程序则从取得招标文件这一环节开始。

5.2 建设工程的投标准备

【导入】

投标前的准备工作是参加投标竞争非常重要的一个环节。准备工作做得扎实细致与否，直接关系到对招标项目分析研究是否深入、提出的投标策略和投标报价是否合理、对整个投标过程可能发生的问题是否有充分的思想准备，从而影响到投标工作是否能达到预期的效果。因此，每个投标单位都必须充分重视这项工作。

5.2.1 参加资格预审

对投标人的资格审查分为资格预审和资格后审。若采取资格预审的，则投标人需要填写资格预审申请文件，参加资格预审；若采取资格后审的，则此步骤省略。在参加资格预审时需要注意以下几点。

(1) 应注意平时对资格预审的有关资料加以积累，并保存相关的信息，这样在填写资格预审申请文件时，能及时将有关资料填写出来。如果平时不注意积累资料，完全靠临时填写，往往会达不到业主的要求而失去应有的机会。

(2) 在投标决策阶段，注意收集信息，如果有合适的项目，应及早进行资格预审的申请准备工作。

(3) 加强填表时的分析，要针对工程特点，填好重点部分，主要反映出本公司的施工水平、施工经验和施工组织能力。这往往是业主考虑的重点。

(4) 特别要做好递交资格预审申请文件后的跟踪工作，以便及时发现问题，及时补充相关资料。如果是国外工程，可通过代理人或当地分公司进行有关的查询工作。

【案例分析5-1】

某工程建设项目采用资格预审方式招标。为确保投标相关信息的保密性，当潜在投标人提交资格预审申请文件时，招标人在接收该文件时对资格预审申请文件的密封性进行检查，对密封不合格的资格预审申请文件进行了拒收。

问：这种做法是否正确？

【解析】

《招标投标法》及其实施条例没有规定资格预审申请文件需要进行密封性检查。因此，对于实行资格预审的项目来说，接收资格预审申请文件时，是否需要检查申请文件的密封性，可由招标人在资格预审文件中根据实际情况自行决定。

根据现行法律规定，资格预审阶段没有类似于“开标”这样的申请文件开启程序，故不存在资格预审申请文件开启前的密封检查环节。

【案例分析5-2】

某施工公开招标中，有A、B、C、D、E、F、G、H等施工企业报名投标，经资格预审均符合资格预审公告的要求，但建设单位以A施工企业是外地企业为由，坚决不同意其参加投标。

问：外地施工企业是否有资格参加本工程项目的投标，建设单位的违法行为应如何处罚？

【解析】

A施工企业经资格预审符合资格预审公告的要求，是有资格参加本工程项目投标的。对此，《招标投标法》第五十一条规定，招标人以不合理的条件限制或者排斥潜在投标人的，对潜在投标人实行歧视待遇的，强制要求投标人组成联合体共同投标的，或者限制投标人之间竞争的，责令改正，可以处一万元以上五万元以下的罚款。

5.2.2　研究招标文件

投标人取得招标文件后，为保证工程量清单报价的合理性，应对投标人须知、合同条件、技术标准和要求、图纸和工程量清单等重点内容进行分析，深刻而正确地理解招标文件和业主的意图。

1. 投标人须知分析

投标人须知反映了招标人对投标的要求，特别要注意项目的资金来源、投标书的编制和递交、投标保证金、更改或备选方案、评标方法等，重点在于防止废标。

2. 合同条件分析

1) 合同背景分析

投标人有必要了解与自己承包的工程内容有关的合同背景，了解监理方式，以及合同的法律依据，为报价和合同实施及索赔提供依据。

2) 合同形式分析

主要分析承包方式(如分项承包、施工承包、设计与施工总承包和管理承包等)、计价方式(如固定合同价格、可调合同价格和成本加酬金确定的合同价格等)。

3) 合同条款分析

合同条款分析主要包括以下5个方面的内容。

(1) 承包人的任务、工作范围和责任。

(2) 工程变更及相应的合同价款调整。

(3) 付款方式、时间。应注意合同条款中关于工程预付款、材料预付款的规定。根据这些规定和预计的施工进度计划，计算出占用资金的数额和时间，从而计算出需要支付的利息数额并计入投标报价。

(4) 施工工期。合同条款中关于合同工期、竣工日期、部分工程分期交付工期等的规定，这是投标人制订施工进度计划的依据，也是报价的重要依据。要注意合同条款中有无工期奖罚的规定，尽可能做到在工期符合要求的前提下报价有竞争力，或在报价合理的前提下工期有竞争力。

(5) 业主责任。投标人所制订的施工进度计划和作出的报价，都是以业主履行责任为前提的，所以应注意合同条款中关于业主责任措辞的严密性，以及关于索赔的有关规定。

3. 技术标准和要求分析

工程技术标准是按工程类型来描述工程技术和工艺内容特点，对设备、材料、施工和安装方法等所规定的技术要求，有的是对工程质量进行检验、试验和验收所规定的方法和要求。它们与工程量清单中各子项工作密不可分。技术标准和要求是制订施工方案和报价的依据。

特别提示

分析技术说明(技术规范)中有无特殊施工技术要求，有无设备、特殊材料的技术要求。

4. 图纸分析

图纸是确定工程范围、内容和技术要求的重要文件，也是投标者确定施工方法等施工计划的主要依据。图纸的详细程度取决于招标人提供的施工图设计所达到的深度和所采用的合同形式。详细的设计图纸可使投标人比较准确地估价，而不够详细的图纸则需要估价人员采用综合估价方法，其结果一般不是很精确。

特别提示

施工图的分析，要注意平面图、立面图、剖面图之间位置、尺寸的一致性，结构图与设备安装图之间的一致性，当发现存在矛盾时应及时提请招标人予以澄清并修正。

5. 工程量清单分析

投标者一定要校核招标文件中的工程量清单，如发现工程量有重大出入的，特别是漏项的，可向招标人提出疑问。

特别提示

研究招标文件的工程量清单时应注意以下事项。

(1) 应当仔细研究招标文件中的工程量清单的编制体系和方法。

(2) 依据投标人须知、技术规范和合同文件，以及工程量清单，对不同种类的合同采取不同的方法和策略。

5.2.3 踏勘现场及投标预备会

1. 踏勘现场

根据《招标投标法》第二十一条规定，招标人根据招标项目的具体情况，可以组织潜在投标人踏勘项目现场。踏勘现场是指招标人组织投标人对项目的实施现场的经济、地理、地质、气候等客观条件和环境进行的现场调查。招标人在发出招标公告或者投标邀请书以后，可以根据招标项目的实际需要，通知并组织投标人(潜在投标人)到项目现场进行实地勘察。踏勘现场不仅可以帮助投标人(潜在投标人)提高对于报价的准确性，也可以为后期中标后施工后开展建设工作奠定前期的勘察基础。投标人(潜在投标人)踏勘项目现场时，应对拟建项目的现场条件进行全面考察，包括经济、地理、地质、气候、法律环境等情况，一般应至少了解施工现场的如下内容：

(1) 是否达到招标文件规定的条件；

(2) 地理位置和地形、地貌；

(3) 气候条件，如气温、湿度、风力等；

(4) 地址、土质、地下水位、水文等情况；

(5) 现场环境，如交通、供水、供电、污水排放等；

(6) 临时用地、临时设施搭建等，即工程施工过程中临时使用的工棚、堆放材料的库房，以及这些设施所占持方等。

▍特别提示▍

组织现场踏勘并非招标人的强制义务，招标人完全可以根据项目情况自行决定是否组织踏勘。对投标人而言踏勘，应仔细分析招标文件，对招标人不组织但是明确要求自行踏勘的工程项目，务必前往踏勘摸底。

【案例分析5-3】

某招标文件约定，招标项目不集中组织踏勘现场。但潜在投标人A对招标文件中有关现场的介绍有疑问，招标人安排工作人员带领投标人A踏勘了现场。

问：招标人的做法是否妥当？

【解析】

“不集中组织踏勘现场”妥当。理由：招标人根据招标项目的具体情况，可以自行决定是否组织潜在投标人踏勘项目现场。

“招标人安排工作人员带领投标人A踏勘了现场”不妥当。理由：招标人不得组织单个或者部分潜在投标人踏勘项目现场。

2. 投标预备会

投标预备会也称为标前会议，是招标人按投标须知规定的时间和地点召开的会议。一般在现场踏勘之后的1～2天内举行。投标预备会上，招标人除了介绍工程概况以外，还可以对招标文件中的某些内容加以修改或补充说明，以及对投标人书面提出的问题和会议上即席提出的问题给以解答，会议结束后，招标人应将会议纪要以书面通知的形式发给每一个获得招标文件的投标人。

无论是会议纪要还是对个别投标人的问题的解答，都应以书面形式发给每一个获得招标文件的投标人，以保证招标的公平和公正。但对问题的答复不需要说明问题来源。会议纪要和答复函件形成招标文件的补充文件，都是招标文件的有效组成部分。与招标文件具有同等法律效力。当补充文件与招标文件内容不一致时，应以补充文件为准。

为了使投标单位在编写投标文件时有充分的时间考虑招标人对招标文件的补充或修改内容，招标人可以根据实际情况在标前会议上确定延长投标截止时间。

特别提示

除招标文件明确要求外，出席投标预备会不是强制性的，由投标人(潜在投标人)自行决定，并自行承担由此可能产生的风险。

5.2.4 询价和复核工程量

1. 询价

询价投标报价中的一个重要环节。工程投标活动中，投标人不仅要考虑投标报价能否中标，还应考虑中标后所承担的风险。因此，在报价前必须通过各种渠道，采用各种方式对所需人工、材料、施工机具等要素进行系统的调查，掌握各要素的价格、质量、供应时间、供应数量等数据。这个过程称为询价。询价除需了解生产要素价格外，还应了解影响价格的各种因素，这样才能够为报价提供可靠的依据。

特别提示

询价时要注意以下两个问题：一是产品质量必须可靠，并满足招标文件的有关规定；二是供货方式、时间、地点，有无附加条件和费用。

1) 询价的渠道

询价的渠道主要包括以下几种。

(1) 直接与生产厂商联系。

(2) 了解生产厂商的代理人或从事该项业务的经纪人。

(3) 了解经营该项产品的销售商。

(4) 向咨询公司进行询价。通过咨询公司所得到的询价资料较可靠，但需要支付一定的咨询费用，也可向同行了解。

(5) 通过互联网查询。

(6) 自行进行市场调查或信函询价。

2) 生产要素询价

生产要素询价主要包括材料询价、施工机具询价和劳务询价。

(1) 材料询价。材料询价的内容包括调查对比材料价格、供应数量、运输方式、保险和有效期、不同买卖条件下的支付方式等。询价人员在施工方案初步确定后，立即发出材料询价单，并催促材料供应商及时报价。收到询价单后，询价人员应将从各种渠道所询得的材料报价及其他有关资料汇总整理。对同种材料从不同经销部门所得到的所有资料进行比较分析，选择合适、可靠的材料供应商的报价，提供给工程报价人员使用。

(2) 施工机具询价。在外地施工需用的施工机具，有时在当地租赁或采购可能更为有利，因此，事前有必要进行施工机具的询价。必须采购的施工机具，可向供应厂商询价。对于租赁的施工机具，可向专门从事租赁业务的机构询价，并应详细了解其计价方法。例如，各种施工机具每台班的租赁费、最低计费起点、施工机具停滞时租赁费及进出场费的计算，燃料费及机上人员工资是否在台班租赁费之内，如需另行计算，这些费用项目的具体数额为多少，等等。

(3) 劳务询价。如果承包人准备在工程所在地招募工人，则劳务询价是必不可少的。劳务询价主要有两种情况：一种是成建制的劳务公司，相当于劳务分包，一般费用较高，但素质较可靠，工效较高，承包人的管理工作较轻；另一种是劳务市场招募零散劳动力，这种方式虽然劳务价格低廉，但有时素质达不到要求或工效较低，且承包人的管理工作较繁重。投标人应在对劳务市场充分了解的基础上决定采用哪种方式，并以此为依据进行投标报价。

3) 分包询价

承包人可以确定拟分包的项目范围，将拟分包的专业工程施工图纸和技术说明送交预先选定的分包单位，请他们在约定的时间内报价，以便进行比较选择，最终选择合适的分包人。

特别提示

对分包人询价应注意以下几点：分包标函是否完整；分包工程单价所包含的内容；分包人的工程资质、信誉及可信赖程度；质量保证措施；分包报价。

2. 复核工程量

工程量清单作为招标文件的组成部分，是由招标人提供的。工程量的大小是投标报价最直接的依据。复核工程量的准确程度，将影响承包人的经营行为：一是根据复核后的工程量与招标文件提供的工程量之间的差距，考虑相应的投标策略，决定报价尺度；二是根据工程量的大小采取合适的施工方法，选择适用、经济的施工机具设备、投入使用相应的劳动力数量等。

复核工程量，要与招标文件中所给的工程量进行对比，应注意以下几个方面。

(1) 投标人应认真根据招标说明、图纸、地质资料等招标文件资料，计算主要清单工程量，复核工程量清单。其中特别提示，按一定顺序进行，避免漏算或重算；正确划分分部分项工程项目，与《建设工程工程量清单计价规范》的规定保持一致。

(2) 复核工程量的目的不是修改工程量清单，即使有误，投标人也不能修改工程量清单中的工程量，因为修改了清单就等于擅自修改了合同。对工程量清单存在的错误，可以向招标人提出，由招标人统一修改并把修改情况通知所有投标人。

(3) 针对工程量清单中工程量的遗漏或错误，是否向招标人提出修改意见取决于投标策略。投标人可以运用一些报价的技巧提高报价的质量，争取在中标后能获得更大的收益。

(4) 通过复核工程量还能准确地确定订货及采购物资的数量，防止由于超量或少购等带来的浪费、积压或停工待料。

在核算完全部工程量清单中的细目后，投标人应按大项分类汇总主要工程量，以便获得对整个工程施工规模的整体概念，并据此研究采用合适的施工方法、选择适用的施工设备等。

5.3　建设工程投标决策

【导入】

李某新注册了一家建筑公司，为了自己企业的生存与发展，李某盲目地参加了大量的施工项目的投标，但是却从来没有中标，这是什么原因呢？

该企业大量投标但是却没有中标，就是没有做好投标的前期决策，没有根据本企业实际情况，投把握性高的标。

5.3.1 投标决策的内容及原则

1. 投标决策的内容

工程投标决策是指建设工程承包人为实现其生产经营目标，针对建设工程招标项目，寻求并实现最优化的投标行动方案的活动。工程投标决策主要包括以下三方面内容：

(1) 针对项目招标决定是否投标；

(2) 倘若去投标，是投什么性质的标，采取什么投标策略；

(3) 投标中采用的具体技巧，主要指投标报价技巧。

2. 投标决策应遵循的原则

(1) 可行性。选择投标的对象是否可行，首先要从本企业的实际情况出发，实事求是，量力而行；以保证本企业均衡生产、连续施工为前提，防止出现“窝工”和“赶工”现象；要从企业的施工力量、机械设备、技术能力、施工经验等方面，考虑该招标项目是否比较合适，是否有一定的利润，能否保证工期和满足质量要求。

(2) 可靠性。要了解项目是否已经过正式批准，列入国家或地方的建设计划，资金来源是否可靠，主要材料和设备供应是否有保证，设计文件完成的阶段情况，设计深度是否满足要求，等等。此外，还要了解业主的资信条件及合同条款的宽严程度，有无重大风险性。应当尽早回避那些利润小而风险大的招标项目及本企业没有条件承担的项目，否则将造成不应有的后果，特别是国外的招标项目，更应该注意这个问题。

(3) 营利性。利润是承包人追求的目标之一。保证承包人的利润，可使承包人不断改善技术装备，扩大再生产；同时有利于提高企业职工的收入，改善生活福利设施，从而有助于充分调动职工的积极性和主动性。所以，确定适当的利润率是承包人经营的重要决策。在选取利润率的时候，要分析竞争形势，掌握当时当地的一般利润水平，并综合考虑本企业近期及长远目标，注意近期利润和远期利润的关系。在国内投标中，利润率的选取要根据具体情况适当斟酌增减。对竞争很激烈的投标项目，为了夺标，采用的利润率会低于计划利润率，但在以后的施工过程中，注重企业内部革新挖潜，实际的利润率不一定会低于计划利润率。

(4) 审慎性。参与每次投标，都要花费不少人力、物力，付出一定的代价。如能中标，才有利润可言。特别在基建任务不足的情况下，竞争非常激烈，承包人为了生存都在拼命压价，盈利甚微。承包人要审慎选择投标对象，除非在迫不得已的情况下，决不能承揽亏本的施工任务。

(5) 灵活性。在某些特殊情况下，采用灵活的战略战术。例如，为了在某个地区打开局面，取得立脚点，可以采用让利方针，以薄利优质取胜。由于报价低，完成质量好，赢得信誉，势必带来连锁效应，承揽了当前工程，更为今后的工程投标中标创造机会和条件。

5.3.2 是否参加某项工程的投标

1. 是否参加某项工程投标需要考虑的因素

(1) 现有技术条件对招标工程的满足程度，包括技术水平、机械设备、施工经验等能否满足施工要求。

(2) 经济条件。包括资金运转能否满足施工进度，利润的大小等。

(3) 生存与发展方面的考虑。包括招标单位的资信，是否已履行各项审批手续，工程会不会中途停建、缓建，有没有内定的得标人，通过该工程的施工而取得的社会影响，竞争对手的情况，自身的优势等。

2. 承包人不宜决定参加投标的情形

承包人不宜决定参加投标的情形有：

(1) 工程资质要求超过本企业资质等级的项目；

(2) 本企业业务范围和经营能力之外的项目；

(3) 本企业承包任务比较饱满，而招标工程的风险较大或盈利水平较低的项目；

(4) 本企业投标资源投入量过大时面临的项目；

(5) 有在技术等级、信誉、水平和实力等方面具有明显优势的潜在竞争对手参加的项目。

【思政引导】

影响投标决策的因素有主观因素和客观因素两方面，通过了解主观因素与客观因素的辩证关系，知道主观因素是内因，客观因素是外因，引导学生加强个人管理，提高自我修养，充分发挥主观能动性以取得最终成功。

5.3.3 建设工程投标策略的类型

如果决定投标，就进入投标决策的第二个阶段，即投什么性质的标，以及在投标中采取何种策略。建设工程投标策略有以下分类。

1. 按投标性质分类

(1) 保险标。保险标是指承包人对基本上不存在什么技术、设备、资金和其他方面问题的，或虽有技术、设备、资金和其他方面问题，但可预见并已有了解决办法的工程项目而投的标。

(2) 风险标。风险标是指承包人对技术、设备、资金或其他方面有未解问题，承包难度比较大的招标工程而投的标。

2. 按投标效益分类

(1) 盈利标。如果招标工程是本企业的强项，却是竞争对手的弱项；或建设单位意图明确；或本企业任务饱满，利润丰厚。这些情况下的投标，才投盈利标。

(2) 保本标。若企业无后继工程，或已经出现部分窝工而必须争取中标，但对于招标的工程项目，本企业无优势可言，竞争对手又不多，此时，就是投保本标。

(3) 亏损标。亏损标是一种非常手段，一般在下列情况下采用，即：本企业已大量窝工，严重亏损，中标后至少可以使部分工人、机械运转，减少亏损；或者是为在对手林立的竞争中夺得头标，不惜血本压低标价。

5.3.4 建设工程投标报价技巧

投标报价技巧是指投标中具体采用的对策和方法，属于投标决策的第三阶段。常用的报价技巧有不平衡报价法、多方案报价法、保本竞标法和突然降价法等。此外，对于计日工、暂定金额、可供选择的项目等也有相应的报价技巧。

1. 不平衡报价法

不平衡报价法是指在不影响工程总报价的前提下，通过调整内部各个项目的报价，以达到既不提高总报价、不影响中标，又能在结算时得到更理想的经济效益的报价方法。不平衡报价法适用于以下几种情况。

(1) 能够早日结算的项目(如前期措施费、基础工程、土石方工程等)可以适当提高报价，以利资金周转，提高资金时间价值；后期工程项目(如设备安装、装饰工程等)的报价可适当降低。

(2) 经过工程量核算，预计今后工程量会增加的项目，适当提高单价，这样在最终结算时可多盈利；而对于将来工程量有可能减少的项目，适当降低单价，这样在工程结算时不会有太大损失。

(3) 设计图纸不明确，估计修改后工程量要增加的，可以提高单价；而工程内容说明不清楚的，则可降低一些单价，在工程实施阶段通过索赔再寻求提高单价的机会。

(4) 对暂定项目要做具体分析。因这一类项目要在开工后由建设单位研究决定是否实施，以及由哪一家承包单位实施。如果工程不分标，则其中肯定要施工的单价可报高些，不一定施工的则应报低些。如果工程分标，该暂定项目也可能由其他承包单位施工时，则不宜报高价，以免抬高总报价。

(5) 单价与包干混合制合同中，招标人要求有些项目采用包干报价时，宜报高价。一是这类项目多半有风险，二是这类项目在完成后可全部按报价结算；对于其余单价项目，则可适当降低报价。

(6) 有时招标文件要求投标人对工程量大的项目提交“综合单价分析表”，投标时可将单价分析表中的人工费及机械设备费报得高一些，而材料费报得低一些。

▌特别提示▌

不平衡报价一定要建立在对工程量仔细核对分析的基础，特别是对于单价报得太低的子目，若这类子目在实施过程中工程量大幅增加，将对承包人造成重大损失。另外，不平衡报价一定要控制在合理幅度内(一般可在10%左右)，以免引起招标人反对，甚至导致废标。如果不注意这一点，有时招标人会挑选出过高的项目，要求投标人进行单价分析，并围绕单价分析中过高的内容压价，以致投标人得不偿失。

2. 多方案报价法

多方案报价法是指在投标文件中报两个价：一个是按招标文件的条件报一个价；另一个是加注解的报价，即如果某条款做某些改动，报价可降低多少。这样，可降低总报价，吸引招标人。

多方案报价法适用于招标文件中工程范围不很明确，条款不很清楚或不很公正，技术规范要求过于苛刻的工程。采用多方案报价法，可降低投标风险，但投标工作量较大。

特别提示

多方案报价并不是多报价，如果不按招标文件要求编制一个报价，并申明其为有效报价，其投标文件将被作为废标处理。

3. 保本竞标法

保本竞标法，又称无利润报价法。这是一种对于缺乏竞争优势的承包单位，在不得已时可采用根本不考虑利润的报价方法，以获得中标机会。该法通常在下列情形时采用。

(1) 有可能在中标后，将大部分工程分包给索价较低的一些分包商。

(2) 对于分期建设的工程项目，先以低价获得首期工程，而后赢得机会创造第二期工程中的竞争优势，并在以后的工程实施中获得盈利。

(3) 较长时期内，承包人没有在建工程项目，如果再不中标，就难以维持生存。因此，虽然本工程无利可图，但只要能有一定的管理费维持公司的日常运转，就可设法暂时渡过难关，以图将来东山再起。

4. 突然降价法

突然降价法是指先按一般情况报价或表现出自己对该工程兴趣不大，等快到投标截止时，再突然降价。采用突然降价法，可以迷惑对手，提高中标概率。但对投标单位的分析判断和决策能力要求很高，要求投标单位能全面掌握和分析信息，作出正确判断。

特别提示

采用突然降价法时，一定要在准备投标报价的过程中考虑好降价的幅度，在临近投标截止日期前，根据情报信息与分析判断，再做最后决策。

如果采用突然降价法中标，因为开标只降总价，在签订合同后可采用不平衡报价调整工程量表内的各项单价或价格，以期取得更高的效益。

5. 其他报价技巧

1) 计日工单价的报价

如果是单纯报计日工单价，且不计入总报价中，则可报高些，以便在建设单位额外用工或使用施工机械时多盈利；如果计日工单价要计入总报价时，则需具体分析是否报高价，以免抬高总报价。总之，要分析建设单位在开工后可能使用的计日工数量，再来确定报价策略。

2) 暂定金额的报价

暂定金额的报价有以下三种情形。

(1) 招标单位规定了暂定金额的分项内容和暂定总价款，并规定所有投标单位都必须在总报价中加入这笔固定金额，但由于分项工程量不很准确，允许将来按投标单位所报价和实际完成的工程量付款。这种情况下，由于暂定总价款是固定的，对各投标单位的总报价水平竞争力没有任何影响，因此投标时应适当提高暂定金额的单价。

(2) 招标单位列出了暂定金额的项目和数量，但并没有限制这些工程量的估算总价，要求投标单位既列出单价，也应按暂定项目的数量计算总价，将来结算付款时可按实际完成的工程量和所报单价支付。这种情况下，投标单位必须慎重考虑。如果单价定得高，与其他工程量计价一样，将会提高总报价，影响投标报价的竞争力；如果单价定得低，将来这类工程量增大，会影响收益。一般来说，这类工程量可以采用正常价格。如果投标单位估计今后实际工程量肯定会增大，则可适当提高单价，以便在将来增加额外收益。

(3) 只有暂定金额的一笔固定总金额，将来这笔金额做什么用，由招标单位确定。这种情况对投标竞争没有实际意义，按招标文件要求将规定的暂定金额列入总报价即可。

3) 可供选择项目的报价

有些工程项目的分项工程，招标单位可能要求按某一方案报价，而后再提供几种可供选择方案的比较报价。投标时，应对不同规格情况下的价格进行调查，对于将来有可能被选择使用的价格应适当提高其报价；对于技术难度大或其他原因导致的难以实现的规格，可将价格有意抬高得更多一些，以阻挠招标单位选用。但是，所谓“可供选择项目”，是招标单位进行选择，并非由投标单位任意选择。因此，虽然适当提高可供选择项目的报价，并不意味着肯定可以取得较好的利润，只是提供了一种可能性，一旦招标单位今后选用，投标单位才可得到额外利益。

4) 增加建议方案

招标文件中有时规定，可提一个建议方案，即可以修改原设计方案，提出投标单位的方案。这时，投标单位应抓住机会，组织一批有经验的设计和施工工程师，仔细研究招标文件中的设计和施工方案，提出更为合理的方案以吸引建设单位，促成自己的方案中标。这种新建议方案可以降低总造价或缩短工期，或使工程实施方案更为合理。但要注意，对原招标方案一定也要报价。建议方案不要写得太具体，要保留方案的技术关键，防止招标单位将此方案交给其他投标单位。同时要强调的是，建议方案一定要比较成熟，且具有较强的可操作性。

特别提示

多方案报价法和增加建议方案法的异同如下。

它们的关键区别：多方案报价法为修改合同条款的报价方法；增加建议方案法为修改设计图纸的报价方法。

它们的相同之处：两者变动前后都要报价；采用这两种报价方法都要有招标文件的许可。

5) 采用分包商的报价

总承包人通常应在投标前先取得分包商的报价，并增加总承包人摊入的管理费，将其作为自己投标总价的一个组成部分一并列入报价单中。应当注意，分包商在投标前可能同意接受总承包人压低其报价的要求，但等总承包人中标后，他们常以种种理由要求提高分包价格，这将使总承包人处于十分被动的地位。为此，总承包人应在投标前找几家分包商分别报价，然后选择其中一家信誉较好、实力强和报价合理的分包商签订协议，同意该分包商作为分包工程的唯一合作者，并将分包商的姓名列到投标文件中，但要求该分包商相应地提交投标保函。如果该分包商认为总承包人确实有可能中标，也许愿意接受这一条件。这种将分包商的利益与投标单位捆在一起的做法，不但可以防止分包商事后反悔和涨价，还可能迫使分包商报出较合理的价格，以便共同争取中标。

6) 许诺优惠条件

投标报价中附带优惠条件是一种行之有效的手段。招标单位在评标时，除了主要考虑报价和技术方案外，还要分析其他条件，如工期、支付条件等。因此，在投标时主动提出提前竣工、低息贷款、赠给施工设备、免费转让新技术或某种技术专利、免费技术协作、代为培训人员等，均是吸引招标单位并利于中标的辅助手段。

【案例分析5-4】

某办公楼施工招标文件的合同条款中规定：预付款数额为合同价的30%，开工后3天内支付，上部结构完成一半时一次性全额扣回，工程款按季度支付。某承包人对该项目投标时考虑到该工程虽有预付款，但平时工程款按季度支付不利于资金周转，决定除按招标文件的要求报价外，还建议发包人将支付条件改为：预付款为合同价的5%，工程进度款按月支付，其余条款不变。

问：你认为该承包人运用了哪一种报价技巧？运用是否得当？

【解析】

该承包人运用的报价技巧就是多方案报价法，该方法在这里运用得很恰当，因为承包人的报价既适用于原付款条件，也适用于建议的付款条件。

【案例分析5-5】

某投标人通过资格预审后，对招标文件进行了仔细分析，发现招标人所提出的工期要求过于苛刻，且合同条款中规定每拖延1天逾期违约金为合同价的1‰。若要保证实现该工期要求，必须采取特殊措施，从而大大增加成本；还发现原设计结构方案采用框架剪力墙体系过于保守。因此，该投标人在投标文件中说明招标人的工期要求难以实现，因而按自己认为的合理工期(比招标人要求的工期增加6个月)编制施工进度计划并据此报价；还建议将框架剪力墙体系改为框架体系，并对这两种结构体系进行了技术经济分析和比较，证明框架体系不仅能保证工程结构的可靠性和安全性、增加使用面积、提高空间利用的灵活性，而且可降低造价约3%，并按照框架剪力墙体系和框架体系分别报价。

该投标人将技术标和商务标分别封装，在封口处加盖本单位公章和项目经理签字后，在投标截止日期前1天上午将投标文件报送招标人。次日(即投标截止日当天)下午，在规定的开标时间前1小时，该投标人又递交了一份补充材料，其中声明将原报价降低4%。但是，招标人的有关工作人员认为，根据国际上“一标一投”的惯例，一个投标人不得递交两份投标文件，因而拒收该投标人的补充材料。

问：该投标人运用了哪几种报价技巧？其运用是否得当？请逐一加以说明。

【解析】

该投标人运用了三种报价技巧，即多方案报价法、增加建议方案法和突然降价法。

(1) 多方案报价法运用不当，因为运用该报价技巧时，必须对原方案(本案例指招标人的工期要求)报价，而该投标人在投标时仅说明了该工期要求难以实现，并未报出相应的投标价。

(2) 增加建议方案法运用得当，通过对框架剪力墙体系和框架体系方案的技术经济分析和比较，论证了建议方案(框架体系)的技术可行性和经济合理性，对招标人有很强的说服力，并且其对两个结构体系分别报价，具有一定的科学性。

(3) 突然降价法也运用得当，原投标文件的递交时间比规定的投标截止时间仅提前1天多，这既符合常理，又为竞争对手调整、确定最终报价留有一定的时间，起到了迷惑竞争对手的作用。若提前时间太多，会引起竞争对手的怀疑，而在开标前1小时突然递交一份补充文件，这时竞争对手已不可能再调整报价了。

5.4 建设工程投标报价的编制

【导入】

甲方通过招标与乙方签订施工合同，甲方提供的工程量清单中，乙方没有报屋面防水工程单价，但把屋面防水费用列入了总报价，在评标时没有被发现。请问：该屋面防水费用能否得到支付？

投标报价是在工程招标发包过程中，由投标人按照招标文件的要求，根据工程特点，并结合自身的施工技术、装备和管理水平，依据有关计价规定自主确定的工程造价，是投标人希望达成工程承包交易的期望价格，它不能高于招标人定的招标控制价。作为投标计算的必要条件，应预先确定施工方案和施工进度，此外投标计算还必须与采用的合同形式相协调。

5.4.1 投标报价编制的原则与依据

1. 投标报价的编制原则

报价是投标的关键性工作，报价是否合理不仅直接关系到投标的成败，还关系到中标后企业的盈亏。投标报价的编制原则如下。

1) 自主报价原则

投标报价由投标人自主确定，但必须执行《建设工程工程量清单计价规范》(GB 50500—2013)的强制性规定。投标价应由投标人或受其委托的具有相应资质的工程造价咨询人员编制。

2) 不低于成本原则

《招标投标法》第四十一条规定："中标人的投标应当符合下列条件之一……(二)能够满足招标文件的实质性要求，并且经评审的投标价格最低；但是投标价格低于成本的除外。"《评标委员会和评标方法暂行规定》(七部委令第12号)第二十一条规定："在评标过程中，评标委员会发现投标人的报价明显低于其他投标报价或者在设有标底时明显低于标底，使得其投标报价可能低于其个别成本的，应当要求该投标人作出书面说明并提供相关证明材料。投标人不能合理说明或者不能提供相关证明材料的，由评标委员会认定该投标人以低于成本报价竞标，应当否决其投标"。根据上述法律、规章的规定，特别要求投标人的投标报价不得低于工程成本。

特别提示

为深化招投标领域"放管服"改革，优化营商环境，着力完善招投标基本制度，助力经济高质量发展，国家发展改革委于2019年12月3日发布了关于《中华人民共和国招标投标法(修订草案公开征求意见稿)》公开征求意见的公告。修订草案中对《招标投标法》中原四十一条作了如下修订：

<table>
<tr><th>现行规定</th><th>拟修订规定
(黑体内容为拟新增内容，方框内容为删除内容)</th></tr>
<tr><td>第四十一条 中标人的投标应当符合下列条件之一：
（一）能够最大限度地满足招标文件中规定的各项综合评价标准；
（二）能够满足招标文件的实质性要求，并且经评审的投标价格最低；但是投标价格低于成本的除外。</td><td>第四十一六条 中标人的投标应当符合下列条件之一招标人应当按照招标项目实际需求和技术特点，从以下方法中选择确定评标方法：
（一）综合评估法，即确定投标文件能够最大限度地满足招标文件中规定的各项综合评价标准的投标人为中标候选人的评标方法；
（二）经评审的最低投标价法，即确定投标文件能够满足招标文件的实质性要求，并且经评审的投标价格最低的投标人为中标人候选人的评标方法；但是投标价格低于成本为可能影响合同履行的异常低价的除外。；
（三）法律、行政法规、部门规章规定的其他评标方法。
经评审的最低投标价法仅适用于具有通用的技术、性能标准或者招标人对其技术、性能没有特殊要求的项目。
国家鼓励招标人将全生命周期成本纳入价格评审因素，并在同等条件下优先选择全生命周期内能源资源消耗最低、环境影响最小的投标。</td></tr>
</table>

3) 风险分担原则

投标报价要以招标文件中设定的发承包双方责任划分，作为考虑投标报价费用项目和费用计算的基础，发承包双方的责任划分不同，会导致合同风险不同的分摊，从而导致投标人选择不同的报价；根据工程发承包模式考虑投标报价的费用内容和计算深度。

4) 发挥自身优势原则

以施工方案、技术措施等作为投标报价计算的基本条件；以反映企业技术和管理水平的企业定额作为计算人工、材料和机具台班消耗量的基本依据；充分利用现场考察、调研成果、市场价格信息和行情资料，编制基础标价。

5) 科学严谨原则

报价计算方法要科学严谨，简明适用。

2. 投标报价的编制依据

《建设工程工程量清单计价规范》(GB 50500—2013)规定，投标报价应根据下列依据编制：

(1)《建设工程工程量清单计价规范》(GB 50500—2013)与专业工程量计算规范；

(2) 企业定额；

(3) 国家或省级、行业建设主管部门颁发的计价依据、标准和办法；

(4) 招标文件、招标工程量清单及其补充通知、答疑纪要；

(5) 建设工程设计文件及相关资料；

(6) 施工现场情况、工程特点及投标时拟定的施工组织设计或施工方案；

(7) 与建设项目相关的标准、规范等技术资料；

(8) 市场价格信息或工程造价管理机构发布的工程造价信息；

(9) 其他相关资料。

5.4.2 投标报价的编制方法和内容

投标报价的编制过程，应首先根据招标人提供的工程量清单编制分部分项工程和措施项目清单与计价表，其他项目清单与计价汇总表。规费、税金项目计价表，计算完毕之后，汇总得到单位工程投标报价汇总表，再层层汇总，分别得出单项工程投标报价汇总表和工程项目投标总价汇总表，投标总价的组成如图5-2所示。在编制过程中，投标人应按招标人提供的工程量清单填报价格。填写的项目编码、项目名称、项目特征、计量单位、工程量必须与招标人提供的一致。

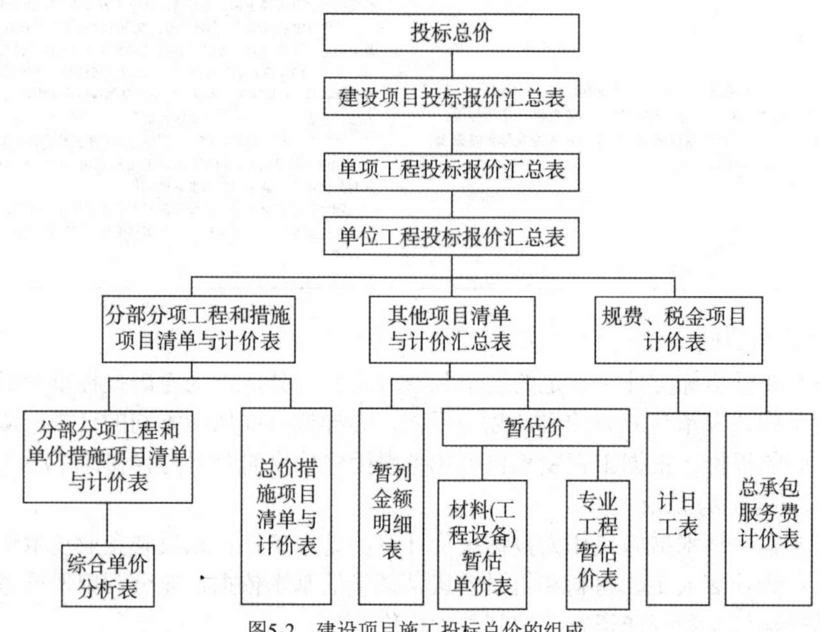

图5-2　建设项目施工投标总价的组成

1. 分部分项工程和措施项目清单与计价表的编制

1) 分部分项工程和单价措施项目清单与计价表的编制

承包人投标价中的分部分项工程费和以单价计算的措施项目费应按招标文件中分部分项工程和单价措施项目清单与计价表的特征描述确定综合单价计算。因此，确定综合单价是分部分项工程和单价措施项目清单与计价表编制过程中最主要的内容。综合单价包括完成一个规定清单项目所需的人工费材料和工程设备费、施工机具使用费、企业管理费、利润，并考虑风险费用的分摊。

综合单价=人工费+材料和工程设备费+施工机具使用费+企业管理费+利润+风险

(式 5-1)

特别提示

确定综合单价时应注意以下事项。

(1) 以项目特征描述为依据。项目特征是确定综合单价的重要依据之一，投标人投标报价时应依据招标文件中清单项目的特征描述确定综合单价。在招标投标过程中，当出现招标工程量清单特征描述与设计图纸不符时，投标人应以招标工程量清单的项目特征描述为准，确定投标报价的综合单价。当施工中施工图纸或设计变更与招标工程量清单项目特征描述不一致时，发承包双方应按实际施工的项目特征，依据合同约定重新确定综合单价。

(2) 材料、工程设备暂估价的处理。招标文件中在其他项目清单中提供了暂估单价的材料和工程设备，应按其暂估的单价计入清单项目的综合单价中。

(3) 考虑合理的风险。招标文件中要求投标人承担的风险费用，投标人应考虑进入综合单价。在施工过程中，当出现的风险内容及其范围(幅度)在招标文件规定的范围(幅度)内时，综合单价不得变动，合同价款不做调整。

根据国际惯例并结合我国工程建设的特点，发承包双方对工程施工阶段的风险宜采用如下分摊原则。

(1) 对于主要由市场价格波动导致的价格风险，如工程造价中的建筑材料、燃料等价格风险，发承包双方应当在招标文件中或在合同中对此类风险的范围和幅度予以明确约定，进行合理分摊。根据工程特点和工期要求，一般采取的方式是承包人承担5%以内的材料、工程设备价格风险，10 %以内的施工机具使用费风险。

(2) 对于法律、法规、规章或有关政策出台导致工程税金、规费、人工费发生变化，并由省级、行业建设行政主管部门或其授权的工程造价管理机构根据上述变化发布的政策性调整，以及由政府定价或政府指导价管理的原材料等价格进行了调整，承包人不应承担此类风险，应按照有关调整规定执行。

(3) 对于承包人根据自身技术水平、管理、经营状况能够自主控制的风险，如承包人的管理费、利润的风险，承包人应结合市场情况，根据企业自身的实际合理确定、自主报价，该部分风险由承包人全部承担。

2) 综合单价确定的步骤和方法

当分部分项工程内容比较简单，由单一计价子项计价，且《建设工程工程量清单计价规范》(GB 50500—2013)与所用企业定额中的工程量计算规则相同时，综合单价的确定只需用相应企业定额子目中的人材机费做基数计算管理费、利润，再考虑相应的风险费用即可；当工程量清单给出的分部分项工程与所用企业定额的单位不同或工程量计算规则不同，则需要按企业定额的计算规则重新计算工程量，并按照下列步骤来确定综合单价。

(1) 确定计算基础。计算基础主要包括消耗量指标和生产要素单价，应根据本企业的实际消耗量水平，并结合拟定的施工方案确定完成清单项目需要消耗的各种人工、材料、机械台班的数量。计算时应采用企业定额，在没有企业定额或企业定额缺项时，可参照与本企业实际水平相近的国家、地区、行业定额，并通过调整来确定清单项目的人、材、机单位用量。各种人工、材料、施工机具台班的单价，则应根据询价的结果和市场行情综合确定。

(2) 分析每一清单项目的工程内容。在招标工程量清单中，招标人已对项目特征进行了准确、详细描述，投标人根据这一描述，再结合施工现场情况和拟定的施工方案确定完成各清单项目实际应发生的工程内容。必要时可参照《建设工程工程量清单计价规范》(GB 50500—2013)中提供的工程内容，有些特殊的工程也可能出现规范列表之外的工程内容。

(3) 计算工程内容的工程数量与清单单位的含量。每项工程内容都应根据所选定额的工程量计算规则计算其工程数量，当企业定额的工程量计算规则与清单的工程量计算规则相一致时，可直接以工程量清单中的工程量作为工程内容的工程数量。

当采用清单单位含量计算人工费、材料费、施工机具使用费时，还需要计算每一计量单位的清单项目所分摊的工程内容的工程数量，即清单单位含量。

$$\text{清单单位含量}=\frac{\text{某工程内容的定额工程量}}{\text{清单工程量}} \qquad (\text{式 }5\text{-}2)$$

(4) 分部分项工程人工、材料、施工机具使用费的计算。以完成每一计量单位的清单项目所需的人工、材料、机械台班用量为基础计算，即：

$$\frac{\text{每一计量单位清单项目}}{\text{某种资源的使用量}}=\frac{\text{该种资源的}}{\text{企业定额单位用量}}\times\frac{\text{相应企业定额条目}}{\text{清单单位含量}} \quad (\text{式 5-3})$$

再根据预先确定的各种生产要素的单价，计算出每一计量单位清单项目的分部分项工程的人工费、材料费与施工机具使用费。

$$\text{人工费}=\frac{\text{完成单位清单项目}}{\text{所需人工的工日数量}}\times\text{人工工日单价} \quad (\text{式 5-4})$$

$$\text{材料费}=\Sigma\frac{\text{完成单位清单项目所需}}{\text{各材料、半成品的数量}}\times\text{各种材料、半成品单价} \quad (\text{式 5-5})$$

$$\text{施工机具使用费}=\Sigma\frac{\text{完成单位清单项所需}}{\text{各种机械的台班数量}}\times\text{各种机械的台班价格}+\text{仪器表使用费} \quad (\text{式 5-6})$$

当招标人提供的其他项目清单中列示了材料暂估价时，应根据招标人提供的价格计算材料费，并在分部分项工程和单价措施项目清单与计价表中表现出来。

(5) 计算综合单价。企业管理费和利润的计算可按照规定的取费基数以及一定的费率取费计算，若以人工费与施工机具使用费之和为取费基数，则：

$$\text{企业管理费}=(\text{人工费}+\text{施工机具使用费})\times\text{企业管理费费率}$$

$$\text{利润}=(\text{人工费}+\text{施工机具使用费})\times\text{利润} \quad (\text{式 5-7})$$

将上述5项费用汇总，并考虑合理的风险费用后，即可得到清单综合单价。根据计算出的综合单价，可编制分部分项工程和单价措施项目清单与计价表，如表5-1所示。

表5-1　分部分项工程和单价措施项目清单与计价表(投标报价)

工程名称：××中学教学楼工程　　　　标段：　　　　第　页　共　页

序号	项目编码	项目名称	项目特征描述	计量单位	工程量	金额(元)		
						综合单价	合价	其中：暂估价
		……						
		0105 混凝土及钢筋混凝土工程						
6	010503001001	基础梁	C30 预拌混凝土	m^3	208	356.14	74 077	
7	010515001001	现浇构件钢筋	螺纹钢 Q235，φ14	t	200	4 787.16	957 432	800 000
		……						
		分部小计					2 432 419	80 000
		……						
		0117 措施项目						
16	011701001001	综合脚手架	砖混、檐高 22m	m^2	10 940	19.80	216 612	
		……						
		分部小计					738 257	
合计							63 18 410	800 000

3) 工程量清单综合单价分析表的编制

为表明综合单价的合理性，投标人应对其进行单价分析，以作为评标时的判断依据。综合单价分析表的编制应反映上述综合单价的编制过程，并按照规定的格式进行，如表5-2所示。

表5-2　工程量清单综合单价分析表

项目编码	010515001001			项目名称		现浇构件钢筋		计量单位	t	工程量	200
清单综合单价组成明细											
企业定额编号	企业定额名称	企业定额单位	数量	单价(元)				合价(元)			
				人工费	材料费	机具费	管理费和利润	人工费	材料费	机具费	管理费和利润
AD0899	现浇构件钢筋制安	t	1.07	275.47	4 044.58	58.34	95.60	294.75	4 327.70	62.42	102.29
人工单价				小计				294.75	4 327.70	62.42	102.29
80 元/工日				未计价材料费				—			
清单项目综合单价								4 787.16			
材料费明细	主要材料名称、规格、型号		单位		数量			单价(元)	合价(元)	暂估单价(元)	暂估合价(元)
	螺纹钢 Q235，φ14		t		1.07			—	—	4 000.00	4 280.00
	焊条		kg		8.64			4.00	34.56	—	—
	其他材料费							—	13.14	—	—
	材料费小计							—	47.70	—	4 280.00

工程名称：××中学教学楼工程　　　　标段：　　　　第　页　共　页

2. 总价措施项目清单与计价表的编制

对于不能精确计量的措施项目，应编制总价措施项目清单与计价表。投标人对措施项目中的总价项目投标报价应遵循以下原则：

(1) 措施项目的内容应依据招标人提供的措施项目清单和投标人投标时拟订的施工组织设计或施工方案确定；

(2) 措施项目费由投标人自主确定，但其中安全文明施工费必须按照国家或省级、行业建设主管部门的规定计价，不得作为竞争性费用。招标人不得要求投标人对该项费用进行优惠，投标人也不得将该项费用参与市场竞争。

投标报价时总价措施项目清单与计价表的编制，如表5-3所示。

表5-3　总价措施项目清单与计价表

工程名称：××中学教学楼工程　　　　标段：　　　　第　页　共　页

序号	项目编码	项目名称	计算基础	费率(%)	金额(元)	调整后费率(%)	调整后金额(元)	备注
1	011707001001	安全文明施工费	人工费	25	209 650			
2	011707002001	夜间施工增加费	人工费	1.5	12 579			

(续表)

序号	项目编码	项目名称	计算基础	费率(%)	金额(元)	调整后费率(%)	调整后金额(元)	备注
3	011707004001	二次搬运费	人工费	1	8 386			
4	011707005001	冬雨季施工增加费	人工费	0.6	5 032			
5	011707007001	已完工程及设备保护费			6 000			
		……						
合计					241 647			

3. 其他项目清单与计价汇总表的编制

其他项目费主要由暂列金额、暂估价、计日工及总承包服务费组成，如表5-4所示。

表5-4　其他项目清单与计价汇总表

工程名称：××中学教学楼工程　　　　标段：　　　　第　页　共　页

序号	项目名称	金额(元)	结算金额(元)	备注
1	暂列金额	350 000		明细详见表4.2.5
2	暂估价	200 000		
2.1	材料(工程设备)暂估价／结算价			明细详见表4.2.6
2.2	专业工程暂估价／结算价	200 000		明细详见表4.2.7
3	计日工	26 528		明细详见表4.2.8
4	总承包服务费	20 760		明细详见表4.2.9
	……			
合计		597 288		

投标人对其他项目投标报价时应遵循以下原则。

(1) 暂列金额应按照招标人提供的其他项目清单中列出的金额填写，不得变动，如表5-5所示。

表5-5　暂列金额明细表

序号	项目名称	计量单位	暂定金额(元)	备注
1	自行车棚工程	项	100 000	正在设计图纸
2	工程量偏差和设计变更	项	100 000	
3	政策性调整和材料价格波动	项	100 000	
4	其他	项	50 000	
	……			
合计			350 000	

工程名称：××中学教学楼工程　　　　标段：　　　　第　页　共　页

(2) 暂估价不得变动和更改。暂估价中的材料、工程设备暂估单价必须按照招标人提供的暂估单价计入清单项目的综合单价，如表5-6所示。专业工程暂估价必须按照招标人提供的其他项目清单中列出的金额填写，如表5-7所示。材料、工程设备暂估单价和专业工程暂估价均由招标人提供，为暂估价格，在工程实施过程中，对于不同类型的材料与专业工程采用不同的计价方法。

表5-6　材料(工程设备)暂估单价表

工程名称：××中学教学楼工程　　　　标段：　　　　第　页　共　页

序号	材料(工程设备)名称、规格、型号	计量单位	数量		暂估(元)		确认(元)		差额±(元)		备注
			暂估	确认	单价	合价	单价	合价	单价	合价	
1	钢筋(规格见施工图)	t	200		4 000	800 000					用于现浇钢筋混凝土项目
2	低压开关柜(CGD190380/220V)	台	1		45 000	45 000					用于低压开关柜安装项目
	……										
合计						845 000					

表5-7　专业工程暂估价表

工程名称：××中学教学楼工程　　　　标段：　　　　第　页　共　页

序号	工程名称	工程内容	暂估金额(元)	结算金额(元)	差额±(元)	备注
1	消防工程	合同图纸中标明的及消防工程规范和技术说明中规定的各系统中的设备、管道、阀门、线缆等的供应、安装和调试工作	200 000			
	……					
合计			200 000			

(3) 计日工应按照招标人提供的其他项目清单列出的项目和估算的数量，自主确定各项综合单价并计算费用，如表5-8所示。

表5-8　计日工表

工程名称：××中学教学楼工程　　　　标段：　　　　第　页　共　页

编号	项目名称	单位	暂定数量	实际数量	综合单价(元)	合价(元)	
						暂定	实际
一	人工						
1	普工	工日	100		80	8 000	
2	技工	工日	60		110	6 600	
	……						
人工小计						14 600	

(续表)

编号	项目名称	单位	暂定数量	实际数量	综合单价(元)	合价(元)	
						暂定	实际
二	材料						
1	钢筋(规格见施工图)	t	1		4 000	4 000	
2	水泥 42.5	t	2		600	1 200	
3	中砂	m^2	10		80	800	
4	砾石(5～40mm)	m^3	5		42	210	
5	页岩砖(240mm×115mm×53mm)	千匹	1		300	300	
	……						
材料小计						6 510	
三	施工机具						
1	自升式塔吊起重机	台班	5		550	2 750	
2	灰浆搅拌机(400L)	台班	2		20	40	
	……						
施工机具小计						2 790	
四	企业管理费和利润(按人工费 18%计)					2 628	
总计						26 528	

(4) 总承包服务费应根据招标人在招标文件中列出的分包专业工程内容和供应材料、设备情况，按照招标人提出的协调、配合与服务要求和施工现场管理需要自主确定，如表5-9所示。

表5-9　总承包服务费计价表

工程名称：××中学教学楼工程　　标段：　　第　页　共　页

序号	项目名称	项目价值(元)	服务内容	计算基础	费率(%)	金额(元)
1	发包人发包专业工程	200 000	1. 按专业工程承包人的要求提供施工工作面并对施工现场进行统一管理，对竣工资料进行统一整理汇总。 2. 为专业工程承包人提供垂直运输机械和焊接电源接入点，并承担垂直运输费和电费	项目价值	7	14 000
2	发包人提供材料	845 000	对发包人供应的材料进行验收、保管及使用发放	项目价值	0.8	6 760
	……					
合计						20 760

4. 规费、税金项目计价表的编制

规费和税金应按国家或省级、行业建设主管部门的规定计算，不得作为竞争性费用。这是由于规费和税金的计取标准是依据有关法律、法规和政策规定制定的，具有强制性。因此，投标人在投标报价时必须按照国家或省级、行业建设主管部门的有关规定计算规费和税金。规费、税金项目计价表的编制，如表5-10所示。

表5-10 规费、税金项目计价表

工程名称：××中学教学楼工程　　　　　标段：　　　　　　　　　第　页　共　页

序号	项目名称	计算基础	计算基数	费率(%)	金额(元)
1	规费				239 001
1.1	社会保险费				188 685
(1)	养老保险费	人工费		14	117 404
(2)	失业保险费	人工费		2	16 772
(3)	医疗保险费	人工费		6	50 316
(4)	工伤保险费	人工费		0.25	2 096.5
(5)	生育保险费	人工费		0.25	2 096.5
1.2	住房公积金	人工费		6	50 316
2	税金	人工费＋材料费＋施工机具使用费＋企业管理费＋利润＋规费		9	710 330
合计					949 331

5. 投标报价的汇总

投标人的投标总价应当与组成工程量清单的分部分项工程费、措施项目费、其他项目费和规费、税金的合计金额相一致，即投标人在进行工程量清单招标的投标报价时，不能进行投标总价优惠(或降价、让利)，投标人对投标报价的任何优惠(或降价、让利)均应反映在相应清单项目的综合单价中。投标人某单位工程投标报价汇总表，如表5-11所示。

表5-11 单位工程投标报价汇总表

工程名称：××保障房一期住宅工程　　　　　标段：　　　　　　　第　页　共　页

序号	汇总内容	金额(元)	其中：暂估价(元)
1	分部分项工程	6 318 410	845 000
	……		
0105	混凝土及钢筋混凝土工程	2 432 419	800 000
	……		
2	措施项目	738 257	
2.1	其中：安全文明施工费	209 650	
3	其他项目	597 288	
3.1	其中：暂列金额	350 000	
3.2	其中：专业工程暂估价	200 000	
3.3	其中：计日工	26 528	
3.4	其中：总承包服务费	20 760	
4	规费	239 001	
5	税金	710 330	
投标报价合计(=1+2+3+4+5)		8 603 286	845 000

特别提示

投标报价范围为投标人在投标文件中提出的满足招标文件各项要求的金额总和。这个总金额应包括按投标须知所列在规定工期内完成的全部项目。投标人应按工程量清单中列出的所有工程项目和数量填报单价和合价，每一项目只允许有一个报价，招标人不接受有选择的报价。工程量清单中投标人没有填入单价或合价的子目，其费用视为已分摊在工程量清单中其他相关子目的单价或合价中。

5.5 建设工程投标文件

【导入】

某建筑工程的招标文件中标明，距离施工现场1千米处存在一个天然砂场，并且该砂可以免费采取。但由于承包人没有仔细了解天然砂场中天然砂的具体情况，在工程施工中准备使用该砂时，工程师认为该砂级别不符合工程施工要求而不允许在施工中使用，于是承包人只得自己另行购买符合要求的砂。承包人以招标文件中标明现场有砂而投标报价中没有考虑为理由，要求发包人补偿现在必须购买砂的差价，工程师不同意承包人的补偿要求。请问：工程师不同意承包人的补偿要求是否合法？

5.5.1 建设工程投标文件的组成

投标人应当按照招标文件的要求编制投标文件。投标文件应当包括下列内容：

(1) 投标函及投标函附录；

(2) 法定代表人身份证明或附有法定代表人身份证明的授权委托书；

(3) 联合体协议书(如工程允许采用联合体投标)；

(4) 投标保证金；

(5) 已标价工程量清单；

(6) 施工组织设计；

(7) 项目管理机构；

(8) 拟分包项目情况表；

(9) 资格审查资料；

(10) 投标人须知前附表规定的其他材料。

特别提示

投标人须知前附表规定不接受联合体投标的，或投标人没有组成联合体的，投标文件中不包括联合体协议书。

5.5.2 建设工程投标文件的编制要求

(1) 投标文件应按“投标文件格式”进行编写，如有必要，可以增加附页，作为投标文件的组成部分。其中，投标函附录在满足招标文件实质性要求的基础上，可以提出比招标文件要求更能吸引招标人的承诺。

(2) 投标文件应当对招标文件有关工期、投标有效期、质量要求、技术标准和要求、招标范围等实质性内容作出响应。

(3) 投标文件应由投标人的法定代表人或其委托代理人签字和单位盖章。委托代理人签字的，投标文件应附法定代表人签署的授权委托书。投标文件应尽量避免涂改、行间插字或删除。如果出现上述情况，改动之处应加盖单位章或由投标人的法定代表人或其授权的代理人签字确认。

(4) 投标文件正本一份，副本份数按招标文件有关规定。正本和副本的封面上应清楚地标记“正本”或“副本”的字样。投标文件的正本与副本应分别装订成册，并编制目录。当副本和正本不一致时，以正本为准。

知识链接

施工组织设计的编写

(5) 除招标文件另有规定外，投标人不得递交备选投标方案。允许投标人递交备选投标方案的，只有中标人所递交的备选投标方案方可予以考虑。评标委员会认为中标人的备选投标方案优于其按照招标文件要求编制的投标方案的，招标人可以接受该备选投标方案。

5.5.3　建设工程投标文件的递交、拒收，以及补充、修改与撤回

1. 投标文件的递交

根据《招标投标法》第二十八条规定：“投标人应当在招标文件要求提交投标文件的截止时间前，将投标文件送达投标地点。招标人收到招标文件后，应当签收保存，不得开启。投标人少于三个的，招标人应当依照本法重新招标。在招标文件要求提交投标文件的截止时间后送达的投标文件，招标人应当拒收。”在进行投标文件的递送的过程中还应注意以下问题。

(1) 投标保证金。投标人在递交投标文件的同时，应按规定的金额、担保形式和投标保证金格式递交投标保证金，并作为其投标文件的组成部分。联合体投标的，其投标保证金由牵头人递交，并应符合规定。投标保证金除现金外，可以是银行出具的银行保函、保兑支票、银行汇票或现金支票。投标保证金的数额不得超过招标项目估算价的2%，具体标准可遵照各行业规定。依法必须进行招标的项目的境内投标单位，以现金或者支票形式提交的投标保证金应从其基本账户转出。投标人不按要求提交投标保证金的，其投标文件应被否决。

出现下列情况的，投标保证金将不予返还：①投标人在规定的投标有效期内撤销或修改其投标文件；②中标人在收到中标通知书后，无正当理由拒签合同协议书或未按招标文件规定提交履约担保。

【案例分析5-6】

投标截止日为10月16日8:00，招标人根据招标文件的规定要求所有潜在投标人于10月15日17:00前递交投标报价2%的投标保证金。

问：招标人的做法是否正确？为什么？

【解析】

招标人的做法不正确。理由：招标人在招标文件中要求投标人提交投标保证金的，投标保证金不得超过招标项目估算价的2%。

(2) 投标有效期。投标有效期从投标截止时间起开始计算，主要用作组织评标委员会评标招标人定标、发出中标通知书，以及签订合同等工作，一般考虑以下因素：①组织评标委员会完成评标需要的时间；②确定中标人需要的时间；③签订合同需要的时间。

投标有效期的期限可根据项目特点确定，一般项目投标有效期为60～90天。投标保证金的有效期应与投标有效期保持一致。

出现特殊情况需要延长投标有效期的，招标人以书面形式通知所有投标人延长投标有效期。投标人同意延长的，应相应延长其投标保证金的有效期，但不得要求或被允许修改或撤销其投标文件；投标人拒绝延长的，其投标失效，但投标人有权收回其投标保证金。

(3) 投标文件对拟分包情况的说明。投标人根据招标文件载明的项目实际情况，拟在中标后将中标项目的部分非主体、非关键性工作进行分包的，应当在投标文件中载明。

(4) 投标文件的密封和标识。投标文件的正本与副本应分开包装，加贴封条，并在封套上清楚标记“正本”或 “副本”字样，于封口处加盖投标人单位章。

(5) 费用承担与保密责任。投标人准备和参加投标活动发生的费用自理。参与招标投标活动的各方应对招标文件和投标文件中的商业和技术等秘密保密，违者应对由此造成的后果承担法律责任。

2. 投标文件的拒收

通常情况下，投标文件的递交主要包括指派人员直接送达和邮寄送达两种方式。从投标的严肃性和安全性来讲，直接送达更为适宜。投标人存在下列情形时，招标人有权拒绝接收其投标文件。

1) 未通过资格预审的申请人的投标文件

在采用资格预审的招标项目中，如果申请人没有通过资格预审，视为该申请人的资格条件不满足招标项目的要求，申请人不具备投标人的资格，对其投标文件，招标人有权拒收。

2) 逾期送达的投标文件

投标文件应当按照招标文件要求的时间送达，即在招标文件要求提交投标文件的截止时间前送达。如果招标人在招标文件发出后，由于某种原因需要改变原定的投标截止时间，并已按照《招标投标法》及《招标投标法实施条例》的规定以书面形式通知所有招标文件收受人的，送达投标文件的截止时间应为改变后的截止时间。

投标人送达投标文件的时间已经超过了招标文件所确定的投标截止时间的，招标人应当拒收。这是因为，按照《招标投标法》的规定，开标时间与投标截止时间一致，如果在开标后还允许接收迟到的投标文件，则可能给投标人根据其他已经开标的投标文件的报价修改自己投标报价的行为留下可乘之机，显然有悖于公平、公正原则。

为了避免延误递交投标文件，建议投标人提前做好准备，在投标截止时间前按时递交。招标人也应当充分利用接收投标文件后至投标截止时间前的期间，审核查明投标文件的密封性，并按照招标文件规定的开标顺序整理好投标文件，做好开标的准备，避免将审查活动拖入开标环节。

特别提示

最好在招标文件中确定一个适当的开始接收投标文件的时间。如果规定的开始接收投标文件的时间过早，则增加招标人在投标截止时间前保管投标文件的义务；如果规定的时间过晚，则过于接近投标截止时间，招标人在接收了投标文件后，有可能来不及做好开标准备工作，甚至会延误正常的开标活动。招标人应根据招标项目中投标人的数量和投标文件内容的多少等具体情况，在编制招标文件时自行确定一个适当的时间。

3) 未按要求密封的投标文件

为了避免投标文件的信息泄露，同时，也为了预防投标人栽赃诬陷招标人泄露投标文件的信息，避免招标人的利益遭受侵害，《招标投标法》和《招标投标法实施条例》均明确规定，投标文件应当密封递交。具体的密封条件，由招标文件明确规定。投标文件没有按照招标文件规定的密封要求进行密封的，招标人有权拒绝接收。

4) 投标文件没有送达到指定地点

投标文件应当按照招标文件要求的地点送达，也就是在规定的时间内将投标文件送达招标文件预先确定的投标地点。投标文件没有按照招标文件规定的接收地址送达的，招标人有权拒绝接收。

5) 两阶段招标中，第一阶段没有提交技术建议的潜在投标人的投标文件

根据《招标投标法实施条例》第三十条的规定，分两阶段进行招标的，在第二阶段，招标人向在第一阶段提交技术建议的投标人提供招标文件。因此，第一阶段没有提交技术方案的潜在投标人不具备投标人的资格，招标人也有权拒绝接收其投标文件。

6) 电报、电传、传真及电子邮件形式的投标文件

根据《工程建设项目货物招标投标办法》的规定，招标人不得接受以电报、电传、传真及电子邮件方式提交的投标文件及投标文件的修改文件。该种禁止性的规定，主要适用于工程建设项目货物招标项目中。但是，需要说明的是，通常情况下，电报、电传、传真及电子邮件形式的投标文件，其密封性难以防止投标文件信息内容的泄露，不能够满足招标文件的密封性要求，即使出现在货物招标项目以外的其他种类的招标项目中，招标人也有权拒绝接收。

7) 邀请招标中未收到投标邀请函的潜在投标人递交的投标文件

邀请招标中，由招标人自行确定邀请的对象并向其发出投标邀请函。未收到投标邀请函的潜在投标人递交投标文件的，招标人有权拒绝接收。

特别提示

随着电子商务技术的成熟和发展，目前许多招标项目采用电子化的方式进行投标。电子投标文件与通常的纸质投标文件有着本质的区别，对于电子投标文件的加密、送达时间、送达地点等事宜的确认，应当根据《中华人民共和国电子签名法》和有关法律法规的规定进行。

3. 投标文件的补充、修改与撤回

《招标投标法》第二十九条规定：“投标人在招标文件要求提交投标文件的截止时间前，可以补充、修改或撤回已提交的投标文件，并书面通知招标人。补充、修改的内容为投标文件的组成部分。”

特别提示

补充是指对投标文件中遗漏和不足的部分进行增补。修改是指对投标文件中已有的内容修订。撤回是指收回全部投标文件，或者放弃投标，或者以新的投标文件重新投标。

《招标投标法实施条例》第三十五条规定：“投标人撤回已提交的投标文件，应当在投标截止时间前书面通知招标人。招标人已收取投标保证金的，应当自收到投标人书面

撤回通知之日起5日内退还。投标截止后投标人撤销投标文件的，招标人可以不退还投标保证金。”

5.5.4 联合体投标

联合体，是招标投标活动中一种特殊的投标人形式。《招标投标法》第三十一条规定，两个以上法人或者其他组织可以组成一个联合体，以一个投标人的身份共同投标。联合体投标须遵循以下规定。

(1) 联合体各方均应当具备承担招标项目的相应能力；国家有关规定或者招标文件对投标人资格条件有规定的，联合体各方均应当具备规定的相应资格条件。由同一专业的单位组成的联合体，按照资质等级较低的单位确定资质等级。

特别提示

对于不同专业的联合体各方的资质，由于不存在高低之分，在认定时，以所提供的资质证明为准，将各方的资质作为联合体的资质进行评审。需要注意的是，由于联合体各方内部存在职责分工，在认定时，应当根据联合体各方共同投标协议中的职责分工，对相应专业的联合体各方的资质进行认定。

【案例分析5-7】

某施工招标项目施工单位应同时具备建筑工程总承包二级资质和市政工程总承包二级资质两项资质。该项目接受联合体投标。

评审时，评标委员会发现：有一家投标联合体的两个成员各自只满足其中一项资质要求。

联合体协议中写明，由具备建筑工程施工总承包二级资质的成员负责建筑工程施工，由具备市政工程施工总承包二级资质的成员负责市政工程施工。

问：这种情况该投标联合体是否符合要求？

【解析】

该联合体符合要求。根据《招标投标法》第三十一条规定，“联合体各方均应当具备承担招标项目的相应能力；国家有关规定或者招标文件对投标人资格条件有规定的，联合体各方均应当具备规定的相应资格条件。由同一专业的单位组成的联合体，按照资质等级较低的单位确定资质等级。”其中，关键点在于对“相应能力”和“相应资格条件”的理解，以及与联合体各方具体工作内容的对应。也就是说，联合体各方都具备各自所承担的那部分工作内容的相应资质即可。结合案例背景，本项目投标联合体成员当中的任何一方，都无须同时兼具建筑工程施工总承包二级和市政工程施工总承包二级两项资质，只需具备联合体分工协议中各自承担的那部分工作内容要求的资质即可。本案例投标联合体的资质条件满足该项目招标文件的要求。

(2) 联合体各方应当签订共同投标协议，明确约定各方拟承担的工作和责任，并将共同投标协议连同投标文件一并提交招标人。联合体中标的，联合体各方应当共同与招标人签订合同，就中标项目向招标人承担连带责任。

(3) 招标人不得强制投标人组成联合体共同投标，不得限制投标人之间的竞争。

(4) 招标人以不合理的条件限制或者排斥潜在投标人的，对潜在投标人实行歧视待遇的，强制要求投标人组成联合体共同投标的，或者限制投标人之间竞争的，责令改正，可以处一万元以上五万元以下的罚款。

(5) 招标人应当在资格预审公告、招标公告或投标邀请书中载明是否接受联合体投标。

(6) 招标人接受联合体投标并进行资格预审的，联合体应当在提交资格预审申请文件前组成。资格预审后联合体增减、更换成员的，其投标无效。

(7) 联合体各方签订共同投标协议后，不得再以自己名义单独投标，也不得组成新的联合体或参加其他联合体在同一项目中投标。联合体各方在同一招标项目中以自己名义单独投标或者参加其他联合体投标的，相关投标均无效。

(8) 联合体各方必须指定牵头人，授权其代表所有联合体成员负责投标和合同实施阶段的主办、协调工作，并应当向招标人提交由所有联合体成员法定代表人签署的授权书。

(9) 联合体投标的，应当以联合体各方或者联合体中牵头人的名义提交投标保证金。以联合体中牵头人名义提交的投标保证金，对联合体各成员具有约束力。

特别提示

实践中，有的特大型企业，内部分公司众多，由于内部管理不善，多个分公司分别以该公司的名义与其他公司组成联合体投标，而分公司之间均不知情，结果，产生“投标冲撞”的现象，导致所有涉及的投标人的投标均为无效。因此，存在“投标冲撞”隐患的公司，应该加强内部的信息沟通和管理，通过公章管理、资质文件管理、销售规划管理等方式，充分沟通投标计划信息，避免联合体与其参与方在同一个招标项目中共同投标。

【案例分析5-8】

某项目资格预审后，某联合体成员考虑到该项目的风险较大，决定退出投标。联合体修改协议后重新签订了联合体协议并参加投标。

问：评标委员会该如何处理该联合体的投标?

【解析】

评标委员会应该否决其投标。理由：招标人接受联合体投标并进行资格预审的，联合体应当在提交资格预审申请文件前组成。资格预审后联合体增减、更换成员的，其投标无效。

【案例分析5-9】

某政府投资项目主要分为建筑工程、安装工程和装修工程三部分，项目总投资额为5 000万元，其中，只有暂估价为80万元的设备由招标人采购。

招标文件中，招标人对投标有关时限的规定如下：

(1) 投标截止时间为自招标文件停止出售之日起第16日上午9:00整;

(2) 接受投标文件的最早时间为投标截止时间前72小时;

(3) 若投标人要修改、撤回已提交的投标文件，须在投标截止时间24小时前提出;

(4) 投标有效期从发售招标文件之日开始计算，共90天。

并规定，建筑工程应由具有一级以上资质的企业承包，安装工程和装修工程应由具有二级以上资质的企业承包，招标人鼓励投标人组成联合体投标。

在参加投标的企业中，A、B、C、D、E、F为建筑公司，G、H、J、K为安装公司，L、N、P为装修公司，除了K公司为二级企业外，其余均为一级企业，上述企业分别组成联合体投标，各联合体具体组成如表5-12所示。

表5-12　各联合体的组成

联合体编号	I	II	III	IV	V	VI	VII
联合体组成	A，L	B，C	D，K	E，H	G，N	F，J，P	E，L

在上述联合体中，某联合体协议中约定：若中标，由牵头人与招标人签订合同，然后将该联合体协议送交招标人；联合体所有与业主的联系工作及内部协调工作均由牵头人负责；各成员单位按投入比例分享利润并向招标人承担责任，且须向牵头人支付各自所承担合同额部分1%的管理费。

问：

1. 该项目暂估价为80万元的设备采购是否可以不招标？说明理由。

2. 分别指出招标人对投标有关时限的规定是否正确，说明理由。

3. 根据《招标投标法》的规定，按联合体的编号，判别各联合体的投标是否有效？若无效，说明原因。

4. 指出上述联合体协议内容中的错误之处，说明理由或写出正确做法。

【解析】

问题1:

该设备采购不需要招标，因为该项目虽为政府投资项目，但其单项采购金额不属于必须招标的范围。

问题2:

(1) 投标截止时间的规定正确，因为自招标文件开始出售至停止出售的时间最短不得少于5日，5+16=21>20，故满足自招标文件开始出售至投标截止不得少于20日的规定；

(2) 接受投标文件最早时间的规定正确，因为有关法规对此没有限制性规定；

(3) 修改、撤回投标文件时限的规定不正确，因为在投标截止时间前均可修改、撤回投标文件；

(4) 投标有效期从发售招标文件之日开始计算的规定不正确，投标有效期应从投标截止时间开始计算。

问题3:

(1) 联合体I的投标无效，因为投标人不得参与同一项目下不同的联合体投标(L公司既参加联合体I投标，又参加联合体VII投标)；

(2) 联合体II的投标有效；

(3) 联合体III的投标有效；

(4) 联合体IV的投标无效，因为投标人不得参与同一项目下不同的联合体投标(E公司既参加联合体IV投标，又参加联合体VII投标)；

(5) 联合体V的投标无效，因为缺少建筑公司(或G、N公司分别为安装公司和装修公司)，若其中标，主体结构工程必然要分包，而主体结构工程分包是违法的；

(6) 联合体VI的投标有效；

(7) 联合体VII的投标无效，因为投标人不得参与同一项目下不同的联合体投标(E公司和L公司均参加了两个联合体投标)。

问题4:

(1) 由牵头人与招标人签订合同的做法错误，应由联合体各方共同与招标人签订合同；

(2) 与招标人签订合同后才将联合体协议送交招标人的做法错误，联合体协议应当与投标文件一同提交给招标人；

(3) 各成员单位按投入比例向招标人承担责任的做法错误，联合体各方应就中标项目向招标人承担连带责任。

【思政引导】

根据联合体的资质等级采取就低不就高的原则，引导学生了解木桶效应，认真思考自己的“短板”并尽早补足它，努力提高个人管理能力和团队合作意识。

5.5.5　串通投标

在投标过程中有串通投标行为的，招标人或有关管理机构可以认定该行为无效。

(1) 有下列情形之一的，属于投标人相互串通投标：

① 投标人之间协商投标报价等投标文件的实质性内容；

② 投标人之间约定中标人；

③ 投标人之间约定部分投标人放弃投标或者中标；

④ 属于同一集团、协会、商会等组织成员的投标人按照该组织要求协同投标；

⑤ 投标人之间为谋取中标或者排斥特定投标人而采取的其他联合行动。

(2) 有下列情形之一的，视为投标人相互串通投标：

① 不同投标人的投标文件由同一单位或者个人编制；

② 不同投标人委托同一单位或者个人办理投标事宜；

③ 不同投标人的投标文件载明的项目管理成员为同一人；

④ 不同投标人的投标文件异常一致或者投标报价呈规律性差异；

⑤ 不同投标人的投标文件相互混装；

⑥ 不同投标人的投标保证金从同一单位或者个人的账户转出。

(3) 有下列情形之一的，属于招标人与投标人串通投标：

① 招标人在开标前开启投标文件并将有关信息泄露给其他投标人；

② 招标人直接或者间接向投标人泄露标底、评标委员会成员等信息；

③ 招标人明示或者暗示投标人压低或者抬高投标报价；

④ 招标人授意投标人撤换、修改投标文件；

⑤ 招标人明示或者暗示投标人为特定投标人中标提供方便；

⑥ 招标人与投标人为谋求特定投标人中标而采取的其他串通行为。

5.5.6　弄虚作假

投标人不得以他人名义投标，如使用通过受让或者租借等方式获取的资格、资质证书投标。投标人也不得以其他方式弄虚作假，骗取中标，包括：

(1) 使用伪造、变造的许可证件；

(2) 提供虚假的财务状况或者业绩；

(3) 提供虚假的项目负责人或者主要技术人员简历、劳动关系证明；

(4) 提供虚假的信用状况；

(5) 其他弄虚作假的行为。

5.6 投标文件格式

__________(项目名称)__________标段施工招标

投 标 文 件

投标人：____________________(盖单位章)

法定代表人或其委托代理人：____________(签字)

______年______月______日

目　　录

一、投标函及投标函附录

二、法定代表人身份证明

三、授权委托书

四、联合体协议书

五、投标保证金

六、已标价工程量清单

七、施工组织设计

八、项目管理机构

九、拟分包项目情况表

十、资格审查资料

十一、其他材料

一、投标函及投标函附录

(一) 投标函

________________________(招标人名称)：

1. 我方已仔细研究了__________(项目名称)_____标段施工招标文件的全部内容，愿意以人民币(大写)_________元(¥___________)的投标总报价，工期__________日历天，按合同约定实施和完成承包工程，修补工程中的任何缺陷，工程质量达到___________。

2. 我方承诺在投标有效期内不修改、撤销投标文件。

3. 随同本投标函提交投标保证金一份，金额为人民币(大写)________元(¥______)。

4. 如我方中标：

(1) 我方承诺在收到中标通知书后，在中标通知书规定的期限内与你方签订合同。

(2) 随同本投标函递交的投标函附录属于合同文件的组成部分。

(3) 我方承诺按照招标文件规定向你方递交履约担保。

(4) 我方承诺在合同约定的期限内完成并移交全部合同工程。

5. 我方在此声明，所递交的投标文件及有关资料内容完整、真实和准确，且不存在第二章“投标人须知”第1.4.3项规定的任何一种情形。

6. _______________________________________(其他补充说明)。

投 标 人：______________________(盖单位章)

法定代表人或其委托代理人：__________(签字)

地　　址：____________________________________

网　　址：____________________________________

电　　话：____________________________________

传　　真：____________________________________

邮政编码：____________________________________

________年________月________日

(二) 投标函附录

附录信息

序号	条款名称	合同条款号	约定内容	备注
1	项目经理	1.1.2.4	姓名：__________	
2	工期	1.1.4.3	天数：_______日历天	
3	缺陷责任期	1.1.4.5		
4	分包	4.3.4		
5	价格调整的差额计算	16.1.1	见价格指数权重表	
……	……	……	……	
……	……	……	……	

价格指数权重表

<table>
<tr><th colspan="2" rowspan="2">名　称</th><th colspan="2">基本价格指数</th><th colspan="3">权　　重</th><th rowspan="2">价格指数来源</th></tr>
<tr><th>代号</th><th>指数值</th><th>代号</th><th>允许范围</th><th>投标人建议值</th></tr>
<tr><td colspan="2">定值部分</td><td></td><td></td><td>A</td><td></td><td></td><td></td></tr>
<tr><td rowspan="6">变值部分</td><td>人工费</td><td>F_{01}</td><td></td><td>B_1</td><td>__至__</td><td></td><td></td></tr>
<tr><td>钢材</td><td>F_{02}</td><td></td><td>B_2</td><td>__至__</td><td></td><td></td></tr>
<tr><td>水泥</td><td>F_{03}</td><td></td><td>B_3</td><td>__至__</td><td></td><td></td></tr>
<tr><td>……</td><td>……</td><td></td><td>……</td><td>……</td><td></td><td></td></tr>
<tr><td></td><td></td><td></td><td></td><td></td><td></td><td></td></tr>
<tr><td></td><td></td><td></td><td></td><td></td><td></td><td></td></tr>
<tr><td colspan="6">合　　　计</td><td>1.00</td><td></td></tr>
</table>

二、法定代表人身份证明

投标人名称：______________________

单位性质：________________________

地址：____________________________

成立时间：_________ 年_______ 月_______ 日

经营期限：________________________

姓名：________ 性别：_________ 年龄：________职务：________

系______________________________ (投标人名称)的法定代表人。

特此证明。

投标人：________________(盖单位章)

_______年_______月_______日

三、授权委托书

本人_______(姓名)系_________(投标人名称)的法定代表人，现委托_________(姓名)为我方代理人。代理人根据授权，以我方名义签署、澄清、说明、补正、递交、撤回、修改___________(项目名称)___________标段施工投标文件、签订合同和处理有关事宜，其法律后果由我方承担。

委托期限：_____________。

代理人无转委托权。

附：法定代表人身份证明

投标人：______________________________(盖单位章)

法定代表人：______________________________(签字)

身份证号码：____________________________________

委托代理人：__________________________________(签字)

身份证号码：_____________________________________

___________年______月______日

四、联合体协议书

_______(所有成员单位名称)自愿组成______(联合体名称)联合体，共同参加_____(项目名称)______标段施工投标。现就联合体投标事宜订立如下协议。

1. _______(某成员单位名称)为_____(联合体名称)牵头人。

2. 联合体牵头人合法代表联合体各成员负责本招标项目投标文件编制和合同谈判活动，并代表联合体提交和接收相关的资料、信息及指示，并处理与之有关的一切事务，负责合同实施阶段的主办、组织和协调工作。

3. 联合体将严格按照招标文件的各项要求，递交投标文件，履行合同，并对外承担连带责任。

4. 联合体各成员单位内部的职责分工如下：_________________。

5. 本协议书自签署之日起生效，合同履行完毕后自动失效。

6. 本协议书一式___份，联合体成员和招标人各执一份。

注：本协议书由委托代理人签字的，应附法定代表人签字的授权委托书。

牵头人名称：___________________________________(盖单位章)

法定代表人或其委托代理人：______________________(签字)

成员一名称：___________________________________(盖单位章)

法定代表人或其委托代理人：______________________(签字)

成员二名称：___________________________________(盖单位章)

法定代表人或其委托代理人：______________________(签字)

……

________年________月______日

五、投标保证金

____________(招标人名称)：

鉴于________(投标人名称)(以下称“投标人”)于_____年____月____日参加_________(项目名称)__________标段施工的投标，_________(担保人名称，以下简称“我方”)无条件地、不可撤销地保证：投标人在规定的投标文件有效期内撤销或修改其投标文件的，或者投标人在收到中标通知书后无正当理由拒签合同或拒交规定履约担保的，我方承担保证责任。收到你方书面通知后，在7日内无条件向你方支付人民币(大写)_________元。

本保函在投标有效期内保持有效。要求我方承担保证责任的通知应在投标有效期内送达我方。

担保人名称：______________________________(盖单位章)

法定代表人或其委托代理人：____________________(签字)

地　　址：____________________________________

邮政编码：_________________________

电　　话：____

传　　真：____

________年______月______日

六、已标价工程量清单(略)

七、施工组织设计

1. 投标人编制施工组织设计的要求：编制时应采用文字形式并结合图表说明施工方法、拟投入本标段的主要施工设备情况、拟配备本标段的试验和检测仪器设备情况、劳动力计划等；结合工程特点提出切实可行的工程质量、安全生产、文明施工、工程进度、技术组织措施，同时应对关键工序、复杂环节重点提出相应技术措施，如冬雨季施工技术、减少噪声、降低环境污染、地下管线及其他地上地下设施的保护加固措施等。

2. 施工组织设计除采用文字表述外可附下列图表，图表及格式要求附后。

附表一　拟投入本标段的主要施工设备表

附表二　拟配备本标段的试验和检测仪器设备表

附表三　劳动力计划表

附表四　计划开、竣工日期和施工进度网络图

附表五　施工总平面图

附表六　临时用地表

附表一　拟投入本标段的主要施工设备表

序号	设备名称	型号规格	数量	国别产地	制造年份	额定功率(KW)	生产能力	用于施工部位	备注

附表二：拟配备本标段的试验和检测仪器设备表

序号	仪器设备名称	型号规格	数量	国别产地	制造年份	已使用台时数	用途	备注

附表三：劳动力计划表

单位：人

工种	按工程施工阶段投入劳动力情况						

附表四：计划开、竣工日期和施工进度网络图

1. 投标人应递交施工进度网络图或施工进度表，说明按招标文件要求的计划工期进行施工的各个关键日期。

2. 施工进度表可采用网络图(或横道图)表示。

附表五：施工总平面图

投标人应递交一份施工总平面图，绘出现场临时设施布置图表并附文字说明，说明临时设施、加工车间、现场办公、设备及仓储、供电、供水、卫生、生活、道路、消防等设施的情况和布置。

附表六：临时用地表

用 途	面 积(平方米)	位 置	需用时间

八、项目管理机构

(一) 项目管理机构组成表

职务	姓名	职称	执业或职业资格证明					备注
			证书名称	级别	证号	专业	养老保险	

(二) 主要人员简历表

“主要人员简历表”中的项目经理应附项目经理证、身份证、职称证、学历证、养老保险复印件，管理过的项目业绩须附合同协议书复印件；技术负责人应附身份证、职称证、学历证、养老保险复印件，管理过的项目业绩须附证明其所任技术职务的企业文件或用户证明；其他主要人员应附职称证(执业证或上岗证书)、养老保险复印件。

姓　名		年 龄		学历	
职　称		职 务		拟在本合同任职	
毕业学校	年毕业于　　学校　　专业				
主要工作经历					
时　间	参加过的类似项目		担任职务	发包人及联系电话	

九、拟分包项目情况表

分包人名称		地 址	
法定代表人		电 话	
营业执照号码		资质等级	
拟分包的工程项目	主 要 内 容	预计造价(万元)	已经做过的类似工程

十、资格审查资料

(一) 投标人基本情况表

<table>
<tr><td>投标人名称</td><td colspan="6"></td></tr>
<tr><td>注册地址</td><td colspan="3"></td><td>邮政编码</td><td colspan="2"></td></tr>
<tr><td rowspan="2">联系方式</td><td>联系人</td><td colspan="2"></td><td>电 话</td><td colspan="2"></td></tr>
<tr><td>传 真</td><td colspan="2"></td><td>网 址</td><td colspan="2"></td></tr>
<tr><td>组织结构</td><td colspan="6"></td></tr>
<tr><td>法定代表人</td><td>姓 名</td><td></td><td>技术职称</td><td></td><td>电 话</td><td></td></tr>
<tr><td>技术负责人</td><td>姓 名</td><td></td><td>技术职称</td><td></td><td>电 话</td><td></td></tr>
<tr><td>成立时间</td><td colspan="2"></td><td>员工总人数</td><td colspan="3"></td></tr>
<tr><td>企业资质等级</td><td colspan="2"></td><td rowspan="5">其 中</td><td>项目经理</td><td colspan="2"></td></tr>
<tr><td>营业执照号</td><td colspan="2"></td><td>高级职称人员</td><td colspan="2"></td></tr>
<tr><td>注册资金</td><td colspan="2"></td><td>中级职称人员</td><td colspan="2"></td></tr>
<tr><td>开户银行</td><td colspan="2"></td><td>初级职称人员</td><td colspan="2"></td></tr>
<tr><td>账 号</td><td colspan="2"></td><td>技 工</td><td colspan="2"></td></tr>
<tr><td>经营范围</td><td colspan="6"></td></tr>
<tr><td>备 注</td><td colspan="6"></td></tr>
</table>

(二) 近年财务状况表(略)

(三) 近年完成的类似项目情况表

项目名称	
项目所在地	
发包人名称	
发包人地址	
发包人电话	
合同价格	
开工日期	
竣工日期	
承担的工作	
工程质量	
项目经理	
技术负责人	
总监理工程师及电话	
项目描述	
备　注	

(四) 正在施工的和新承接的项目情况表

项目名称	
项目所在地	
发包人名称	
发包人地址	
发包人电话	
签约合同价	
开工日期	
计划竣工日期	
承担的工作	
工程质量	
项目经理	
技术负责人	
总监理工程师及电话	
项目描述	
备 注	

(五) 近年发生的诉讼及仲裁情况(略)

十一、其他材料(略)

【思政案例】

2019年10月25日，安徽省安庆市公共资源交易中心发布了一则通报，共有466家企业现场参与投标，投标企业数量异常。84家投标企业的投标文件商务标中道路、景观、排水部分组价形式等内容存在不同单位同一子目的消耗量及组价异常相同，组价及补充定额编号异常相同，组价及调整系数异常相同，消耗量及补充定额编号异常相同，组价异常相同等情形。认定为“串通投标”。这84家企业被通报，其中34家连续两次违规，各记不良行为记录一次，并予以披露，披露期为6～12个月。

【思政引导】

作为投标方，在招投标活动中有些行为是错误的，这些错误行为不仅会降低企业中标率，甚至会触犯我国相关法律法规，是属于招投标活动中的雷区，千万不能踩！

课后思考题

1. 简述一下投标的程序。
2. 谈谈你自己是怎样理解建设工程投标策略的。
3. 常用的投标报价技巧有哪些？其分别适用于哪些情况？
4. 投标报价综合单价包括哪几个部分？

第6章 建设工程开标、评标和定标及签订合同

❍ 学习目标

- 了解建设工程开标、评标与定标的概念。
- 熟悉建设工程开标、评标与定标的程序。
- 掌握评标的基本方法，并能理论联系实际，进行案例分析，解决实际问题。

❍ 能力要求

结合实际案例分组模拟开标、评标工作，并根据投标文件编写一份评标报告、最后定标，编写一份中标通知书。

❍ 思政目标

公平公开的开标，廉洁自律的评标、定标

6.1 建设工程的开标

【导入】

某建设工程招标项目购买招标文件的潜在投标人共有A、B、C三家，开标时间为12月15日上午10:00。在招标文件规定的投标截止时间前，A、B 两家均递交了投标文件。上午9:30，招标代理机构工作人员接到C投标人代表电话，说由于大雾，飞机晚点，其无法在规定时间内赶到，要求推迟 1 小时开标。招标代理机构与招标人协商后，认为工程进度比较紧张，重新招标时间来不及，希望与A、B两家投标人协商推迟开标时间。经协商，A、B 两家投标人代表均表示同意推迟1小时开标，并且写下承诺书：同意将开标时间推迟至 11:00。于是，招标人现场宣布将开标时间推迟，在延迟后的时间内，C投标人及时赶到递交了投标文件。开标后C投标人以综合评分最高成为排名第一的中标候选人。A、B 两家投标人得知消息后均反悔，认为当初不了解法律法规，错误地认为招标人有权延迟开标，经咨询专业律师后，才知道招标人延迟开标的做法违法，于是，向招标人发出书面质疑文件，要求取消 C 投标人的中标候选人资格，依法重新招标。请你思考一下，本案例中哪些做法不妥当？

开标是指投标人提交投标文件截止后，招标人依据招标文件中投标人须知前附表规定的时间和地点，开启投标人提交的投标文件，公开宣布投标人的名称、投标价格及投标文件中的其他主要内容的活动。

6.1.1 开标的组织、时间和地点

1. 开标的组织

《招标投标法》第三十五条规定："开标由招标人主持，邀请所有投标人参加。"正是因为开标的公开性，因此，就应当有一定的相关人员参加。因此，开标的主持人可以是招标人，也可以是招标人委托的招标代理机构。开标时，为了保证开标的公正性，除邀请所有投标人参加以外，还可以邀请招标监督部门、监察部门及公证部门的有关人员参加。招标人要事先以各种有效的方式通知投标人参加开标，不得以任何理由拒绝任何一个投标人代表参加开标，投标人或其代表应按时赴约定地点参加开标。

特别提示

评标委员会成员不得参加开标。由于招标人邀请所有投标人参加开标，为了避免泄露评标委员会成员的名单，同时防止评标委员会成员事先了解到各投标人的报价情况后，掺入主观印象，影响此后的评标打分活动，招标人应当禁止评标委员会成员参加开标。

2. 开标时间

开标时间和提交投标截止时间应为同一时间，应具体确定到某年某月某日的几时几分，并在招标文件中明示。法律之所以如此规定，是为杜绝发生招标人和个别投标人非法串通，在投标文件截止时间之后，视其他投标人的投标情况修改个别投标人的投标文件，从而损害国家和其他投标人利益的情况。招标人和招标代理机构必须按照招标文件的规定按时开标，不得擅自提前或拖后开标，更不能不开标就进行评标。

3. 开标地点

开标地点应在招标文件中具体明示。开标地点可以是招标人的办公地点或指定的其他地点，但应具体确定到要进行开标活动的房间号，以方便投标人和有关人员准时参加。

4. 开标时间和地点的修改

开标时间和地点确定后，招标人可以修改开标时间和地点。但是，修改后的开标时间和地点，作为招标文件的澄清和修改文件，应以书面形式通知所有招标文件的收受人。

特别提示

如果涉及房屋建筑和市政基础设施工程施工项目招标，根据《房屋建筑和市政基础设施工程施工招标投标管理办法》的规定，招标文件的澄清和修改均应在通知所有招标文件收受人的同时，报工程所在地的县级以上地方人民政府建设行政主管部门备案。

6.1.2 开标的程序

开标会议有三项主要内容：一是接收投标文件的递交并检查投标文件的密封情况。二是唱标，即当众公布各投标文件的主要情况。三是记录存档。开标过程重要事项应当适当记

录。记录文件应当作为档案保管，以方便日后查询。《招标投标法》第三十六条规定：“开标时，由投标人或者其推选的代表检查投标文件的密封情况，也可以由招标人委托的公证机构检查并公证；经确认无误后，由工作人员当众拆封，宣读投标人名称、投标价格和投标文件的其他主要内容。招标人在招标文件要求提交投标文件的截止时间前收到的所有投标文件，开标时都应当当众予以拆封、宣读。开标过程应当记录，并存档备查。

特别提示

拆封以后，唱标人应当高声唱读投标人的名称、每一个投标的投标价格，以及投标文件中的其他主要内容。其他主要内容，主要是指投标报价有无折扣或者价格修改等。如果要求或者允许报替代方案的话，还应包括替代方案投标的总金额。若为建设工程项目，其他主要内容还应包括：工期、质量投标保证金等。这样做的目的在于，使全体投标者了解各家投标者的报价和自己在其中的顺序，了解其他投标的基本情况，以充分体现公开开标的透明度。

1. 招标人签收投标文件

在开标当日且在开标地点递交的投标文件的签收，应当填写投标文件报送签收一览表；在开标当日之前提交的投标文件，招标人应当办理签收手续，由招标人携带至开标现场。在招标文件规定的投标截止时间后递交的投标文件，招标人不得接收，由招标人原封退还给有关投标人。

《工程建设项目施工招标投标办法》第五十条规定：“投标文件有下列情形之一的，招标人应当拒收：(一)逾期送达；(二)未按招标文件要求密封。”

特别提示

实践中，经检查发现密封被破坏的投标文件，不得对其拆封唱标，也不得进入下一阶段的评标，应当交由招标人根据具体情况处理。

【案例分析6-1】

某工程项目的投标截止日为10月16日8:00，投标人乙10月12日从邮局以挂号邮寄方式寄出投标文件。招标人于10月16日10:00收到该投标文件。

问：招标人应该如何处理该投标文件？

【解析】

招标人应该拒收。理由：在招标文件要求提交投标文件的截止时间后送达的投标文件，招标人应当拒收。

2. 开标程序

开标会议由招标人主持。根据《中华人民共和国标准施工招标文件》(以下简称《标准施工招标文件》)(2007年版)的规定，主持人一般按下列程序进行开标：

(1) 宣布开标纪律；

(2) 公布在投标截止时间前递交投标文件的投标人名称，并点名确认投标人是否派人到场；

(3) 宣布开标人、唱标人、记录人、监标人等有关人员姓名；

(4) 按照投标人须知前附表的规定检查投标文件的密封情况；

(5) 按照投标人须知前附表的规定确定并宣布投标文件开标顺序；

(6) 设有标底的，公布标底；

(7) 按照宣布的开标顺序当众开标，公布投标人名称、标段名称、投标保证金的递交情况、投标报价、质量目标、工期及其他内容，并记录在案；

(8) 投标人代表、招标人代表、监标人、记录人等有关人员在开标记录上签字确认；

(9) 开标结束。

【案例分析6-2】

某建设工程开标会议现场，唱标过程中发现其中一家投标文件缺少报价。

问：唱标人能否直接否决投标?

【解析】

不可以。否决投标只能发生在评标过程之中，且由评标委员会行使，唱标过程只是公开投标人的主要投标信息，不具有评审的功能，唱标人也不具备评标的资格，而且，投标文件具有一定的复杂性，在未经仔细查看其余全部内容的情况下，不能轻易认定缺少投标报价。在此种情况下，唱标人可以宣布在开标文件中没有找到投标文件报价。对此，将由评标委员会对其进行评审，记录人员将该过程如实记录即可。

【案例分析6-3】

某开标会由市招投标办的工作人员主持，市公证处有关人员到会，各投标人代表均到场。开标前，市公证处人员对各投标人的资质进行了审查，并对所有投标文件进行审查，发现某投标人的投标文件在封口处加盖本单位公章和项目经理签字，最终确认所有投标文件均有效后，正式开标。主持人宣读投标人名称、投标价格、投标工期和有关投标文件的重要说明。

问：从所介绍的背景资料来看，在该项目招标程序中存在哪些不妥之处？请分别做简单说明。

【解析】

(1)“开标会由市招投标办的工作人员主持”不妥，因为开标会应由招标人或招标代理人主持，并宣读投标人名称、投标价格、投标工期等内容。

(2)“开标前，市公证处人员对各投标人的资质进行了审查”不妥，因为公证处人员无权对投标人资格进行审查，其到场的作用在于确认开标的公正性和合法性(包括投标文件的合法性)。

(3)“公证处人员对所有投标文件进行审查”不妥，因为公证处人员在开标时只是检查各投标文件的密封情况，并对整个开标过程进行公证。

(4)“公证处人员确认所有投标文件均有效”不妥，因为其中某投标人的投标文件仅有投标单位的公章和项目经理的签字，而无法定代表人或其代理人的签字或盖章，应当作为废标处理。

3. 开标异议的提出及问题处理

1) 开标异议的提出

投标人如果对开标有异议，必须在开标现场及时提出。此处的“现场”是指开标仪式所在地，并且要在开标开始后，结束前提出。同其他异议的提出一样，开标异议的提出也受到时限的限制，错过开标现场，投标人将失去异议的权利。另外，与资格预审文件和招标文件异议的提出及评标结果异议的提出不同的是，开标异议只能由投标人提出。其他利害关系人无权提出。

2) 开标异议的答复

开标异议应当当场答复并制作记录。此处的“答复”并不一定是针对异议的实质性内容的答复，可以是回复，或者是一些指引信息的告知。例如，“开标人已将投标人的异议记录在案，该问题交由评标委员会予以处理和认定，处理和认定后，将由招标人或者委托招标代理机构予以回复”。开标现场的异议答复，不能代表对开标问题的结论性意见，也不作为对开标结果的认定。

┃特别提示┃

《工程建设项目施工招标投标办法》第四十九条规定：“投标人对开标有异议的，应当在开标现场提出，招标人应当当场作出答复，并制作记录。”

【思政案例】

2020年4月20日上午10点30分，四川省首个“不见面开标”政府采购项目准时在省政府采购中心303开标室进行。本次采购项目采用“互联网+政府采购”，这在四川省政府采购中尚属首例，在全国大规模采购活动中也属首例。本次采购项目共分为50个项目包，吸引了108家投标供应商参与。与过去采购项目开标时供应商悉数到现场不同，本次全国各地供应商通过登录“网络会议”系统，以线上直播的形式参加开标会。

【思政引导】

通过“不见面开标”的方式，一方面减轻了企业负担，以108家供应商1～3人参与估算，仅差旅费就能帮助企业节约资金60万～180万元，方便企业办事的同时，进一步推动了营商环境的优化，在当时确保了疫情防控和服务发展“两不误”，是环保节约、制度先进的体现。

6.2 建设工程的评标

【导入】

某事业单位办公楼准备对外公开招标，评标委员会5人，该单位领导聘请了上级主管部门的两位领导来参加评标，同时请本单位刚从某大学工程管理专业毕业的小张同志也参加评标。在确定并宣布中标单位后被当地建设行政主管部门告知本次评标无效，这是什么原因呢？

6.2.1 组建评标委员会

1. 评标委员会的组建要求

评标委员会依法组建，负责评标活动，向招标人推荐中标候选人或者根据招标人的授权直接确定中标人。

评标委员会由招标人或其委托的具备资格的招标代理机构负责组建。评标委员会由招标人或者其委托的招标代理机构熟悉相关业务的代表，以及有关技术、经济方面的专家组成，成员人数为5人以上的单数，其中技术、经济方面的专家不得少于成员总数的2/3。

国家实行统一的评标专家专业分类标准和管理办法。具体标准和办法由国务院发展改革部门会同国务院有关部门制定。省级人民政府和国务院有关部门应当组建综合评标专家库。

评标委员会的专家成员应当从省级以上人民政府有关部门提供的专家名册或者招标代理机构专家库内的相关专家名单中确定。确定评标专家，可以采取随机抽取或者直接确定的方式。一般项目，可以采取随机抽取的方式；技术复杂、专业性要求特别高或者国家有特殊要求的招标项目，采取随机抽取方式确定的专家难以胜任的，可以由招标人直接确定。

评标委员会设负责人，负责人由评标委员会成员推举产生或者由招标人确定，评标委员会负责人与评标委员会的其他成员有同等的表决权。评标委员会成员名单在开标前确定，在中标结果宣布前应当保密。

特别提示

任何单位和个人不得以明示、暗示等任何方式指定或者变相指定参加评标委员会的专家成员。禁止任何人以任何方式指定评标委员会中的专家成员。此处的禁止指定的是评标委员会中占总人数2/3以上的专家成员，不包括另外的占总人数的1/3以内的非专家成员。非专家成员，可以由招标人直接委派或者指定。

【案例分析6-4】

某全部使用国有资金的常规智能化办公楼建设项目，评标委员会成员全部由招标人直接确定，共由7人组成，其中招标人代表2人，本系统技术专家2人，经济专家1人，外系统技术专家1人，经济专家1人。

问：该评标委员会的组建是否妥当？

【解析】

“评标委员会成员全部由招标人直接确定”不妥当。理由：一般项目，在7名评标委员会成员中招标人最多可选派2名招标人代表参加评标委员会，其余专家均应采用从专家库里随机抽取方式确定评标委员会成员。

为了规范和统一评标专家专业分类标准，推动实现全国范围内评标专家资源共享，2010年国家发展和改革委员会等十部委共同颁布了《评标专家专业分类标准(试行)》，2018年国家发改委等十部委共同颁布了《公共资源交易评标专家专业分类标准》，为贯彻落实《国务院办公厅关于印发整合建立统一的公共资源交易平台工作方案的通知》(国办发〔2015〕63号)，要求各类评标专家库按照这一标准对评标专家进行分类。

知识链接

《公共资源交易评标专家专业分类标准》

2. 评标委员会成员条件

评标委员会成员应符合以下条件：

(1) 从事相关专业领域工作满八年并具有高级职称或同等专业水平；

(2) 熟悉有关招标投标的法律法规；

(3) 能够认真、公正、诚实、廉洁地履行职责；

(4) 身体健康，能够承担评标工作；

(5) 法规规章规定的其他条件。

特别提示

与投标人有利害关系的人不得进入相关项目的评标委员会；已经进入的应当更换。

3. 评标委员会成员的职责

评标委员会成员应当了解和熟悉以下内容：招标的目标；招标项目的范围和性质；招

标文件中规定的主要技术要求、标准和商务条款；招标文件规定的评标标准、评标办法和在评标过程中考虑的相关因素。

评标委员会成员应按照招标文件确定的评标标准和方法，客观、公正地对投标文件提出评审意见。招标文件没有规定的评标标准和方法不得作为评标的依据。评标过程中，评标委员会成员还应当遵守以下纪律要求：

(1) 不得私下接触投标人；

(2) 不得收受投标人给予的财物或者其他好处；

(3) 不得向招标人征询确定中标人的意向；

(4) 不得接受任何单位或者个人明示或者暗示提出的倾向或者排斥特定投标人的要求；

(5) 不得有其他不客观、不公正履行职务的行为。

除此之外，评标委员会成员还负有保密义务，不得泄露评标过程中所知悉的评标信息及国家秘密和商业秘密，否则，将有可能承担相应的法律责任。

4. 评标委员会成员回避制度

有下列情形之一的人员，应当主动提出回避，不得担任评标委员会成员：

(1) 招标人或投标人主要负责人的近亲属；

(2) 项目主管部门或行政监督部门的人员；

(3) 与投标人有经济利益关系，可能影响投标公正评审的人员；

(4) 曾因在招标、评标及其他与招标投标有关活动中从事违法行为而受过行政处罚或刑事处罚的人员。

▌特别提示▐

评标过程中，评标委员会成员有回避事由、擅离职守或者因健康等原因不能继续评标的，应当及时更换。被更换的评标委员会成员作出的评审结论无效，由更换后的评标委员会成员重新进行评审。

知识链接

《评标专家和评标专家库管理暂行办法》

【思政引导】

评标委员会的组建应体现出招标投标的公平公正原则，评标委员会不依法评标应承担法律责任；强调无论从事哪个行业都应具有遵纪守法、爱岗敬业、无私奉献、诚实守信的职业品格和行为习惯。

6.2.2 评标的原则和依据

1. 评标的原则

评标是招投标的核心环节。投标的目的是中标，而决定目标能否实现的关键是评标。评标的原则是：公开、公平、公正原则，评标合理原则，工期适当原则，尊重业主自主权原则，评标方法科学、合理原则。《招标投标法》对评标有原则性的规定，为了规范评标过程，按照《招标投标法》的规定，招标人应当采取必要的措施，保证评标在严格保密的情况下进行。

2. 评标的依据

为保证招标投标活动符合公开、公平和公正的原则，评标委员会对各投标人提交的投标文件进行评审、比较的唯一标准和评审方法，只能是招标文件中载明的评标标准和方法。招标人或评标委员会都不能在评标过程中对评标标准和方法加以修改。招标文件以外的评标标准和方法不能作为评标的依据。

6.2.3 评标的主要方法

评标方法一般包括经评审的最低投标价法、综合评估法或者法律、法规允许的其他评标办法。招标人应选择适宜招标项目特点的评标办法。

1. 经评审的最低投标价法

经评审的最低投标价法是指评标委员会对满足招标文件实质要求的投标文件，根据详细评审标准规定的量化因素及标准进行价格折算，按照经评审的投标价由低到高的顺序推荐中标候选人，或根据招标人授权直接确定中标人，但投标报价低于其成本的除外。经评审的评标价相等时，投标报价低的优先；投标报价也相等的，优先条件由招标人事先在招标文件中确定。

评标委员会根据招标文件中规定的量化因素和标准进行价格折算，对所有投标人的投标报价及投标文件的商务部分做必要的价格调整。具体评审的内容和标准可参考《标准施工招标文件》(2007年版)。其规定的量化因素包括单价遗漏和付款条件等，招标人可以根据项目的具体特点和实际需要，进一步删减、补充或细化量化因素和标准。

特别提示

经评审的最低投标价法的评标价并不是投标价。评标价是以修正后的投标价(若有需要修正的情形)为基础，依据招标文件中的计算方法计算出的评标价格。定标签订合同时，仍以投标价为中标的合同价。

经评审的最低投标价法一般适用于具有通用技术、性能标准或者招标人对其技术、性能标准没有特殊要求，工期较短，质量、工期、成本受不同施工方案影响较小，工程管理要求一般的施工招标的评标。

【案例分析6-5】

某项目采用经评审的最低投标价法评标，有A、B、C三家投标人，其评标价分别为A：1 200万元，B：1 250万元，C：1 300万元，评标委员会考虑B投标单位的备选方案能为业主带来100万元的收益，故将B的评标价定为1 150万元，B最终成为第一中标候选人。

问：评标委员会的做法是否妥当？

【解析】

评标委员会的做法不妥当。理由：对于投标人提交的优越于招标文件中技术标准的备选投标方案所产生的附加收益，不得考虑进评标价中。

【案例分析6-6】

某高速公路项目招标采用经评审的最低投标价法评标，招标文件规定对同时投多个标段的评标修正率为4%。现有投标人甲同时投标$1^{\#}$、$2^{\#}$标段，其报价依次为6 300万元、5 000万元，

问：若甲在$1^{\#}$ 标段已被确定为中标，则其在$2^{\#}$标段的评标价应为多少万元？

【解析】

投标人甲在1#标段中标后，其在2#标段的评标可享受4%的评标优惠，具体做法应是将其标段的投标报价乘以4%，在评标价中扣减该值。因此，投标人甲2#标段的评标价为：5 000×(1－4%)＝4 800 (万元)。

【案例分析6-7】

某工程施工项目采用资格预审方式招标，并采用经评审的最低价投标价法进行评标。现有3个投标人投标，且3个投标人均通过了初步评审，评标委员会对经算术性修正后的投标报价进行详细评审。

招标文件规定工期为30个月，工期每提前1个月给招标人带来的预期效益为50万元。招标人提供临时用地500亩，每亩用地费为6 000元。评标价的折算考虑以下两个因素：投标人所报的租用临时用地的数量和提前竣工的效益。

投标人A：算术修正后的投标报价为6 000万元，提出需要临时用地400亩，承诺的工期为28个月。

投标人B：算术修正后的投标报价为5 500万元，提出需要临时用地500亩，承诺的工期为29个月。

投标人C：算术修正后的投标报价为5 000万元，提出需要临时用地550亩，承诺的工期为30个月。

问：

评标委员会会推荐哪家单位为第一中标候选人呢？

【解析】

临时用地因素的调整如下。

投标人A：(400−500)×6 000元=−600 000元

投标人B：(500−500)×6 000元=0元

投标人C：(550−500)×6 000元=300 000元

提前竣工因素的调整如下。

投标人A：(28−30)×500 000元=1 000 000元

投标人B：(29−30)×500 000元=500 000元

投标人C：(30−30)×500 000元=0元

投标价格比较如表6-1所示。

表6-1 投标价格比较一览表

单位：元

项目	投标人A	投标人B	投标人C
算术修正后的投标报价	60 000 000	55 000 000	50 000 000
临时用地因素导致投标报价的调整	−600 000	0	300 000
提前竣工因素导致投标报价的调整	−1 000 000	−50 0000	0
评标价	58 400 000	54 500 000	50 300 000
排序	3	2	1

投标人C的报价为经评审的最低投标价，评标委员会推荐其为第一中标候选人。

2. 综合评估法

综合评估法是指评标委员会对满足招标文件实质性要求的投标文件，按照规定的评分标准进行打分，并按得分由高到低顺序推荐中标候选人，或根据招标人授权直接确定中标人，但投标报价低于其成本的除外。综合评分相等时，以投标报价低的优先；投标报价也相等的，优先条件由招标人事先在招标文件中确定。

综合评估法一般适用于招标人对招标项目的技术、性能有特殊要求的招标项目。同时，也适用于建设规模较大，履约工期较长，技术复杂，质量、工期和成本受不同施工方案影响较大，工程管理要求较高的施工招标的评标。

综合评估法是一种定量打分法。通常是事先在招标文件或评标定标办法中将内容进行分类，形成若干评审因素，并确定各项评审因素在百分中占的比例和评分标准，具体评审的内容和标准可参考《标准施工招标文件》(2007年版)，如表6-2所示。

表6-2　综合评估法下的评分因素和评分标准

分值构成	评分因素	评分标准
施工组织设计评分标准	内容完整性和编制水平	……
	施工方案与技术措施	……
	质量管理体系与措施	……
	安全管理体系与措施	……
	环境保护管理体系与措施	……
	工程进度计划与措施	……
	资源配备计划	……
项目管理机构评分标准	项目经理任职资格与业绩	……
	技术责任人任职资格与业绩	……
	其他主要人员	……
投标报价评分标准	偏差率	……
	……	……
其他因素评分标准	……	……

开标后由评标组织中的每位成员按评标规则进行打分，最后统计投标人的得分，得分最高者(排序第一名)即为中标人。

【典型案例】

某工程施工采用资格预审方式招标，并采用综合评估法进行评标，其中投标报价权重为60分，技术评审权重为40分。共有5个投标人投标，且均通过了初步评审，评标委员会按照招标文件规定的评标办法进行详细评审打分，其中施工组织设计(10分)、项目管理机构(10分)、设备配置(5分)、财务能力(5分)、业绩与信誉(10分)。

(1) 投标报价的评审。除开标现场被宣布为废标的报价外，所有投标人的投标价去掉一个最高值和一个最低值后的算术平均值即为投标价平均值(如果参与投标价平均值机选的有效投标人少于5家，则计算投标价平均值时不去掉最高值和最低值)。投标价平均值直接作为评标基准价。

评标委员会按下述原则计算各投标文件的投标价得分：当投标人的投标价等于评标基

准价时得60分，每高于一个百分点扣2分，每低于一个百分点扣1分，中间值按比例内插(得分精确到小数点后2位，四舍五入)。

(2) 技术管理能力的评审。技术管理能力的评审内容主要包括施工组织设计评审及项目管理机构的评审两部分。

施工组织设计：10分。施工总平面布置基本合理，组织机构图较清晰，施工方案基本合理，施工方法基本可行，有安全措施及雨季施工措施，并具有一定操作性和针对性，施工重点、难点分析较突出、较清晰，得基本分6分；施工总平面布置合理，组织机构图清晰，施工方案合理，施工方法可行，安全措施及雨季施工措施齐全，并具有较强的操作性和针对性，施工重点难点分析突出、清晰，得7～8分；施工总平面布置合理且周密细致，组织机构图很清晰，施工方案具体、详细、科学，施工方法先进，施工工序安排合理，安全措施及雨季施工措施齐全，操作性和针对性强，施工重点、难点分析突出、清晰，对项目有很好的针对性和指导作用，得9～10分。

项目管理机构：10分。项目管理机构设置基本合理，项目经理、技术负责人、其他主要技术人员的任职资格与业绩满足招标文件的最低要求，得6分；项目管理机构设置合理，项目经理、技术负责人、其他主要技术人员的任职资格与业绩高于招标文件的最低要求，评标委员会酌情加1～4分。

(3) 其他评审因素包括设备配置、财务能力、业绩与信誉。

设备配置：5分。设备满足招标文件最低要求，得3分；设备超出招标文件最低要求，评标委员会酌情加1～2分。

财务能力：5分。财务能力满足招标文件最低要求，得3分；财务能力超出招标文件最低要求，评标委员会酌情加1～2分。

业绩与信誉：10分。业绩与信誉满足招标文件最低要求，得6分；业绩与信誉超出招标文件最低要求，评标委员会酌情加1～4分。

最后评审结果分别如表6-3、表6-4和表6-5所示。

表6-3 投标报价得分计算表

投标人	投标报价/万元	投标报价平均值/万元	投标报价得分
投标人A	1 000	1 000	60分
投标人B	950		55分
投标人C	980		58分
投标人D	1 050		50分
投标人E	1 020		56分

表6-4 技术评审得分计算表

序号	评审因素	满分	投标人A	投标人B	投标人C	投标人D	投标人E
1	施工组织设计	10分	8分	9分	8分	7分	8分
2	项目管理机构	10分	7分	9分	6分	8分	8分
3	设备配置	5分	4分	4分	3分	3分	4分
4	财务能力	5分	3分	4分	4分	5分	3分
5	业绩与信誉	10分	7分	10分	9分	6分	8分
	合计	40分	29分	36分	30分	29分	31分

表6-5　综合评分及排序表

投标人	报价得分	技术评审得分	总分	排序
投标人 A	60 分	29 分	89 分	2
投标人 B	55 分	36 分	91 分	1
投标人 C	58 分	30 分	88 分	3
投标人 D	50 分	29 分	79 分	5
投标人 E	56 分	31 分	87 分	4

按综合评分排序，评标委员会依次推荐第一中标候选人为投标人B，推荐第二中标候选人为投标人A，推荐第三中标候选人为投标人C。

6.2.4　评标的步骤

1. 评标准备

(1) 评标委员会成员签到。评标委员会成员到达评标现场时，应在签到表上签到，以证明其出席评标。

(2) 评标委员会的分工。评标委员会首先推举一名评标委员会主任。招标人也可以直接指定评标委员会主任。评标委员会主任负责评标活动的组织领导工作。评标委员会主任在与其他评标委员会成员协商的基础上，可以将评标委员会划分为技术组和商务组，但最终评审结果须全体评标委员会成员一致认可。

(3) 熟悉相关文件资料。招标人或招标代理机构应向评标委员会提供评标所需的信息和数据，包括招标文件、未在开标会上当场拒绝的各投标文件、开标会记录、资格预审文件及各投标人在资格预审阶段递交的资格预审申请文件(适用于已进行资格预审的)，招标控制价或标底(如果有)，工程所在地工程造价管理部门颁布的工程造价信息、定额(如作为计价依据时)，有关的法律、法规、规章、国家标准，以及招标人或评标委员会认为必要的其他信息和数据。

评标委员会主任应组织评标委员会成员认真研究招标文件，了解和熟悉招标目的、招标范围、主要合同条件、技术标准和要求、质量标准和工期要求等，掌握评标标准和方法，熟悉评标表格的使用，未在招标文件中规定的标准和方法不得作为评标的依据。

(4) 对投标文件进行基础性数据分析和整理工作。在不改变投标人投标文件实质性内容的前提下，评标委员可以对投标文件进行基础性数据分析和整理(简称“清标”)，从而发现并提取其中可能存在的对招标范围理解的偏差、投标报价的算术性错误、错漏项、投标报价构成不合理、不平衡报价等存在明显异常的问题，并就这些问题整理形成清标成果。评标委员会对清标成果审议后，决定需要投标人进行书面澄清、说明或补正的问题，形成质疑问卷，向投标人发出问题澄清通知(包括质疑问卷)。

在不影响评标委员会成员的法定权利的前提下，评标委员会可委托由招标人专门成立的清标工作小组完成清标工作。

特别提示

根据《建设工程造价咨询规范》(GB/T 51095—2015)的规定，清标的内容主要包括以下几部分:

(1) 对招标文件的实质性响应;

(2) 错漏项分析;

(3) 分部分项工程项目清单项目综合单价的合理性分析；

(4) 措施项目清单的完整性和合理性分析，以及其中不可竞争费用的正确性分析；

(5) 其他项目清单的完整性和合理性分析；

(6) 不平衡报价分析；

(7) 暂列金额、暂估价的正确性复核；

(8) 总价与合价的算术性复核及修正建议；

(9) 其他应分析和澄清的问题。

在这种情况下，清标工作可以在评标工作开始之前完成，也可以与评标工作平行进行。清标工作小组成员应为具备相应执业资格的专业人员，且应当符合有关法律法规对评标专家的回避规定和要求，不得与任何投标人有利益、上下级等关系，不得代行依法应当由评标委员会及其成员行使的权力。清标成果应当经过评标委员会的审核确认，经评标委员会审核确认的清标成果视同是评标委员会的工作成果，并由评标委员会以书面方式追加对清标工作小组的授权。书面授权委托书必须由评标委员会全体成员签名。

知识链接

《建设工程造价咨询规范》(GB/T 51095—2015)

特别提示

在实践中为了减少人为感情因素的影响，技术标部分在隐去投标人身份的条件下进行，此种评审方法称为“暗标”评审。

2. 初步评审

根据《评标委员会和评标方法暂行规定》和《标准施工招标文件》的规定，我国目前评标中主要采用的方法是经评审的最低投标价法和综合评估法，这两种评标方法在初步评审阶段其内容和标准上是一致的。

1) 初步评审的标准

初步评审的标准主要包括以下四个方面。

(1) 形式评审标准。包括投标人名称与营业执照、资质证书、安全生产许可证一致；投标函上有法定代表人或其委托代理人签字并加盖单位章；投标文件格式符合要求；联合体投标人(如有)已提交联合体协议书，并明确联合体牵头人；报价唯一，即只能有一个有效报价等。

(2) 资格评审标准。如果是未进行资格预审的，应具备有效的营业执照，具备有效的安全生产许可证，并且资质等级、财务状况、类似项目业绩、信誉、项目经理、其他要求、联合体投标人等，均符合规定。如果是已进行资格预审的，仍按资格审查办法中详细审查标准来进行。

(3) 响应性评审标准。主要的评审内容包括投标报价校核，审查全部报价数据计算的正确性，分析报价构成的合理性，并与最高投标限价进行对比分析，还有工期、工程质量、投标有效期、投标保证金、权利义务、已标价工程量清单、技术标准和要求、分包计划等，均应符合招标文件的有关要求。即投标文件应实质上响应招标文件的所有条款、条件，无显著的差异或保留。

特别提示

所谓显著的差异或保留包括以下情况对工程的范围、质量及使用性能产生实质性影响；偏离了招标文件的要求，而对合同中规定的招标人的权利或者投标人的义务造成实质性的限制；纠正这种差异或者保留将会对提交了实质性响应要求的投标书的其他投标人的竞争地位产生不公平影响。

(4) 施工组织设计和项目管理机构评审标准。主要包括施工方案与技术措施、质量管理体系与措施、安全管理体系与措施、环境保护管理体系与措施、工程进度计划与措施、资源配备计划、技术负责人、其他主要人员、施工设备、试验、检测仪器设备等，符合有关标准。

2) 投标文件的澄清和说明

评标委员会可以书面方式要求投标人对投标文件中含义不明确的内容做必要的澄清、说明或补正，但是澄清、说明或补正不得超出投标文件的范围或者改变投标文件的实质性内容。

特别提示

对投标文件的相关内容作出澄清、说明或补正，其目的是有利于评标委员会对投标文件的审查、评审和比较。澄清、说明或补正包括投标文件中含义不明确、对同类问题表述不一致或者有明显文字和计算错误的内容。但评标委员会不得向投标人提出带有暗示性或诱导性问题，或向其明确投标文件中的遗漏和错误。

评标委员会不接受投标人主动提出的澄清、说明或补正。

投标文件不响应招标文件的实质性要求和条件的，招标人应当否决，并不允许投标人通过修正或撤销其不合要求的差异或保留使之成为具有响应的投标。

评标委员会对投标人提交的澄清、说明或补正有疑问的，可以要求投标人进一步澄清、说明或补正直至满足评标委员会的要求。

【案例分析6-8】

某项目投标人甲认为自己的质量保证措施描述不准确，向评标委员会提出书面说明。

问：评标委员会如何处理？

【解析】

评标委员会不接受投标人甲的书面说明。理由：评标委员会不得暗示或者诱导投标人作出澄清、说明，不得接受投标人主动提出的澄清、说明。

3) 报价有算术错误的修正

投标报价有算术错误的，评标委员会依据相关原则对投标报价中存在的算术错误进行修正，并根据算术错误修正结果计算评标价。评标委员会对算术错误的修正应向投标人作书面澄清。投标人对修正结果应书面确认。投标人对修正结果有不同意见或未作书面确认的，评标委员会应重新复核修正结果，再次按上述程序分别进行确认、复核。投标人不接受修正价格的，其投标作废标处理。

算术错误修正的原则：投标文件中的大写金额与小写金额不一致的，以大写金额为准；总价金额与依据单价计算出的结果不一致的，以单价金额为准修正总价，但单价金额小数点有明显错误的除外；正本和副本不一致的，以正本为准；不同文字文体投标文件的解释发生异议的，以中文文本为准。

【案例分析6-9】

某投标文件提供了不完整的技术信息，评标委员会书面要求投标人予以补正，投标人拒不补正，评标委员会认定该投标文件废标。

问：评标委员会的做法是否妥当？

【解析】

该评标委员会的做法不妥当。评标委员会应当书面要求存在细微偏差的投标人在评标结束前予以补正。拒不补正的，在详细评审时可以对细微偏差作不利于该投标人的量化，量化标准应当在招标文件中规定。

【案例分析6-10】

某国有企业对一办公大楼主体工程施工标段进行公开招标，以工程量清单形式招标，招标文件中约定的评标办法为综合评估法。共5家投标人投标，评标时发现，A、B投标人报价清单中含消防工程报价，C、D、E投标人报价无消防工程报价。

经核查，招标文件中招标范围章节、工程量清单、专用合同条款均不包括消防工程，但招标图纸中包括消防工程。

评标过程中，评标委员会提出了三种意见：

意见一：招标范围应当以招标图纸为准，包括消防工程。C、D、E投标人未对消防工程报价，属于重大偏差，未实质性响应招标文件，其投标应予以否决。

意见二：招标范围应当以招标图纸为准，包括消防工程。C、D、E投标人未对消防工程报价，属于细微偏差，应当根据招标文件规定的评标价格调整原则“对投标文件漏报的分项项目，按其他投标人相应项目最高报价进行计算”，予以核增。

意见三：招标范围应当以工程量清单为准，不包括消防工程。A、B投标人的消防工程报价属于多报的分项项目。

问：上述哪一种意见正确？

【解析】

《建设工程工程量清单计价规范》(GB 50500—2013)关于招标工程量清单的相关规定如下：

第3.1.3条“招标工程量清单标明的工程量是投标人投标报价的共同基础……”；

第4.1.2条“招标工程量清单必须作为招标文件的组成部分，其准确性和完整性由招标人负责”；

第6.1.4条“投标人应按招标工程量清单填报价格。项目编码、项目名称、项目特征、计量单位、工程量必须与招标工程量清单一致”。

依据上述规定，采用招标工程量清单招标的，其招标范围应当以招标工程量清单为准。本案例中，招标工程量清单不包含消防工程，招标范围也就不包含消防工程。

招标范围属于招标文件的实质性内容，招标文件实质性内容前后不一致，属于招标文件的重大缺陷。如果招标人原计划本次招标范围包含消防工程，且消防工程占比较大，宜按照法定程序终止本次招标，修改招标文件后重新招标。

3. 详细评审

经初步评审合格的投标文件，评标委员会应当根据招标文件确定的评标标准和方法，对其技术部分和商务部分做进一步评审、比较。详细评审的方法包括经评审的最低投标价法和综合评估法两种。

(1) 经评审的最低投标价法。根据经评审的最低投标价法完成详细评审后，评标委员会应当拟定一份“价格比较一览表”，连同书面评标报告提交招标人。“价格比较一览表”应当载明投标人的投标报价、对商务偏差的价格调整和说明，以及已评审的最终投标价。

(2) 综合评估法。根据综合评估法完成评标后，评标委员会应当拟定一份“综合评估比较表”，连同书面评标报告提交招标人。“综合评估比较表”应当载明投标人的投标报价、所做的任何修正、对商务偏差的调整、对技术偏差的调整、对各评审因素的评估，以及对每一投标的最终评审结果。

4. 评标结果

评标结果是由评标委员会按照得分由高到低的顺序推荐中标候选人，如果招标人授权评标委员会直接确定中标人，那么评标委员会可以直接确定中标人。

特别提示

招标人应当根据项目规模和技术复杂程度等因素合理确定评标时间。超过三分之一的评标委员会成员认为评标时间不够的，招标人应适当延长。

6.2.5　评标报告

评标委员会完成评标后，应当向招标人提交书面评标报告，并抄送有关行政监督部门。评标报告的主要内容如下：

(1) 基本情况和数据表；

(2) 评标委员会成员名单；

(3) 开标记录；

(4) 符合要求的投标一览表；

(5) 废标情况说明；

(6) 评标标准、评标方法或者评审因素一览表；

(7) 经评审的价格或者评分比较一览表；

(8) 经评审的投标人排序；

(9) 推荐的中标候选人名单与签订合同前要处理的事宜；

(10) 澄清、说明、补正事项纪要。

评标委员会推荐的中标候选人应当限定在1～3人，并标明排列顺序。评标报告由评标委员会全体成员签字，对评标结论持有异议的评标委员会成员可以书面阐述其不同意见和理由；拒绝在评标报告上签字且不陈述其不同意见和理由的，视为同意评标结论，评标委员会应当对此作出书面说明并记录在案。

特别提示

《招标投标法实施条例》第五十四条规定如下。

依法必须进行招标的项目，招标人应当自收到评标报告之日起3日内公示中标候选人，公示期不得少于3日。

投标人或者其他利害关系人对依法必须进行招标的项目的评标结果有异议的，应当在中标候选人公示期间提出。招标人应当自收到异议之日起3日内作出答复；作出答复前，应当暂停招标投标活动。

【案例分析6-11】

在某房屋施工招标项目中，评标委员会中的两位专家针对某投标人所提技术方案是否属于重大偏离产生分歧，其中一位专家在争执不下后愤而离去，经劝说后仍拒不对评标报告进行签字确认。

问：

(1) 专家离场行为的性质如何认定？若其拒不返回时是否可补充抽取其他专家继续评审？

(2) 专家拒不签字时评标报告效力如何?

【解析】

(1) 评标专家在评审活动进行中离场的，应当更换评标委员会成员，由更换后的评标委员会成员重新进行评审。

本案中专家离场性质的界定应当根据专家离场的时间分别界定。如果专家在评审报告未出具之前，即在评审活动进行中离场则属于擅离职守的行为。如果专家在评审报告出具之后，签字确认环节离场，则应当属于拒绝在评审报告签字确认的行为。

《招标投标法实施条例》第四十六条第一、二款规定，“除招标投标法第三十七条第三款规定的特殊招标项目外，依法必须进行招标的项目，其评标委员会的专家成员应当从评标专家库内相关专业的专家名单中以随机抽取方式确定。任何单位和个人不得以明示、暗示等任何方式指定或者变相指定参加评标委员会的专家成员。依法必须进行招标的项目的招标人非因招标投标法和本条例规定的事由，不得更换依法确定的评标委员会成员。更换评标委员会的专家成员应当依照前款规定进行”；第四十八条第三款规定，“评标过程中，评标委员会成员有回避事由、擅离职守或者因健康等原因不能继续评标的，应当及时更换。被更换的评标委员会成员作出的评审结论无效，由更换后的评标委员会成员重新进行评审。”

(2) 专家在评审报告出具之后，签字确认环节离场，不签字且不书面说明意见和理由的，则视为同意评标结论。

本案例中，如果评审结论和评审报告已经完成，评标专家离场并拒绝在评标报告上签字和拒绝书面陈述不同意见和理由的，根据《评标委员会和评标方法暂行规定》第四十三条规定，“评标报告由评标委员会全体成员签字。对评标结论持有异议的评标委员会成员可以书面方式阐述其不同意见和理由。评标委员会成员拒绝在评标报告上签字且不陈述其不同意见和理由的，视为同意评标结论。评标委员会应当对此作出书面说明并记录在案”，应视为同意评标结论。

6.2.6 评标的一些特殊情况

1. 否决其投标

《招标投标法实施条例》第五十一条规定，有下列情形之一的，评标委员会应当否决其投标：

(1) 投标文件未经投标单位盖章和单位负责人签字；

(2) 投标联合体没有提交共同投标协议；

(3) 投标人不符合国家或者招标文件规定的资格条件；

(4) 同一投标人提交两个以上不同的投标文件或者投标报价，但招标文件要求提交备选投标的除外；

(5) 投标报价低于成本或者高于招标文件设定的最高投标限价；

(6) 投标文件没有对招标文件的实质性要求和条件作出响应；

(7) 投标人有串通投标、弄虚作假、行贿等违法行为。

《评标委员会和评标方法暂行规定》(根据国家发展改革委等九部委令第23号修正)第二十五条规定，下列情况属于重大偏差：

(1) 没有按照招标文件要求提供投标担保或者所提供的投标担保有瑕疵;

(2) 投标文件没有投标人授权代表签字和加盖公章;

(3) 投标文件载明的招标项目完成期限超过招标文件规定的期限;

(4) 明显不符合技术规格、技术标准的要求;

(5) 投标文件载明的货物包装方式、检验标准和方法等不符合招标文件的要求;

(6) 投标文件附有招标人不能接受的条件;

(7) 不符合招标文件中规定的其他实质性要求。

投标文件有上述情形之一的，为未能对招标文件作出实质性响应，并按本规定第二十三条规定作否决投标处理。招标文件对重大偏差另有规定的，从其规定。

《工程建设项目施工招标投标办法》(根据国家发展改革委等九部委令第23号修正)第五十条第二款，有下列情形之一的，评标委员会应当否决其投标:

(1) 投标文件未经投标单位盖章和单位负责人签字;

(2) 投标联合体没有提交共同投标协议;

(3) 投标人不符合国家或者招标文件规定的资格条件;

(4) 同一投标人提交两个以上不同的投标文件或者投标报价，但招标文件要求提交备选投标的除外;

(5) 投标报价低于成本或者高于招标文件设定的最高投标限价;

(6) 投标文件没有对招标文件的实质性要求和条件作出响应;

(7) 投标人有串通投标、弄虚作假、行贿等违法行为。

2. 否决所有投标

《招标投标法》第四十二条第一款规定:“评标委员会经评审，认为所有投标都不符合招标文件要求的，可以否决所有投标。”

《评标委员会和评标方法暂行规定》(根据国家发展改革委等九部委令第23号修正)第二十七条规定:“评标委员会根据本规定第二十条、第二十一条、第二十二条、第二十三条、第二十五条的规定否决不合格投标后，因有效投标不足三个使得投标明显缺乏竞争的，评标委员会可以否决全部投标。投标人少于三个或者所有投标被否决的，招标人在分析招标失败的原因并采取相应措施后，应当依法重新招标。”

特别提示

依法必须进行招标的项目的所有投标被否决的，招标人应当重新招标。

3. 重新招标

重新招标，是指首次招标因出现法定重新招标的情形，招标人重新组织招标的行为。重新招标一般发生在必须招标项目中。

特别提示

招标人重新招标的，是重新组织招标投标活动，而不是从头开始招标活动，无须再次办理招标审批手续。

《招标投标法》第二十八条规定:“投标人应当在招标文件要求提交投标文件的截止时间前，将投标文件送达投标地点。招标人收到投标文件后，应当签收保存，不得开启。投标人少于三个的，招标人应当依照本法重新招标。”

《招标投标法》第四十二条第二款规定："依法必须进行招标的项目的所有投标被否决的，招标人应当依照本法重新招标。"

《招标投标法》第六十四条规定："依法必须进行招标的项目违反本法规定，中标无效的，应当依照本法规定的中标条件从其余投标人中重新确定中标人或者依照本法重新进行招标。"

《招标投标法实施条例》第十九条第二款规定：通过资格预审的申请人少于3个的，应当重新招标。

《招标投标法实施条例》第二十三条规定："招标人编制的资格预审文件、招标文件的内容违反法律、行政法规的强制性规定，违反公开、公平、公正和诚实信用原则，影响资格预审结果或者潜在投标人投标的，依法必须进行招标的项目的招标人应当在修改资格预审文件或者招标文件后重新招标。"

《招标投标法实施条例》第四十四条第二款规定："投标人少于3个的，不得开标；招标人应当重新招标。

《招标投标法实施条例》第五十五条规定："国有资金占控股或者主导地位的依法必须进行招标的项目，招标人应当确定排名第一的中标候选人为中标人。排名第一的中标候选人放弃中标、因不可抗力不能履行合同，不按照招标文件要求提交履约保证金，或者被查实存在影响中标结果的违法行为等情形，不符合中标条件的，招标人可以按照评标委员会提出的中标候选人名单排序依次确定其他中标候选人为中标人，也可以重新招标。"

《招标投标法实施条例》第八十一条规定："依法必须进行招标的项目的招标投标活动违反招标投标法和本条例的规定，对中标结果造成实质性影响，且不能采取补救措施予以纠正的，招标、投标、中标无效，应当依法重新招标或者评标。"

《工程建设项目施工招标投标办法》第三十八条第三款规定："依法必须进行施工招标的项目提交投标文件的投标人少于三个的，招标人在分析招标失败的原因并采取相应措施后，应当依法重新招标。重新招标后投标人仍少于三个的，属于必须审批、核准的工程建设项目，报经原审批、核准部门批准后可以不再进行招标；其他工程建设项目，招标人可自行决定不再进行招标。

《工程建设项目施工招标投标办法》第八十六条规定：依法必须进行施工招标的项目违反法律规定，中标无效的，应当依照法律规定的中标条件从其余投标人中重新确定中标人或者依法重新进行招标。

【典型案例】

2023年1月17日，广安市公共资源交易中心的网站上发布了一则关于某工程重新招标的公告。具体公告如下。

时代天街项目(项目名称)二期消防设施专业分包标段施工重新招标公告

本项目在中标候选人公示期间收到关于中标第一候选人河南颍淮建工有限公司的相关质疑。经核查，中标第一候选人河南颍淮建工有限公司在2022年1月27日受到云梦县公共资源交易监督管理局对其在湖北省内参与投标项目的行政处罚，存在违反了招标文件 投标人须知前附表“1.4.3 (12)有“(12)在最近三年内有骗取中标或严重违约或重大工程质量问题的”的事实。根据招标文件 投标人须知前附表10.6 确定中标人 中“(2)《中华人民共和国招标投标法实施条例》第五十五条，国有资金占控股或者主导地位的依法必须进行招标的项目，招标人应当确定排名第一的中标候选人为中标人。排名第一的中标候选人放弃中标、因不可抗力不能履行合同、不按照招标文件要求提交履约保证金，或者被查实存在影响中标结果的违法行为等情形，不符合中标条件的，招标人可以按照评标委员会提出的中标候选人名单排序依次确定其他中标候选人为中标人，也可以重新招标”的规定，我单位经研究决定，取消第一候选人河南颍淮建工有限公司中标资格，并重新招标。

特此通知。

招标人：四川海特尔建筑工程有限责任公司

招标代理机构：四川省鑫跃建设项目管理有限公司

2023年1月16日

【思政案例】

2020年11月17日，河南省综合评标专家库对5名评标专家进行公开通报。5人接受请托人高额好处费，相互串通，瓜分标段，共同给请托人委托公司打高分，违规操纵评标结果，该项目共7个标段，前5个标段的中标候选人第一名均是被5人共同操纵产生，性质极其恶劣。经鹤壁市中级人民法院终审，5人均触犯刑法，判处有期徒刑一年到一年六个月不等，缓期一年到二年不等。

【思政引导】

引导学生站在评标专家的角色角度上，一定要吸取案例中5人的沉痛教训，引以为戒，敬畏法律、遵纪守法，珍惜自由、珍惜荣誉，万不可心存侥幸，为了蝇头小利，践踏法律红线，给人生留下永远的污点。

作为评标专家，在评标评审活动中，应该认真、公正、诚实、廉洁地履行评标职责，共同维护好公共资源交易评标环境。同时，要争做正义之士，发现有专家疑似操纵评标或发现有专家在微信等聊天群组主动泄露评标评审信息的，主动向行政监督部门或公管办举报。

6.3　建设工程定标及签订合同

【导入】

甲单位的某办公楼工程施工项目经过严格的招标程序后，决定乙施工单位为中标人，双方经过合同谈判后签订了施工合同。一周后，甲方以合同价过高为由，要求乙施工单位与其另行签订一份价格下降10%的合同，乙施工单位答应并签订了该合同。请问，这两份合同到底哪一份有效呢？

6.3.1　定标

定标亦称决标，即最后决定将合同授予某一个投标人。

1. 中标候选人的公示

为维护公开、公平、公开的市场环境，鼓励各招投标当事人积极参与监督，按照《招标投标法实施条例》的规定，依法必须进行招标的项目，招标人须对中标候选人进行公示，对中标候选人的公示须明确以下几个方面。

(1) 公示范围。公示的项目范围是依法必须进行招标的项目，其他招标项目是否公示中标候选人由招标人自主决定。

(2) 公示媒体。招标人在确定中标人之前，应当将中标候选人在交易场所和指定媒体上公示。

(3) 公示时间(公示期)。招标人应当自收到评标报告之日起3日内公示中标候选人，公示期不得少于3日。

(4) 公示内容。招标人应当对中标候选人全部名单及排名进行公示，而不是只公示排名的中标候选人。同时，对有业绩信誉条件的项目，在投标报名或开标时提供的作为资格条件或业绩信誉情况，应一并进行公示，但不含投标人的各评分要素的得分情况。依法必须招标项目的中标候选人公示应当载明以下内容：①中标候选人排序、名称、投标报价、质量、工期(交货期)，以及评标情况；②中标候选人按照招标文件要求承诺的项目负责人姓名及其相关证书名称和编号；③中标候选人响应招标文件要求的资格能力条件；④提出异议的渠道和方式；⑤招标文件规定公示的其他内容。

知识链接

《岳池经开区幸福路南段道路及管网建设项目一标段施工中标候选人公示》

【案例分析6-12】

招标人于8月10日至12日公示中标结果，投标人甲认为中标人的投标文件中的业绩有造假行为，于8月15日向招标单位提出异议。

问：投标人甲的做法是否妥当？

【解析】

投标人甲的做法不妥。理由：投标人或者其他利害关系人对依法必须进行招标项目的评标结果有异议的，应当在中标候选人公示期间提出。

(5) 异议处置。投标人或者其他利害关系人对依法必须进行招标的项目的评标结果有异议的，应当在中标候选人公示期间提出。招标人应当自收到异议之日起3日内作出答复；作出答复前，应当暂停招标投标活动。经核查后发现在招投标过程中确有违反相关法律法规且影响评标结果公正性的，招标人应当重新组织评标或招标。招标人拒绝自行纠正或无法自行纠正，则根据《招标投标法实施条例》第六十条的规定向有关行政监督部门提出投诉。对故意虚构事实，扰乱招投标市场秩序的，则按照有关规定进行处理。

2. 确定中标人

除招标文件中特别规定了授权评标委员会直接确定中标人外，招标人应依据评标委员会推荐的中标候选人确定中标人，评标委员会提交中标候选人的人数应符合招标文件的要求，应当不超过3人，并标明排列顺序。中标人的投标应当符合下列条件之一：

(1) 能够最大限度满足招标文件中规定的各项综合评价标准；

(2) 能够满足招标文件的实质性要求，并且经评审的投标价格最低，但是投标价格低于成本的除外。

对国有资金占控股或者主导地位的依法必须进行招标的项目，招标人应当确定排名第一的中标候选人为中标人。

特别提示

当排名第一的中标候选人出现下列情况时：

(1) 排名第一的中标候选人放弃中标；

(2) 中标人因不可抗力提出不能履行合同；

(3) 招标文件规定应当提交履约保证金而中标人在规定期限内未能提交的;

(4) 中标人被查实存在影响中标结果的违法行为的;

(5) 中标人的经营、财务状况发生较大变化或者存在违法行为，招标人认为可能影响其履约能力的;

(6) 招标人在投标文件中发现与招标文件的实质性要求有重大偏差的。招标人可以按照评标委员会提出的中标候选人名单排序依次确定其他中标候选人为中标人。依次确定其他中标候选人与招标人预期差距较大，或者对招标人明显不利的，招标人可以重新招标。

招标人可以授权评标委员会直接确定中标人。

【特别提示】

招标人不得向中标人提出压低报价、增加工作量、缩短工期或其他违背中标人意愿的要求，即不得以此作为发出中标通知书和签订合同的条件。

【思政案例】

建设工程招投标“评定分离”是指评标委员会对投标文件进行定性评审并提供技术咨询建议，推荐定标候选人，招标人在定标候选人中按照事先确定的定标规则、定标方案自主确定中标人的评标定标办法。事实上在现行招标投标制度中，评标和定标本来就是分离的，“评定分离”这一概念实则强调改变评标专家对评标定标的决定性作用，从而突出招标人的定标权。

2019年12月，住房城乡建设部官网发布《住房和城乡建设部关于进一步加强房屋建筑和市政基础设施工程招标投标监管的指导意见》(建市规〔2019〕11号)，提出：探索推进评定分离方法。评标委员会对投标文件的技术、质量、安全、工期的控制能力等因素提供技术咨询建议，向招标人推荐合格的中标候选人。由招标人按照科学、民主决策原则，建立健全内部控制程序和决策约束机制，根据报价情况和技术咨询建议，择优确定中标人，实现招标投标过程的规范透明，结果的合法公正，依法依规接受监督。

2020年11月，广州市住房和城乡建设局发布《关于探索房屋建筑工程招标项目“评定分离”有关操作的指引(试行)》。

2020年12月，四川省发展和改革委员会、四川省住房和城乡建设厅等六部门联合发布《关于在全省推行中标候选人评定分离机制的通知》，决定在全省推行中标候选人评定分离机制。

2022年5月，厦门市建设局修订了《厦门市建设工程招投标“评定分离”办法(试行)》，并印发执行。

【思政引导】

多地、多项目推行“评定分离”是未来招标投标的发展趋势，落实了招标人主体责任，强化评标专家专业技术能力，纠正投标人“低价中标”的价值取向，优化行政监管方式，提升招标代理机构专业咨询水平。引导学生认清行业发展趋势，具有前瞻性地学习相关知识，在行业转变和升级中找到自己的定位和方向。

6.3.2 发出中标通知书

中标人确定后，招标人应当向中标人发出中标通知书，并同时将中标结果通知所有未中标的投标人。中标通知书对招标人和中标人具有法律效力。中标通知书发出后，招标人改变中标结果的，或者中标人放弃中标项目的，都应承担法律责任。

中标通知书如下所示。

中标通知书

________________(中标人名称)：

你方于____________(投标日期)所递交的________________(项目名称)________________标段施工投标文件已被我方接受，被确定为中标人。

中标价：________________元

工期：______________日历天

工程质量：符合______________标准

项目经理：________________(姓名)

请你方在接到本通知后的____日内到_______________(指定地点)与我方签订施工承包合同，在此之前按招标文件中“投标人须知”规定向我方提交履约担保。

特此通知

招标人：__________________(盖单位章)

法定代表人：________________(签字)

________年_________月_________日

特别提示

根据《招标投标法实施条例》第五十六条规定：“中标候选人的经营、财务状况发生较大变化或者存在违法行为，招标人认为可能影响其履约能力的，应当在发出中标通知书前由原评标委员会按照招标文件规定的标准和方法审查确认。”

《招标投标法实施条例》第五十九条规定，中标人应当按照合同约定履行义务，完成中标项目。中标人不得向他人转让中标项目，也不得将中标项目肢解后分别向他人转让。中标人按照合同约定或者经招标人同意，可以将中标项目的部分非主体、非关键性工作分包给他人完成。接受分包的人应当具备相应的资格条件，并不得再次分包。中标人应当就分包项目向招标人负责，接受分包的人就分包项目承担连带责任。

6.3.3 中标无效

1. 中标无效的定义

中标无效是指招标人最终作出的中标决定没有法律约束力。在招标人尚未与中标人签订书面合同的情况下，招标人发出的中标通知书失去了法律约束力，招标人没有与中标人签订合同的义务，中标人失去了与招标人签订合同的权利。

2. 导致中标无效的情况

1) 违规代理无效

《招标投标法》第五十条规定：“招标代理机构违反本法规定，泄露应当保密的与招标投标活动有关的情况和资料的，或者与招标人、投标人串通损害国家利益、社会公共利益或者他人合法权益的，处五万元以上二十五万元以下的罚款；对单位直接负责的主管人员和其他直接责任人员处单位罚款数额百分之五以上百分之十以下的罚款；有违法所得的，并处没收违法所得；情节严重的，禁止其一年至二年内代理依法必须进行招标的项目并予以公告，直至由工商行政管理机关吊销营业执照；构成犯罪的，依法追究刑事责任。给他人造成损失的，依法承担赔偿责任。前款所列行为影响中标结果的，中标无效。”

2) 泄露信息无效

《招标投标法》第五十二条规定：“依法必须进行招标的项目的招标人向他人透露已获取招标文件的潜在投标人的名称、数量或者可能影响公平竞争的有关招标投标的其他情况的，或者泄露标底的，给予警告，可以并处一万元以上十万元以下的罚款；对单位直接负责的主管人员和其他直接责任人员依法给予处分；构成犯罪的，依法追究刑事责任。前款所列行为影响中标结果的，中标无效。”

3) 串通投标无效

《招标投标法》第五十三条规定：“投标人相互串通投标或者与招标人串通投标的，投标人以向招标人或者评标委员会成员行贿的手段谋取中标的，中标无效，处中标项目金额千分之五以上千分之十以下的罚款，对单位直接负责的主管人员和其他直接责任人员处单位罚款数额百分之五以上百分之十以下的罚款；有违法所得的，并处没收违法所得；情节严重的，取消其一年至二年内参加依法必须进行招标的项目的投标资格并予以公告，直至由工商行政管理机关吊销营业执照；构成犯罪的，依法追究刑事责任。给他人造成损失的，依法承担赔偿责任。”

4) 弄虚作假无效

《招标投标法》第五十四条规定：“投标人以他人名义投标或者以其他方式弄虚作假，骗取中标的，中标无效，给招标人造成损失的，依法承担赔偿责任；构成犯罪的，依法追究刑事责任。”

5) 违法谈判无效

《招标投标法》第五十五条规定：“依法必须进行招标的项目，招标人违反本法规定，与投标人就投标价格、投标方案等实质性内容进行谈判的，给予警告，对单位直接负责的主管人员和其他直接责任人员依法给予处分。前款所列行为影响中标结果的，中标无效。”

6) 违法确定中标人无效

《招标投标法》第五十七条规定：“招标人在评标委员会依法推荐的中标候选人以外确定中标人的，依法必须进行招标的项目在所有投标被评标委员会否决后自行确定中标人的，中标无效。”

7) 放弃中标无效

《招标投标法实施条例》第五十五条规定：“国有资金占控股或者主导地位的依法必须进行招标的项目，招标人应当确定排名第一的中标候选人为中标人。排名第一的中标候选人放弃中标、因不可抗力不能履行合同、不按照招标文件要求提交履约保证金，或者被查实存在影响中标结果的违法行为等情形，不符合中标条件的，招标人可以按照评标委员会提出的中标候选人名单排序依次确定其他中标候选人为中标人，也可以重新招标。”

8) 拒签合同无效

《招标投标法实施条例》第七十四条规定：“中标人无正当理由不与招标人订立合同，在签订合同时向招标人提出附加条件，或者不按照招标文件要求提交履约保证金的，取消其中标资格，投标保证金不予退还。对依法必须进行招标的项目的中标人，由有关行政监督部门责令改正，可以处中标项目金额10‰以下的罚款。”

【案例分析6-13】

某项目评标时发现投标人甲乙的投标文件中，项目技术负责人为同一人。

问：评标委员会该如何处理？

【解析】

对甲乙投标人均应否决投标。理由：不同投标人的投标文件载明的项目管理成员为同一人的，视为投标人相互串通投标。

【案例分析6-14】

某项目评标委员会评标时发现投标人A、B的投标文件由同一造价咨询机构编制且投标保证金也由同一单位账户转出。

问：评标委员会该如何处理？

【解析】

对投标人A和投标人B均应否决投标。理由：不同投标人委托同一单位或者个人办理投标事宜；不同投标人的投标保证金从同一单位或者个人的账户转出视为投标人相互串通投标。

【案例分析6-15】

柴某与姜某是老乡，二人在外打拼了多年，一直想承揽一项大的建筑装饰业务。某市一商业大厦的装饰工程公开招标，当时柴某、姜某均没有符合承揽该工程的资质等级证书。为了得到该装饰工程，柴某、姜某以缴纳高额管理费和其他优厚条件，分别借用了A装饰公司、B装饰公司的资质证书并以其名义报名投标。这两家装饰公司均通过了资格预审。之后，柴某与姜某商议，由柴某负责与招标方协调，姜某负责联系另外一家入围装饰公司的法定代表人张某，与张某串通投标价格，约定事成之后利益共享，并签订利益共享协议。为了增加中标的可能性，他们故意让入围的一家资质等级较低的装饰公司在投标时报高价，而柴某借用的资质等级高的A装饰公司则报较低价格。就这样，柴某终以借用的A装饰公司名义成功中标，拿下了该项装饰工程。

问：

(1) 柴某与姜某有哪些违法行为？

(2) 该违法行为应当受到何种处罚？

【解析】

(1) 柴某与姜某有两项违法行为：一是弄虚作假，以他人名义投标。《招标投标法》第三十三条规定：“投标人不得以低于成本的报价竞标，也不得以他人名义投标或者以其他方式弄虚作假，骗取中标。”《招标投标法实施条例》第四十二条进一步规定，使用通过受让或者租借等方式获取的资格、资质证书投标的，属于招标投标法第三十三条规定的以他人名义投标。二是串通投标。《招标投标法》第三十二条规定：“投标人不得相互串通投标报价，不得排挤其他投标人的公平竞争，损害招标人或者其他投标人的合法权益。投标人不得与招标人串通投标，损害国家利益、社会公共利益或者他人的合法权益。”《招标投标法实施条例》第三十九条进一步规定：“有下列情形之一的，属于投标人相互串通投标：

(一)投标人之间协商投标报价等投标文件的实质性内容；(二)投标人之间约定中标人；(三)投标人之间约定部分投标人放弃投标或者中标；……(五)投标人之间为谋取中标或者排斥特定投标人而采取的其他联合行动。”

(2) 对于以他人名义投标的违法行为，《招标投标法》第五十四条规定，投标人以他人名义投标或者以其他方式弄虚作假，骗取中标的，中标无效，给招标人造成损失的，依法承担赔偿责任；构成犯罪的，依法追究刑事责任。依法必须进行招标的项目的投标人有前款所列行为尚未构成犯罪的，处中标项目金额千分之五以上千分之十以下的罚款，对单位直接负责的主管人员和其他直接责任人员处单位罚款数额百分之五以上百分之十以下的罚款；有违法所得的，并处没收违法所得；情节严重的，取消其一年至三年内参加依法必须进行招标的项目的投标资格并予以公告，直至由工商行政管理机关吊销营业执照。《招标投标法实施条例》第六十八条进一步规定，投标人有下列行为之一的，属于招标投标法第五十四条规定的情节严重行为，由有关行政监督部门取消其1年至3年内参加依法必须进行招标的项目的投标资格：①伪造、变造资格、资质证书或者其他许可证件骗取中标；②3年内2次以上使用他人名义投标；③弄虚作假骗取中标给招标人造成直接经济损失30万元以上；④其他弄虚作假骗取中标情节严重的行为。投标人自本条第二款规定的处罚执行期限届满之日起3年内又有该款所列违法行为之一的，或者弄虚作假骗取中标情节特别严重的，由工商行政管理机关吊销营业执照。此外，对出让或者出租资质证书供他人投标的，《招标投标法实施条例》第六十九条规定，出让或者出租资格、资质证书供他人投标的，依照法律、行政法规的规定给予行政处罚；构成犯罪的，依法追究刑事责任。

对于串通投标的违法行为，《招标投标法》第五十三条规定，投标人相互串通投标或者与招标人串通投标的，……中标无效，处中标项目金额千分之五以上千分之十以下的罚款，对单位直接负责的主管人员和其他直接责任人员处单位罚款数额百分之五以上百分之十以下的罚款；有违法所得的，并处没收违法所得；情节严重的，取消其一年至二年内参加依法必须进行招标的项目的投标资格并予以公告，直至由工商行政管理机关吊销营业执照；构成犯罪的，依法追究刑事责任。给他人造成损失的，依法承担赔偿责任。《招标投标法实施条例》第六十七条进一步规定，投标人有下列行为之一的，属于招标投标法第五十三条规定的情节严重行为，由有关行政监督部门取消其1年至2年内参加依法必须进行招标的项目的投标资格：①以行贿谋取中标；②3年内2次以上串通投标；③串通投标行为损害招标人、其他投标人或者国家、集体、公民的合法利益，造成直接经济损失30万元以上；④其他串通投标情节严重的行为。投标人自本条第二款规定的处罚执行期限届满之日起3年内又有该款所列违法行为之一的，或者串通投标、以行贿谋取中标情节特别严重的，由工商行政管理机关吊销营业执照。

对于构成犯罪的，2020年12月经修改后公布的《中华人民共和国刑法》第二百二十三条规定，投标人相互串通投标报价，损害招标人或者其他投标人利益，情节严重的，处三年以下有期徒刑或者拘役，并处或者单处罚金。投标人与招标人串通投标，损害国家、集体、公民的合法利益的，依照前款的规定处罚。

3. 中标无效的处理

根据前述，中标无效分为五种情况：第一种是招标代理机构的违规代理造成的无效(《招标投标法》第五十条)；第二种是招标人因泄露信息造成的无效(《招标投标法》第五十二条)；第三种是因投标人的违法行为造成的无效(《招标投标法》第五十三条、第五十四条)；第四种是因招标人违法谈判和违法确定中标人导致的无效(《招标投标法》第五十五条、第五十七条)；第五种是因中标人放弃中标或者拒绝与招标人签订合同而导致的中标无效(《招标投标法实施条例》第五十五条、第七十四条)。对于上述五种情况，可以采取以下三种处理方式。

(1) 对于上述第一种、第二种、第四种情况，由于招标人或者招标代理机构的违法行为，已经严重影响了招标投标活动的公开、公平、公正和诚实信用原则，产生不公平的结果，被认定中标无效后，应当重新招标。

(2) 对于上述第三种情况，是由于招标人或者投标人的具体违法行为造成的，该违法行为没有影响整个招标投标活动的合法性，应当取消原中标人的中标资格，按照招标文件的规定重新确定中标人，无须重新招标。

(3) 对于上述第五种情况，根据条例的规定，违法行为被确定无效后，招标人既可以取消原中标人的中标资格并重新确定其他中标候选人为中标人，也可以重新招标，由招标人自行确定。

6.3.4 签订合同

招标人和中标人应当自中标通知书发出之日起30天内，根据招标文件和中标人的投标文件订立书面合同。招标人和中标人不得再行订立背离合同实质性内容的其他协议。

依法必须进行招标的项目，招标人应当自确定中标人之日起15日内，向有关行政监督部门提交招标投标情况的书面报告。

特别提示

《建筑工程设计招标投标管理办法》(住房城乡建设部令第33号)和《房屋建筑和市政基础设施工程施工招标投标管理办法》对于招标人自行组织招标也规定了相应的备案制度。

【案例分析6-16】

甲乙双方签订合同之后，通过谈判又签署了补充协议，双方约定将合同价降低100万元。

问：甲乙双方的做法是否妥当？

【解析】

甲乙双方的做法不妥。理由：招标人和中标人应当依照《招标投标法》和《招标投标法实施条例》的规定签订书面合同，合同的标的、价款、质量、履行期限等主要条款应当与招标文件和中标人的投标文件的内容一致。招标人和中标人不得再行订立背离合同实质性内容的其他协议。

1．履约保证金

履约保证金是招标人要求投标人在接到中标通知后提交的保证履行合同义务的担保。在签订合同前，中标人应按投标人须知前附表规定的金额、担保形式和招标文件中规定的履约担保格式向招标人提交履约担保。联合体中标的，其履约担保由牵头人递交，并应符合投标人须知前附表规定的金额、担保形式和招标文件规定的履约担保格式要求。

履约保证金的形式，通常包括银行保函、银行汇票、现金支票等。

特别提示：《招标投标法实施条例》第五十八条规定：“招标文件要求中标人提交履约保证金的，中标人应当按照招标文件的要求提交。履约保证金不得超过中标合同金额的10%。”

【案例分析6-17】

甲乙双方签订合同，签约合同价1 000万元，履约保证金为150万元。

问：该合同有何不妥？

【解析】

该合同的履约保证金不妥。理由：履约保证金不得超过中标合同金额的10%。

2. 投标保证金的退还

招标人最迟应当在书面合同签订后5日内退还投标保证金及利息。

▍特别提示▍

投标保证金退还时间为5个日历日而不是5个工作日。

1) 退还投标保证金的情形

① 招标人终止招标的，已经收取投标保证金的，终止招标后及时退还所有投标人的投标保证金及银行同期存款利息。

② 投标人撤回已提交的投标文件，招标人已收取投标保证金的，应当自收到投标人书面撤回通知之日起5日内退还投标保证金。

③ 招标人与中标人签订书面合同的，在签订书面合同后5日内退还所有投标人的投标保证金及银行同期存款利息。

▍特别提示▍

所有的投标人，既包括中标人也包括未中标的投标人，既包括投标文件经评审合格的投标人，也包括经评审投标文件归于无效的投标人。相关规定招标人有权不予退还其投标保证金及利息除外。

2) 不退还投标保证金的情形

① 投标截止后投标人撤销投标文件的，投标保证金不予退还。

② 中标人无正当理由不与招标人签订合同，取消其中标资格，投标保证金不予退还；给招标人造成的损失超过投标保证金数额的，中标人还应当对超过部分予以赔偿。

③ 中标人在签订合同时向招标人提出附加条件的，取消其中标资格，投标保证金不予退还。

④ 中标人不能按招标文件要求提交履约担保的，取消其中标资格，投标保证金不予退还；给招标人造成的损失超过投标保证金数额的，中标人还应当对超过部分予以赔偿。

课后思考题

1. 建设工程开标的一般程序是什么？
2. 对建设工程评标委员会有哪些基本要求？
3. 何为初步评审？初步评审的内容有哪些？
4. 常用的评标办法有哪些？
5. 何为中标？

第7章
合同法律基本原理

学习目标

- 掌握合同的概念、特征。
- 熟悉合同应遵循的基本原则。
- 了解合同的分类、形式和内容。
- 掌握合同的订立、合同的效力。
- 掌握合同的履行、变更、转让及终止。
- 熟悉违约责任和违约责任的免除。

能力要求

全面了解《中华人民共和国民法典》(以下简称《民法典》)合同篇的条款内容，提高应用所学知识解决合同法律实际问题的能力，增强合同的法律意识。

思政目标

熟悉《民法典》合同篇，在合同管理中遵纪守法。

7.1　合同概述

【导入】

某造价咨询企业在为业主编制招标文件时，编制人员认为招标文件中的合同条款是基本的粗略条款，只需将政府有关管理部门出台的施工合同示范文本添加项目基本信息后，附在招标文件中即可。请问：这种观点是否正确？

2020年5月28日，第十三届全国人民代表大会第三次会议表决通过了《民法典》，并于2021年1月1日起正式实施。2020年12月25日，最高人民法院审判委员会第1825次会议通过了《最高人民法院关于审理建设工程施工合同纠纷案件适用法律问题的解释(一)》(法释〔2020〕25号)(以下简称法释〔2020〕25号建工合同司法解释)，并于2021年1月1日起正式施行。《民法典》第三编合同中专门设置了“建设工程合同”一章(第三编第十八章)，为保护建设工程合同双方当事人的合法权益、规范交易双方的市场行为，提供了法律保证。

【思政引导】

认真学习习近平同志在中央政治局第二十次集体学习时的重要讲话精神，引导学生充分认识颁布实施《民法典》的重大意义，要切实实施民法典，以更好推进全面依法治国，坚定制度自信。

7.1.1　合同的概念及特征

1. 合同的概念

2021年1月1日正式实施的《民法典》第四百六十四条规定："合同是民事主体之间设立、变更、终止民事法律关系的协议。"本条第二款还规定，婚姻、收养、监护等有关身份关系的协议，适用有关该身份关系的法律规定；没有规定的，可以根据其性质参照适用《民法典》合同编的规定。

▍特别提示▍

合同有广义和狭义之分。广义的合同是指所有法律部门中确定权利、义务内容的协议，即一切合同，例如民事合同、行政合同、劳动合同等。狭义合同是指一切财产合同和身份合同的民事合同。其中，财产合同包括债权合同、物权合同、准物权合同、知识产权合同；身份合同包括婚姻、收养、监护等有关身份关系的协议。最狭义合同仅指民事合同中的债权合同，是指两个以上民事主体之间设立、变更、终止债权债务关系的协议。

本书主要介绍最狭义的合同，也就是《民法典》第三编"合同"中的第一分编"通则"中规定的相关内容。

2. 合同的法律特征

(1) 合同是一种法律行为。

(2) 合同的当事人法律地位一律平等，双方自愿协商，任何一方不得将自己的观点、主张强加给另一方。

(3) 合同的目的在于设立、变更、终止民事权利义务关系。

(4) 合同的成立必须有两个以上当事人；两个以上当事人不仅作出意思表示，而且意思表示是一致的。

7.1.2　合同应遵循的基本原则

1. 平等原则

《民法典》第四条规定："民事主体在民事活动中的法律地位一律平等。"因此，合同当事人的法律地位平等。平等原则是合同关系的本质特征，也是调整合同关系的基础。

▍特别提示▍

平等原则主要体现在：①自然人的民事权利能力一律平等；②不同的民事主体参与民事关系适用同一法律，具有平等地位；③民事主体在民事法律关系中必须平等协商。

2. 自愿原则

《民法典》第五条规定："民事主体从事民事活动，应当遵循自愿原则，按照自己的意思设立、变更、终止民事法律关系。"自愿原则体现了民事活动的基本特征，是民事法律关系区别于行政法律关系、刑事法律关系的特有原则。

特别提示

自愿原则贯穿于合同活动的全过程，主要体现在：①订不订立合同自愿；②与谁订立合同自愿；③合同内容由当事人在不违法的情况下自愿约定；④在合同履行过程中当事人可以协议补充、协议变更有关内容；⑤双方可以协议解除合同，可以约定违约责任，以及自愿选择解决争议的方式。

只要不违背法律、行政法规强制性的规定，合同当事人有权自愿决定，任何单位和个人不得非法干预。

3. 公平原则

《民法典》第六条规定："民事主体从事民事活动，应当遵循公平原则，合理确定各方的权利和义务。"公平原则作为合同当事人的行为准则，可以防止当事人滥用权利，保护当事人的合法权益，维护和平衡当事人之间的利益。

特别提示

公平原则主要体现在：①订立合同时，要根据公平原则确定双方的权利和义务，不得欺诈，不得假借订立合同恶意进行磋商；②根据公平原则确定风险的合理分配；③根据公平原则确定违约责任。

4. 诚信原则

《民法典》第七条规定："民事主体从事民事活动，应当遵循诚信原则，秉持诚实，恪守承诺。"合同当事人行使权利、履行义务应当遵循诚实信用原则。

特别提示

诚信原则主要体现在：①订立合同时，不得有欺诈或其他违背诚信的行为；②履行合同义务时，当事人应当根据合同的性质、目的和交易习惯，履行及时通知、协助、提供必要条件、防止损失扩大、保密等义务；③合同终止后，当事人应当根据交易习惯，履行通知、协助、保密等义务，也称为后契约义务。

5. 合法及不得违背公序良俗原则

《民法典》第八条规定："民事主体从事民事活动，不得违反法律，不得违背公序良俗。"一般来讲，合同的订立和履行，属于合同当事人之间的民事权利义务关系，只要当事人的意思不与法律规范、社会公序良俗相抵触，即承认合同的法律效力。对于损害社会公共利益、扰乱社会经济秩序的行为，国家应当予以干预，但这种干预要依法进行，由法律、行政法规作出规定。

特别提示

公序良俗即公共秩序和善良风俗。善良风俗应当是以道德为核心的，是某一特定社会应有的道德准则。

6. 有利于节约资源、保护生态环境原则

《民法典》第九条规定："民事主体从事民事活动，应当有利于节约资源、保护生态环境。"有利于节约资源、保护生态环境原则是一项限制性的"绿色原则"，即民事主体在从事民事行为过程中，不仅要遵循自愿、公平、诚信原则，不得违反法律和公序良俗，还必须要

兼顾社会环境公益，有利于节约资源和生态环境保护。否则，将不受到法律的保护与支持。

7.1.3　合同的分类

合同的分类是指按照一定的标准，将合同划分成不同的类型。对合同进行分类，有利于当事人找到能达到自己交易目的的合同类型，订立符合自己愿望的合同条款，便于合同的履行，也有助于司法机关在处理合同纠纷时准确地适用法律，正确处理合同纠纷。

1. 《民法典》合同编的基本分类

根据《民法典》第三编“合同”的第二分编“典型合同”部分可将合同分为19类：买卖合同；供用电、水、气、热力合同；赠与合同；借款合同；保证合同；租赁合同；融资租赁合同；保理合同；承揽合同；建设工程合同；运输合同；技术合同；保管合同；仓储合同；委托合同；物业服务合同；行纪合同；中介合同；合伙合同。在《民法典》中对每一类合同都作了较为详细的规定。

特别提示

典型合同在市场经济活动和社会活动中应用普遍。为适应现实需要，《民法典》在原《中华人民共和国合同法》(以下简称《合同法》)规定的15种典型合同的基础上，增加了4种新的典型合同即保证合同、保理合同、物业服务合同和合伙合同。

2. 合同的其他分类

1) 有名合同与无名合同

根据法律是否明文规定了一定合同的名称，可以将合同分为有名合同与无名合同。

有名合同(又称典型合同)，是指法律上已经确定了一定的名称及具体规则的合同，如《民法典》中规定的19种合同。

无名合同(又称非典型合同)，是指法律上尚未确定一定的名称与规则的合同。合同当事人可以自由决定合同的内容，即使当事人订立的合同不属于有名合同的范围，只要不违背法律的禁止性规定和社会公共利益，仍然是有效的。

特别提示

有名合同与无名合同的区分意义，主要在于两者适用的法律规则不同。对于有名合同，应当直接适用《民法典》的相关规定，如建设工程合同直接适用《民法典》中“建设工程合同”的规定。对于无名合同，首先应当适用《民法典》的一般规则，然后可比照最相类似的有名合同的规则，确定合同效力、当事人权利义务等。

2) 双务合同与单务合同

根据合同当事人是否互相负有给付义务，可以将合同分为双务合同和单务合同。

双务合同，是指当事人双方互负对待给付义务的合同，即双方当事人互享债权、互负债务，一方的合同权利正好是对方的合同义务，彼此形成对价关系。例如，建设工程施工合同中，承包人有获得工程价款的权利，而发包人则有按约支付工程价款的义务。大部分合同都是双务合同。

单务合同，是指合同当事人中仅有一方负担义务，而另一方只享有合同权利的合同。例如，在赠与合同中，受赠人享有接受赠与物的权利，但不负担任何义务。无偿委托合同、无偿保管合同均属于单务合同。

3) 诺成合同与实践合同

根据合同的成立是否需要交付标的物，可以将合同分为诺成合同和实践合同。

诺成合同(又称不要物合同)，是指当事人双方意思表示一致就可以成立的合同。大多数的合同都属于诺成合同，如建设工程合同、买卖合同、租赁合同等。

实践合同(又称要物合同)，是指除当事人双方意思表示一致以外，尚需交付标的物才能成立的合同，如保管合同。

4) 要式合同与不要式合同

根据法律对合同的形式是否有特定要求，可以将合同分为要式合同与不要式合同。

要式合同，是指根据法律规定必须采取特定形式的合同。如《民法典》第七百八十九条规定："建设工程合同应当采用书面形式。"因此，建设工程合同是要式合同。

不要式合同，是指当事人订立的合同依法并不需要采取特定的形式，当事人可以采取口头方式，也可以采取书面形式或其他形式。

特别提示

要式合同与不要式合同的区别，实际上是一个关于合同成立与生效的条件问题。如果法律规定某种合同必须经过批准才能生效，则合同未经批准便不生效；如果法律规定某种合同必须采用书面形式才成立，则当事人未采用书面形式时合同便不成立。

5) 有偿合同与无偿合同

根据合同当事人之间的权利义务是否存在对价关系，可以将合同分为有偿合同与无偿合同。

有偿合同，是指一方通过履行合同义务而给对方某种利益，对方要得到该利益必须支付相应代价的合同，如建设工程合同等。

无偿合同，是指一方给付对方某种利益，对方取得该利益时并不支付任何代价的合同，如赠与合同等。

特别提示

有些合同既可以是有偿的，也可以是无偿的，由当事人协商确定，如委托、保管等合同。双务合同都是有偿合同；单务合同原则上为无偿合同，但有的单务合同也可为有偿合同，如有息贷款合同。

6) 主合同与从合同

根据合同相互间的主从关系，可以将合同分为主合同与从合同。

主合同是指能够独立存在的合同；依附于主合同方能存在的合同为从合同。例如，发包人与承包人签订的建设工程施工合同为主合同。为确保该主合同的履行，发包人与承包人签订的履约保证合同为从合同。

7) 格式合同与非格式合同

按条款是否预先拟定，合同可以分为格式合同与非格式合同。

格式合同也称定式合同、标准合同、附从合同。《民法典》第四百九十六条规定："格式条款是当事人为了重复使用而预先拟定，并在订立合同时未与对方协商的条款。"采用格式条款的合同称为格式合同。对于格式合同的非拟定条款的一方当事人而言，要订立格式合同，就必须接受全部合同条件；否则，就不订立合同。现实生活中的车票、船票、飞机票，保险单、提单、仓单、出版合同等都是格式合同。

对格式条款的理解发生争议的，应当按照通常理解予以解释。对格式条款有两种以上解释的，应当作出不利于提供格式条款一方的解释。格式条款和非格式条款不一致的，应当采用非格式条款。

3. 建设工程合同的分类

《民法典》第七百八十八条规定："建设工程合同是承包人进行工程建设，发包人支付价款的合同。建设工程合同包括工程勘察、设计、施工合同。"

特别提示

建设工程合同，是指承包人进行工程建设，发包人支付价款的合同。建设工程合同的客体是工程。这里的工程是指土木建筑工程和建筑范围内的线路、管道、设备安装工程的新建、扩建、改建及大型的建筑装饰装修活动，主要包括房屋、铁路、公路、机场、港口、桥梁、矿井、水库、电话、商讯线路等。建设工程的主体是发包人和承包人。承包人的基本义务是按质、按期地进行工程建设，包括工程勘察、设计和施工。工程勘察、设计、施工是专业性很强的工作，所以一般应当由专门的具有相应资质的工程单位来完成。发包人的基本义务就是按照约定支付价款。

建设工程合同通常包括工程勘察、设计、施工合同。

1) 建设工程勘察合同

建设工程勘察合同是指根据建设工程的要求，查明、分析、评价建设场地的地质地理环境特征和岩土工程条件，编制建设工程勘察文件订立的协议。建设工程勘察单位称为承包方，建设单位或者有关单位称为发包方(也称为委托方)。

建设工程勘察的内容一般包括工程测量、水文地质勘察和工程地质勘察。目的在于查明工程项目建设地点的地形地貌、地层土壤岩型、地质构造、水文条件等自然地质条件资料，进行鉴定和综合评价，为建设项目的工程设计和施工提供科学的依据。

为规范工程勘察市场秩序，维护工程勘察合同当事人的合法权益，住房城乡建设部、工商总局制定了《建设工程勘察合同(示范文本)》(GF—2016—0203)，自2016年12月1日起执行。

知识链接

《建设工程勘察合同(示范文本)》(GF—2016—0203)

2) 建设工程设计合同

建设工程设计合同是指根据建设工程的要求，对建设工程所需的技术、经济、资源、环境等条件进行综合分析、论证，编制建设工程设计文件的协议。在建设项目的选址和设计任务书已确定的情况下，建设项目是否能保证技术上先进和经济上合理，设计将起着决定性作用。

建设工程设计的内容包括编制设计文件和设计概算、预算，提供技术交底、施工配合、参加竣工验收或发包人委托的其他服务等。其范围包括工程建设程序中的方案设计、初步设计、扩大初步(招标)设计、施工图设计等阶段。

为规范工程设计市场秩序，维护工程设计合同当事人的合法权益，住房城乡建设部、工商总局制定了《建设工程设计合同示范文本(房屋建筑工程)》(GF—2015—0209)、《建设工程设计合同示范文本(专业建设工程)》(GF—2015—0210)，自2015年7月1日起执行。

知识链接

《建设工程设计合同示范文本(房屋建筑工程)》(GF—2015—0209)

3) 建设工程施工合同

建设工程施工合同是指工程发包人与承包人为完成特定的建筑、安装工程的施工任务，签订的确定双方权利和义务的协议，简称施工合同，也称为建筑安装承包合同。建筑是指对工程进行建造的行为，安装主要是指与工程有关的线路、管道、设备等设施的装配。

知识链接

《建设工程设计合同示范文本(专业建设工程)》(GF—2015—0210)

建设工程施工合同的当事人是发包人和承包人，双方是平等的民事主体。发包人是指具有工程发包主体资格和支付工程价款能力的当事人，以及取得该当事人资格的合法继承人，可以是建设工程的业主，也可以是取得工程总承包资格的总承包人。对合同范围内的工程实施建设时，发包人必须具备组织协调能力。承包人应是具备工程施工承包相应资质和法人资格的，并被发包人接受的合同当事人及其合法继承人，也称为施工单位。

知识链接

《建设工程施工合同(示范文本)》(GF—2017—0201)

为了指导建设工程施工合同当事人的签约行为，维护合同当事人的合法权益，住房城乡建设部、国家工商行政管理总局(现国家市场监督管理总局)对《建设工程施工合同(示范文本)》(GF—2013—0201)进行了修订，制定了《建设工程施工合同(示范文本)》(GF—2017—0201)，自2017年10月1日起执行。

7.1.4 合同的形式和内容

1. 合同的形式

合同的形式又称为合同的方式，是指合同当事人双方对合同的内容、条款经过协商，作出共同的意思表示的具体形式。合同的形式是合同内容的外在表现，是合同内容的载体。

《民法典》第四百六十九条规定：“当事人订立合同，可以采用书面形式、口头形式或者其他形式。”因此，合同的形式可以分为以下几种。

1) 书面形式

书面形式是指合同书、信件、电报、电传、传真等可以有形地表现所载内容的形式。以电子数据交换、电子邮件等方式能够有形地表现所载内容，并可以随时调取查用的数据电文，视为书面形式。

书面合同的优点在于有据可查、权利义务记载清楚、便于履行，发生纠纷时容易举证和分清责任。书面合同是实践中广泛采用的一种合同形式。

特别提示

《民法典》第七百八十九条规定：“建设工程合同应当采用书面形式。”

2) 口头形式

口头形式是指当事人用谈话的方式订立的合同，如当面交谈、电话联系等。口头合同形式一般运用于标的数额较小和即时结清的合同。例如，到商店、集贸市场购买商品，基本上都是采用口头合同形式。

以口头形式订立合同，其优点是建立合同关系简便、迅速，缔约成本低。但在发生争议时，难以取证、举证，不易分清当事人的责任，可通过开发票、购物小票等凭证加以补救。

3) 其他形式

其他形式是指除书面形式、口头形式以外的方式来表现合同内容的形式，主要包括默示形式和推定形式。默示形式是指当事人既不用口头形式、书面形式，也不用实施任何行为，而是以消极的不作为的方式进行的意思表示。默示形式只有在法律有特别规定的情况下才能运用。推定形式是指当事人不用语言、文字，而是通过某种有目的的行为表达自己意思的一种形式，从当事人的积极行为中，可以推定当事人已进行意思表示，如在自动售货机投币购物。

2. 合同的内容

合同的内容，即合同当事人的权利、义务，除法律规定的以外，主要由合同的条款确定。合同的内容由当事人约定，一般包括以下条款：

(1) 当事人的姓名或者名称和住所；

(2) 标的，如有形财产、无形财产、劳务、工作成果等；

(3) 数量，应选择使用共同接受的计量单位、计量方法和计量工具；

(4) 质量，可约定质量检验方法、质量责任期限与条件、对质量提出异议的条件与期限等。质量要求不明确的，按照强制性国家标准履行；没有强制性国家标准的，按照推荐性国家标准履行；没有推荐性国家标准的，按照行业标准履行；没有国家标准、行业标准的，按照通常标准或者符合合同目的的特定标准履行；

(5) 价款或者报酬，应规定清楚计算价款或者报酬的方法；

(6) 履行期限、地点和方式；

(7) 违约责任，可在合同中约定定金、违约金、赔偿金额，以及赔偿金的计算方法等；

(8) 解决争议的方法。

当事人可以参照各类合同的示范文本订立合同。

7.2 合同的订立

【导入】

某超市想要购进一批毛巾，向几家毛巾厂发出电询：本超市欲购进毛巾，如果有全棉新款，请附图样与说明，本超市将派人前往洽谈购买事宜。于是有几家毛巾厂回电，称自己满足该超市的要求，并且附上了图样与说明。其中一家毛巾厂甲厂寄送了图样和说明后，又送了100条毛巾到该超市，但超市看货后并不满意，决定不购买甲厂的毛巾。甲厂的损失应该由谁承担？

合同订立，是指缔约人进行意思表示并达成一致意见的状态，包括缔约各方在接触、协商、达成协议前讨价还价的整个动态过程和静态协议。《民法典》第四百七十一条规定：“当事人订立合同，可以采取要约、承诺方式或者其他方式。”

7.2.1 要约

1. 要约的定义

《民法典》第四百七十二条规定：“要约是希望与他人订立合同的意思表示，该意思表示应当符合下列条件：(一)内容具体确定；(二)表明经受要约人承诺，要约人即受该意思表示约束。”

发出要约的一方称要约人，接受要约的一方称受要约人，例如招标投标中招标人属于要约人，投标人属于受要约人。

2. 要约的构成要件

要约的构成要件包括以下内容：

(1) 要约是由具有订约能力的特定人作出的意思表示；

(2) 要约必须具有订立合同的意图；

(3) 要约必须向要约人希望与之缔结合同的受要约人发出；

(4) 要约的内容必须具体确定；

(5) 要约必须送达到受要约人。

3. 要约生效的时间

要约到达受要约人时生效。因要约的送达方式不同，其“到达”的时间界定也不同。采用直接送达的方式发出要约的，记载要约的文件交给受要约人即为到达；采用普通邮寄方式送达要约的，受要约人收到要约文件或要约送达到受要约人信箱的时间为到达时间；采用数据电文形式(包括电报、电传、传真、电子数据交换和电子邮件)发出要约的，数据电文进入收件人指定的特定系统的时间或者在未指定特定系统情况下数据电文进入收件人的任何系统的首次时间作为要约到达时间。

4. 要约的撤回和撤销

要约的撤回是指要约在发生法律效力之前，要约人宣布收回发出的要约，使其不产生法律效力的行为。撤回要约的通知应当在要约到达受要约人之前或者与要约到达受要约人同时。

要约的撤销是指要约在发生法律效力之后，要约人取消该要约，使该要约的效力归于消灭的行为。撤销要约的通知应当在受要约人发出承诺通知之前到达受要约人。

特别提示

有下列情形之一的，要约不得撤销：

(1) 要约人以确定承诺期限或者其他形式明示要约不可撤销；

(2) 受要约人有理由认为要约是不可撤销的，并已经为履行合同做了合理准备工作。

5. 要约的失效

要约失效又称为要约消灭，是指要约丧失了法律效力，要约人和受要约人均不再受其约束。要约在以下4种情况下失效：①要约被拒绝；②要约被依法撤销；③承诺期限届满，受要约人未作出承诺；④受要约人对要约的内容作出实质性变更。如果受要约人对要约的主要内容作出限制、更改或扩大，则构成反要约，即受要约人拒绝了要约，同时又向原要约人提出了新的要约。但如果受要约人只是更改了要约的非实质内容，则不构成新要约，要约也不会失效，除非要约人及时表示反对或要约表明承诺不得对要约内容做任何改变。

7.2.2 要约邀请

要约邀请，是指一方希望他人向自己发出要约的意思表示。《民法典》第四百七十三条规定：“要约邀请是希望他人向自己发出要约的表示。拍卖公告、招标公告、招股说明书、债券募集办法、基金招募说明书、商业广告和宣传、寄送的价目表等为要约邀请。商业广告和宣传的内容符合要约条件的，构成要约。”

要约邀请与要约虽然最终的目的都是订立合同，但两者存在较大区别。最重要的区别就是法律约束力不同。要约邀请对行为人无法律约束力，在发出要约邀请后可随时撤回其邀请，只要没有造成信赖利益损失的，要约邀请人一般不承担法律责任。而要约一旦发出且受要约人承诺，合同便成立；即使受要约人不承诺，要约人在一定时间内也应受到要约的约束，不得违反法律规定擅自撤回或撤销要约，不得随意变更要约的内容。

▌特别提示▐

在建设工程招标投标活动中，招标文件是要约邀请，对招标人不具有法律约束力；投标文件是要约，应受自己作出的与他人订立合同的意思表示的约束。

【案例分析7-1】

A因建造大楼急需水泥，遂向本市宝华水泥厂发出函电，函电中称："我公司急需标号为425号的水泥100吨，若贵厂有货，请速来函电，我公司愿派人前往购买。"水泥厂在收到函电以后，均先后回复函电告知备有现货，且告知了水泥的价格。而水泥厂在发出函电同时即派车给A送去50吨水泥。

问：本案例中A的函电属于什么性质？

【解析】

本案例中A的函电属于要约邀请。理由：因为没有约定价格，本意不具有签订合同的意思。水泥厂的回复具有要约的法律效力，即在承认原来函电的情况下，约定了价格，对方接受即为合同成立。

7.2.3　承诺

1. 承诺的定义

《民法典》第四百七十九条规定："承诺是受要约人同意要约的意思表示。"如招标人向投标人发出的中标通知书，是承诺。受要约人无条件同意要约的承诺一经送达到要约人则发生法律效力，这是合同成立的必经程序。

▌特别提示▐

承诺的有效成立必须具备以下条件：

(1) 承诺必须由受要约人向要约人作出；

(2) 承诺必须在规定的期限内到达要约人；

(3) 承诺的内容必须与要约的内容一致。

2. 承诺的方式

《民法典》第四百八十条规定，"承诺应当以通知的方式作出；但是，根据交易习惯或者要约表明可以通过行为作出承诺的除外。"这里的行为通常是履行行为，如预付价款、工地上开始工作等。

3. 承诺的内容

承诺的内容应当与要约的内容一致。受要约人对要约的内容作出实质性变更的，为新要约。有关合同标的、数量、质量、价款或者报酬、履行期限、履行地点和方式、违约责任和解决争议方法等的变更，是对要约内容的实质性变更。

4. 承诺的生效时间

承诺通知到达要约人时生效。承诺不需要通知的，根据交易习惯或者要约的要求作出承诺的行为时生效。采用数据电文形式订立合同的，承诺到达的时间适用于要约到达受要约人时间的规定。

5. 承诺的撤回

承诺的撤回是指在承诺没有发生法律效力之前，承诺人宣告取消承诺的意思表示。鉴于承诺一经送达要约人即发生法律效力，合同也随之成立，所以撤回承诺的通知应当在承诺通知到达要约人之前或者承诺通知同时到达要约人。若撤回承诺的通知晚于承诺通知到达要约人，此时承诺已然发生法律效力，合同已经成立，则承诺人就不得撤回其承诺。

6. 承诺超期

承诺超期又称承诺迟到，是指超过承诺期限到达要约人的承诺。按照迟到的原因不同，《民法典》对承诺的有效性作出了以下规定。

《民法典》第四百八十六条规定："受要约人超过承诺期限发出承诺，或者在承诺期限内发出承诺，按照通常情形不能及时到达要约人的，为新要约；但是，要约人及时通知受要约人该承诺有效的除外。"

《民法典》第四百八十七条规定："受要约人在承诺期限内发出承诺，按照通常情形能够及时到达要约人，但是因其他原因致使承诺到达要约人时超过承诺期限的，除要约人及时通知受要约人因承诺超过期限不接受该承诺外，该承诺有效。"

【案例分析7-2】

甲建筑公司因施工需要于2022年5月6日向乙水泥厂发去购买水泥的电报，"要求以500元/吨的价格，标号为425，数量为500吨，并于2022年5月7日15点前送到甲建筑公司的×××工地"；乙水泥厂于2022年5月6日回电说："完全同意甲建筑公司购买水泥的要求。"

问：甲建筑公司和乙水泥厂的行为属于什么性质？

【解析】

本案例中，甲建筑公司为要约人，乙水泥厂为受要约人；甲建筑公司购买水泥的电报属于要约，乙水泥厂于2020年5月6日回电属于承诺；表明经受要约人承诺，要约人即受该意思表示约束。案例中，甲建筑公司购买水泥的电报(要约)经水泥厂于2020年5月6日回电(承诺)，因此，合同成立。当水泥厂按价、按质、按时送到甲建筑公司的×××工地时，甲建筑公司必须完全接收该水泥，不得少收或拒收(这就是所谓的"要约人即受该意思表示约束")。

7.2.4 缔约过失责任

1. 缔约过失责任的概念和特点

缔约过失责任是指在合同订立过程中，由于当事人一方未履行依据诚实信用原则应承担的义务，而导致当事人另一方受到损失，并应承担损害赔偿责任。《民法典》第七条规定："民事主体从事民事活动，应当遵循诚信原则，秉持诚实，恪守承诺。"

缔约过失责任具有以下三方面的特点：

(1) 缔约过失责任发生在合同订立过程中；

(2) 一方违背其依据诚实信用原则所应负的义务；
(3) 造成他人信赖利益的损失。

2. 缔约过失责任的具体表现形式

缔约过失责任具有以下4个方面的具体表现形式：
(1) 假借订立合同，恶意进行磋商；
(2) 故意隐瞒与订立合同有关的重要事实或者提供虚假情况；
(3) 有其他违背诚信原则的行为；
(4) 违反缔约中的保密义务。

【典型案例】

某高校综合实验大楼，于2018年3月公开招标，招标文件确定的投标截止时间和开标时间是2018年5月30日。共有8家投标人按照招标文件的要求提交了各自的投标文件和投标保证金50万元。但直至2019年1月，招标人仍未通知开标，各投标人都为此与招标方进行了交涉，事后才得知该高校法定代表人和领导班子成员都被更换，班子内部对应当按照原定招标方案开标，还是进行重新设计和重新招标意见不一，争执不下。

正在这时，其中一家投标人因反复交涉无果，向法院提起诉讼，要求判决招标人承担缔约过失责任，退还投标保证金50万元，并赔偿利息、投标费用和延期开标造成的损失共计30万元。

法院判定业主因更换班子中断招标应负缔约过失责任，判决生效之日退还投标保证金，并赔偿由被告的缔约过失造成原告的损失30万元。

7.3　合同的效力

【导入】

A项目是依法必须进行招标的建设工程项目，但其在履行法定招标投标程序之前，招标人即与投标人签订了建设工程施工合同。请问：该合同的效力应当如何认定？

7.3.1　合同成立

合同成立是指双方当事人完成了签订合同的过程，依照有关法律对合同的内容进行协商并达成一致的意见。合同成立的判断依据是承诺是否生效。合同成立是合同生效的前提条件。如果合同不成立，是不可能生效的。

特别提示：合同成立并不意味着合同就生效了。

1. 合同成立的时间

《民法典》第四百八十三条规定："承诺生效时合同成立。"合同成立的时间是由承诺实际生效的时间决定的。这就是说，承诺在何时生效，当事人就应当在何时受合同关系的约束，因此，承诺生效时间以承诺到达要约人的时间为准，即承诺何时到达要约人，便在何时生效。合同订立的方式决定合同成立的时间。

(1) 采用口头形式订立合同的，自口头承诺生效时成立。

(2) 采用合同书形式订立合同的，《民法典》第四百九十条规定：“当事人采用合同书形式订立合同的，自当事人均签名、盖章或者按指印时合同成立。在签名、盖章或者按指印之前，当事人一方已经履行主要义务，对方接受时，该合同成立。法律、行政法规规定或者当事人约定合同应当采用书面形式订立，当事人未采用书面形式但是一方已经履行主要义务，对方接受时，该合同成立。”

(3) 采用信件、数据电文形式订立合同的，《民法典》第四百九十一条规定：“当事人采用信件、数据电文等形式订立合同要求签订确认书的，签订确认书时合同成立。当事人一方通过互联网等信息网络发布的商品或者服务信息符合要约条件的，对方选择该商品或者服务并提交订单成功时合同成立，但是当事人另有约定的除外。”

【案例分析7-3】

甲建筑公司(以下简称甲公司)拟向乙建材公司(以下简称乙公司)购买一批钢材。双方经口头协商，约定购买钢材100吨，单价每吨3500元人民币，并拟订了准备签字盖章的买卖合同文本。乙公司签字盖章后，交给了甲公司准备签字盖章。由于施工进度紧张，在甲公司催促下，乙公司在未收到甲公司签字盖章的合同文本情形下，将100吨钢材送到甲公司工地现场。甲公司接收了并投入工程使用。后因拖欠货款，双方产生了纠纷。

问：甲、乙公司的买卖合同是否成立?

【解析】

《民法典》第四百九十条规定：“当事人采用合同书形式订立合同的，自当事人均签名、盖章或者按指印时合同成立。在签名、盖章或者按指印之前，当事人一方已经履行主要义务，对方接受时，该合同成立。法律、行政法规规定或者当事人约定合同应当采用书面形式订立，当事人未采用书面形式但是一方已经履行主要义务，对方接受时，该合同成立。”据此，甲、乙公司的买卖合同依法成立。

2. 合同成立的地点

《民法典》第四百九十二条规定：“承诺生效的地点为合同成立的地点。”根据承诺生效时间规定的不同，合同成立的时间规定也不同，合同成立的地点也不同。一般可分为以下几种情况。

(1) 承诺需要通知的，要约人所在地为合同成立的地点。

(2) 承诺不需要通知的，受要约人根据交易习惯或者要约的要求作出承诺行为的地点为合同成立的地点。

(3)《民法典》第四百九十三条规定：“当事人采用合同书形式订立合同的，最后签名、盖章或者按指印的地点为合同成立的地点，但是当事人另有约定的除外。”

(4) 采用数据电文形式订立合同的，收件人的主营业地为合同成立的地点；没有主营业地的，其住所地为合同成立的地点。当事人另有约定的，按照其约定。

7.3.2 合同生效

1. 合同生效的要件

合同成立与合同生效是两个不同的概念。合同成立就是各方当事人的意思表示一致，达成合意。合同生效是指合同产生法律上的约束力。

合同生效的要件要具备以下条件。

1) 当事人须有缔约能力

当事人的缔约能力是指当事人应具备相应的民事权利能力和民事行为能力。民事权利能力是指法律赋予民事主体享有民事权利和承担民事义务的资格；民事行为能力是指民事主体独立实施民事法律行为的资格。

▍特别提示▍

我国法律规定，我国公民从出生开始到死亡都享有民事权利能力；法人和非法人组织自合法成立时起到终止时止在其法定经营范围内享有民事权利能力。法人和非法人组织的民事行为能力的享有与其民事权利能力相同；公民的民事行为能力则分为完全行为能力、限制行为能力和无行为能力3种。

完全行为能力人方能订立合同，限制行为能力人订立的合同，经法定代理人追认后有效；如果是纯获利益的合同或者与当事人年龄、智力、精神健康状况相适应而订立的合同，不经法定代理人追认，也有效。

2) 意思表示真实

意思表示真实是指当事人在自觉自愿的基础上，做符合其内在意志的表示行为。在正常情况下，行为人的意志是与其外在表现相符的，但有时由于某些主观或客观的原因，也可能出现两者不相符的情形，行为人的意思表示就会不真实，所订立的合同不具有法律效力或者可以撤销。

3) 不违反法律和社会公共利益

合同如果不具备合法性，只能归于无效。所以合同的内容和目的都不得违反国家法律和社会公共利益。

4) 合同的形式合法

合同的形式合法是指订立合同必须采取符合法律规定的形式。法律规定用特定形式的，应当依照法律规定。例如，法律、行政法规规定应当办理批准、登记等手续的，依照其规定。

▍特别提示▍

合同生效与合同成立的区别

合同生效与合同成立是两个完全不同的概念。合同成立制度主要表现了当事人的意志，体现了合同自由的原则；而合同生效制度则体现了国家对合同关系的认可与否，它反映了国家对合同关系的干预。两者区别如下：

(1) 合同不具备成立或生效要件承担的责任不同；

(2) 在合同形式方面的不同要求；

(3) 国家的干预与否不同。

2. 合同生效时间及附款合同

1) 合同生效时间

《民法典》第五百零二条第一款和第二款规定："依法成立的合同，自成立时生效。依照法律、行政法规的规定，合同应当办理批准等手续的，依照其规定。未办理批准等手续影响合同生效的，不影响合同中履行报批等义务条款以及相关条款的效力。应当办理申请批准等手续的当事人未履行义务的，对方可以请求其承担违反该义务的责任。"

2) 附款合同

附款合同包括附条件的合同和附期限的合同。

① 附条件的合同。当事人对合同的效力可以约定附条件。附生效条件的合同，自条件成就时生效；附解除条件的合同，自条件成就时失效。当事人为自己的利益不正当地阻止条件成就的，视为条件已成就；不正当地促成条件成立的，视为条件不成立。

② 附期限的合同。当事人对合同的效力可以约定附期限。附生效期限的合同，自期限届至时生效；附终止期限的合同，自期限届满时失效。

7.3.3 无效合同

无效合同是指当事人违反了法律规定的条件而订立的，国家不承认其效力，不给予法律保护的合同。无效合同的确认权归人民法院或者仲裁机构，合同当事人或其他任何机构均无权认定合同无效。

【特别提示】

无效合同从订立之时起就没有法律效力，不论合同履行到什么阶段，合同被确认无效后，这种无效的确认要溯及合同订立时。

《民法典》中关于合同无效的情形主要有以下几种。

(1) 无民事行为能力人实施的民事法律行为无效。《民法典》第144条规定，无民事行为能力人实施的民事法律行为无效。

(2) 通谋虚伪表示行为无效。《民法典》第146条规定，行为人与相对人以虚假的意思表示实施的民事法律行为无效。以虚假的意思表示隐藏的民事法律行为的效力，依照有关法律规定处理。

(3) 违反法律、行政法规效力性强制性规定的行为无效。《民法典》第153条第1款规定，违反法律、行政法规的强制性规定的民事法律行为无效。但是，该强制性规定不导致该民事法律行为无效的除外。

(4) 违背公序良俗的民事法律行为无效。《民法典》第153条第2款规定，违背公序良俗的民事法律行为无效。

(5) 恶意串通损害他人利益的行为无效。《民法典》第154条规定，行为人与相对人恶意串通，损害他人合法权益的民事法律行为无效。

除了《民法典》总则篇规定的无效行为，还有从合同或者特殊条款、特殊合同无效的规定。如《民法典》第506条规定，合同中的下列免责条款无效：(一)造成对方人身损害的；(二)因故意或者重大过失造成对方财产损失的。

【案例分析7-4】

2017年9月，某钢铁总厂(甲方)与某建筑安装公司(乙方)签订建设工程施工合同。合同约定：甲方的150m高炉改造工程由乙方承建，2017年9月15日开工，2018年5月1日具备投产条件；从乙方施工到1 000万元工作量的当月起，甲方按月计划报表的50%支付工程款，月末按统计报表结算。合同签订后，乙方按照约定完成工程，但甲方未支付全额工程款，截至2018年12月，尚欠应付工程款2 000万元。2019年2月3日，乙方起诉甲方，要求支付工程款、延期付款利息及滞纳金。甲方主张，因合同中含有垫资承包条款，所以合同无效，甲方可以不承担违约责任。

问：该合同是否为无效合同？

【解析】

虽然垫资条款违反了政府行政主管部门的规定，但是不违反法律、行政法规的禁止性强制性规定。法律有广义和狭义之分，狭义的法律仅指全国人民代表大会及其常务委员会制定的规范性文件。而行政法规则是国务院制定的规范性文件。两者均属于广义的法律的一部分。《民法典》中“不违反法律、行政法规的强制性规定”中的“法律”指的是狭义的法律。部门规章、地方政府规章、地方性行政法规等属于广义的法律，违反其规定的合同不会导致合同无效。

【案例分析7-5】

A建筑公司挂靠于一资质较高的B建筑公司，以B建筑公司名义承揽了一项工程，并与建设单位C公司签订了施工合同。但在施工过程中，由于A建筑公司的实际施工技术力量和管理能力都较差，造成了工程进度的延误和一些工程质量缺陷。C公司以A建筑公司挂靠为由，不予支付余下的工程款。A建筑公司以B建筑公司名义将C公司告上了法庭。

问：

(1) A建筑公司以B建筑公司名义与C公司签订的施工合同是否有效？

(2) C公司是否应当支付余下的工程款？

【解析】

(1) 最高人民法院《关于审理建设工程施工合同纠纷案件适用法律问题的解释(一)》第1条第1款规定，建设工程施工合同具有下列情形之一的，应当依据民法典第一百五十三条第一款的规定，认定无效：……②没有资质的实际施工人借用有资质的建筑施工企业名义的；……。据此，A建筑公司以B建筑公司名义与C公司签订的施工合同，是没有资质的实际施工人借用有资质的建筑施工企业名义签订的合同，属无效合同，不具有法律效力。

(2) C公司是否应当支付余下的工程款要视该工程竣工验收的结果而定。《民法典》第七百九十三条规定：“建设工程施工合同无效，但是建设工程经验收合格的，可以参照合同关于工程价款的约定折价补偿承包人。建设工程施工合同无效，且建设工程经验收不合格的，按照以下情形处理：(一)修复后的建设工程经验收合格的，发包人可以请求承包人承担修复费用；(二)修复后的建设工程经验收不合格的，承包人无权请求参照合同关于工程价款的约定折价补偿。发包人对因建设工程不合格造成的损失有过错的，应当承担相应的责任。”

【案例分析7-6】

某建筑公司在施工的过程中发现所使用的水泥混凝土的配合比无法满足强度要求，于是将该情况报告给了建设单位，请求改变配合比。建设单位经过与施工单位负责人协商，认为可以将水泥混凝土的配合比做一下调整。于是，双方就改变水泥混凝土配合比重新签订了一个协议，作为原合同的补充部分。

问：该项新协议有效吗？

【解析】

该项新协议无效。尽管该新协议是建设单位与施工单位协商一致达成的，但是由于违反法律强制性规定而无效。《建设工程勘察设计管理条例》第二十八条规定：“建设单位、施工单位、监理单位不得修改建设工程勘察、设计文件；确需修改建设工程勘察、设计文件的，应当由原建设工程勘察、设计单位修改。经原建设工程勘察、设计单位书面同意，建设单位也可以委托其他具有相应资质的建设工程勘察、设计单位修改。修改单位对修改的勘察、设计文件承担相应责任。”所以，没有设计单位的参与，仅仅是建设单位与施工单位达成的修改设计的协议是无效的。

7.3.4 效力待定合同

效力待定合同是指合同已经成立，要经合同权利人追认才具有法律效力，没有追认的，合同无效但合同效力能否产生尚不能确定的合同。《民法典》对效力待定合同规定有以下几种情况。

1. 限制民事行为能力人订立的合同

《民法典》第一百四十五条规定：“限制民事行为能力人实施的纯获利益的民事法律行为或者与其年龄、智力、精神健康状况相适应的民事法律行为有效；实施的其他民事法律行为经法定代理人同意或者追认后有效。相对人可以催告法定代理人自收到通知之日起三十日内予以追认。法定代理人未作表示的，视为拒绝追认。民事法律行为被追认前，善意相对人有撤销的权利。撤销应当以通知的方式作出。”

2. 无权代理人订立的合同

《民法典》第一百七十一条规定：“行为人没有代理权、超越代理权或者代理权终止后，仍然实施代理行为，未经被代理人追认的，对被代理人不发生效力。相对人可以催告被代理人自收到通知之日起三十日内予以追认。被代理人未作表示的，视为拒绝追认。行为人实施的行为被追认前，善意相对人有撤销的权利。撤销应当以通知的方式作出。行为人实施的行为未被追认的，善意相对人有权请求行为人履行债务或者就其受到的损害请求行为人赔偿。但是，赔偿的范围不得超过被代理人追认时相对人所能获得的利益。相对人知道或者应当知道行为人无权代理的，相对人和行为人按照各自的过错承担责任。”

【案例分析7-7】

甲公司的经营范围为建材销售。一次，其业务员张某外出到乙公司采购一批装饰用的花岗岩时，发现乙公司恰好有一批铝材要出售，张某见其价格合适，就与乙公司协商：虽然此次并没有得到购买铝材的授权，但相信公司也很需要这批材料，愿与乙公司先签订买卖合同，等回公司后再确认。乙公司表示同意，于是双方签订了铝材买卖合同。张某回公司后未及时将此事报告公司，又被派出签订另外的合同。乙公司等候两天后，发现没有回复，遂特快信函催告甲公司于收到信函后5日追认并履行该合同。该信函由于传递的原因未能如期到达。第八日，甲公司收到该信函，因此时铝材由于市场原因价格上涨，遂马上电告乙公司，表示追认该买卖合同，乙公司却告知，这批铝材已经于第六日出售给了丙公司，并已经交货付款完毕。由于甲公司过期不予追认该合同，该合同已经失效。甲公司则认为，信函传递延迟的责任应由乙公司承担，因此，合同因追认而有效。双方发生争议。

问：

(1) 在甲公司追认之前，张某代理甲公司与乙公司签订的铝材买卖合同效力如何？为什么？

(2) 本案中，应支持谁的观点？为什么？

【解析】

(1) 该合同属于效力待定合同。无权代理人签订的合同为效力待定合同。本案例中，张某并无购买铝材的代理权，却代理甲公司签订购买铝材的合同，属于越权代理，该合同应经过被代理人甲公司的追认，才对甲公司发生效力。

(2) 应支持甲公司观点。意思表示经由传递机关传递时，因传递机关的原因未能按时传递给受领意思表示的相对人时，应由表意人承担不能传达的风险。本案例中，乙公司催告甲公司追认该合同效力的意思表示应于到达甲公司时发生效力，甲公司只要在乙公司确认的追认期限内予以追认，该追认即为有效追认。由于邮局的原因未能及时传达乙公司催告甲公司追认合同的意思表示，应为传达人的错误，而因传达人的错误导致的损失应由表意人承担。乙公司即为本案中的表意人，即应由乙公司承担不能及时传达的风险，故甲公司仍可在受领后的合理期间内追认该合同。甲公司追认了，故应支持甲公司的观点，该合同仍为有效合同。

3. 越权订立的合同

《民法典》第五百零四条规定：“法人的法定代表人或者非法人组织的负责人超越权限订立的合同，除相对人知道或者应当知道其超越权限外，该代表行为有效，订立的合同对法人或者非法人组织发生效力。”

【案例分析7-8】

甲与乙订立了一份建筑施工设备合同，合同价款100万元，乙已向甲交付了定金20万元，余款半年付清。合同约定，任何一方违约，支付违约金5万元，甲向乙交付了该设备，但约定在乙向甲付清余款前，甲保留设备所有权。

问：

若在未付清甲方设备的余款前，乙方能否与丙方签订预售合同，出售该设备？乙方与丙方的预售合同效力如何？

【解析】

不能出售。因为在设备款付清之前，设备的所有权、归属权属于甲方，乙无权处分。因此，乙方与丙方的预售合同效力待定。

7.3.5 可变更、可撤销合同

可变更、可撤销合同是指欠缺合同的有效条件，但当事人一方可依照自己的意思使合同的内容得以变更或者使合同的效力归于消灭的合同。可变更、可撤销合同的效力取决于当事人的意思，属于相对无效的合同。当事人根据其意思，若主张合同有效，则合同有效；若主张合同无效，则合同无效；若主张合同变更，则合同可以变更。

1. 合同可以变更或者撤销的情形

1) 因重大误解订立的合同

重大误解的合同是指当事人对合同的重要内容产生错误理解，并基于这种错误理解而订立的合同。在司法实践中，重大误解主要有以下几种。

(1) 对合同性质的误解。如误以借贷为赠与，误以出租为出卖；在信托、委托、保管、信贷等以信用为基础的合同中，将甲公司误认为乙公司而与之订立合同。

(2) 对标的物品种类的误解。如将轧铝机误认为轧钢机而购买，从而使订立合同的目的落空。

(3) 对标的物质量、数量、规格、包装、履行方式、履行地点等内容的误解，在给误解人造成较大损失时，构成重大误解。

特别提示

《民法典》第一百四十七条规定：“基于重大误解实施的民事法律行为，行为人有权请求人民法院或者仲裁机构予以撤销。”

2) 在订立合同时显失公平的合同

显失公平的合同，是指一方当事人利用对方处于危困状态、缺乏判断能力等情形，使当事人之间享有的权利和承担的义务严重不对等，致使民事法律行为成立时显失公平的合同。如标的物的价值与价款过于悬殊，承担责任或风险显然不合理的合同，都可称为显失公平的合同。

特别提示

《民法典》第一百五十一条规定：“一方利用对方处于危困状态、缺乏判断能力等情形，致使民事法律行为成立时显失公平的，受损害方有权请求人民法院或者仲裁机构予以撤销。”

3) 以欺诈手段订立的合同

特别提示

《民法典》第一百四十八条规定：“一方以欺诈手段，使对方在违背真实意思的情况下实施的民事法律行为，受欺诈方有权请求人民法院或者仲裁机构予以撤销。”

《民法典》第一百四十九条规定：“第三人实施欺诈行为，使一方在违背真实意思的情况下实施的民事法律行为，对方知道或者应当知道该欺诈行为的，受欺诈方有权请求人民法院或者仲裁机构予以撤销。”

(4) 以胁迫的手段订立的合同

特别提示

《民法典》第一百五十条规定：“一方或者第三人以胁迫手段，使对方在违背真实意思的情况下实施的民事法律行为，受胁迫方有权请求人民法院或者仲裁机构予以撤销。”

【案例分析7-9】

2020年7月15日，某村委会与本县农资公司在县城签订买卖杀虫剂的合同。

合同约定：由农资公司供给村委会杀虫剂1 000瓶，每瓶单价100元(当时市场价格是50元一瓶)，价款总计10万元；由农资公司于同年8月8日将货送到村委会所在地，村委会验收无误后，货款于交货第二天即8月9日一次性付清。合同签订后，农资公司按合同规定将1 000瓶农药送到村委会；村委会验收无误，于8月9日一次付给农资公司款项5万元，并言：每瓶100元的价格是被迫所承诺，因而只能按本地区市场价格付款。农资公司多次向村委会催款未成，遂起诉到法院，要求村委会支付余款5万元及逾期付款的利息。村委会当庭提出撤销合同价款，改为市场价每瓶50元的请求。

问：该合同的是属于可撤销、可变更合同吗?

【解析】

农资公司属于乘人之危，显失公平，双方签订的合同属于可撤销、可变更的合同。本合同只是部分无效，除价格条款以外，其余条款都合法有效，并且已经履行完毕。因此，村委会申请撤销合同价款的请求予以支持，农资公司应对价格条款的无效负全部责任。

2. 撤销权的消灭

撤销权是指受损害的一方当事人对可撤销的合同依法享有的、可请求人民法院或仲裁机构撤销该合同的权利。享有撤销权的一方当事人称为撤销权人。撤销权应由撤销权人行使，并应向人民法院或者仲裁机构主张该项权利。而撤销权的消灭是指撤销权人依照法律享有的撤销权由于一定法律事由的出现而归于消灭的情形。

有下列情形之一的，撤销权消灭：

(1) 当事人自知道或者应当知道撤销事由之日起一年内、重大误解的当事人自知道或者应当知道撤销事由之日起九十日内没有行使撤销权；

(2) 当事人受胁迫，自胁迫行为终止之日起一年内没有行使撤销权；

(3) 当事人知道撤销事由后明确表示或者以自己的行为表明放弃撤销权。

3. 无效合同或者被撤销合同的法律后果

无效合同或者被撤销合同自始没有法律约束力。合同部分无效，不影响其他部分效力的，其他部分仍然有效。合同无效、被撤销或者终止的，不影响合同中独立存在的有关解决争议方法的条款的效力，如《中华人民共和国仲裁法》规定，仲裁协议独立存在，合同的变更、解除、终止或者无效，不影响仲裁协议的效力。

合同无效或被撤销后，履行中的合同应当终止履行；尚未履行的，不得履行。根据不当得利返还责任和缔约过失责任原则，对当事人依据无效合同或者被撤销合同而取得的财产应当依法进行如下处理。

(1) 返还财产或折价补偿。当事人依据无效合同或者被撤销合同所取得的财产，应当予以返还；不能返还或者没有必要返还的，应当折价补偿。

(2) 赔偿损失。合同被确认无效或者被撤销后，有过错的一方应赔偿对方因此所受到的损失。双方都有过错的，应当各自承担相应的责任。

(3) 收归国家所有或者返还集体、第三人。当事人恶意串通，损害国家、集体或者第三人利益的，因此取得的财产收归国家所有或者返还集体、第三人。

【特别提示】

无效合同与可撤销合同有什么区别？

无效合同与可撤销合同都会因被确认无效或被撤销而使合同不发生效力，从法律后果上来看，具有同一性。但二者之间的区别也比较明显：

(1) 从内容上看，可撤销合同主要涉及意思表示不真实的问题，据此，法律将是否主张撤销的权利留给撤销人；而无效合同在内容上往往违反法律的禁止性规定和社会公共利益，此类合同具有明显的违法性，因此对无效合同效力的确认不能由当事人选择。

(2) 可撤销合同未被撤销前仍然是有效的；无效合同从订立之初就是没有法律效力的。

(3) 对可撤销合同来说，撤销权的行使必须符合一定的期限，超过该期限，合同即有效。

7.4　合同的履行、变更、转让及终止

【导入】

李女士于2021年3月和“学府雅苑”的开发商签订了购房合同，购买该小区二期的商品房

一套，并先期付款20万元，合同约定交房时间为2021年5月1日。后来开发商经营不善，工程由于无后续资金投入而停止。到了2021年5月10日的时候，开发商经李女士等购房者催促仍不能交房，并无继续开工的意思(无后续开发资金)。于是李女士认为开发商违约，不能交房实现合同目的。请分析本案应该如何解决。

7.4.1 合同的履行

1. 合同履行的概念

合同履行是指合同各方当事人按照合同的规定，全面履行各自的义务，实现各自的权利，使各方的目的得以实现的行为。合同的履行以有效的合同为前提和依据，也是当事人订立合同的根本目的。

2. 合同履行的原则

1) 全面履行的原则

全面履行是指当事人应当按照合同约定的标的、价款、数量、质量、地点、期限、方式等全面履行各自的义务。合同有明确约定的，应当按照约定履行。如果合同生效后，双方当事人就质量、价款、履行地点等内容没有约定或者约定不明的，可以协议补充。不能达成补充协议的，按照合同有关条款或者交易习惯确定。如果按照上述办法仍不能确定合同如何履行的，适用下列规定进行履行。

(1) 质量要求不明的，按照国家标准、行业标准履行；没有国家、行业标准的，按照通常标准或者符合合同目的的特定标准履行。

(2) 价款或报酬不明的，按照订立合同时履行地的市场价格履行；依法应当执行政府定价或者政府指导价的，按规定履行。

(3) 履行地点不明确的，给付货币的，在接受货币一方所在地履行；交付不动产的，在不动产所在地履行；其他标的在履行义务一方所在地履行。

(4) 履行期限不明确的，债务人可以随时履行，债权人也可以随时要求履行，但应当给对方必要的准备时间。

(5) 履行方式不明确的，按照有利于实现合同目的的方式履行。

(6) 履行费用的负担不明确的，由履行义务一方承担。

▌特别提示▐

合同履行中既可能是按照市场行情约定价格，也可能是执行政府定价或政府指导价。如果是按照市场行情约定价格履行，则市场行情的波动不应影响合同价，合同仍执行原价格。如果是执行政府定价或政府指导价的，在合同约定的交付期限内政府价格调整时，应按照交付时的价格计价。逾期交付标的物的，遇价格上涨时，按照原价格执行；遇价格下降时，按新价格执行。逾期提取标的物或者逾期付款的，遇价格上涨时，按新价格执行；遇价格下降时，按照原价格执行。

2) 诚实信用原则

当事人应当遵循诚实信用原则，根据合同性质、目的和交易习惯履行通知、协助和保密义务。履行中发现问题应及时协商解决，一方发生困难时，另一方在法律允许的范围内给予帮助，只有这样合同才能圆满履行。

【思政引导】

合同的全面履行原则是有履行的先后顺序的，遵循“约定高于法定”的原则，引导学生知道我国既是法治社会也是礼仪之邦，教育学生做人做事要合法合规合理，诚实做人、诚实做事。

3. 合同履行中的抗辩权

抗辩权是指没有先后履行顺序的双务合同当事人一方在对方未履行义务时，有权拒绝自己的履行。它包括同时履行抗辩权、后履行抗辩权和不安抗辩权三种。

1) 同时履行抗辩权

当事人互负债务，没有先后履行顺序的，应当同时履行。同时履行抗辩权包括：一方在对方履行之前有权拒绝其履行要求；一方在对方履行债务不符合约定时，有权拒绝其履行要求。

特别提示

同时履行抗辩权的构成条件：

(1) 双方互负义务；

(2) 没有履行先后顺序的互负义务期限届满；

(3) 有对方不履行义务的事实。

2) 后履行抗辩权

后履行抗辩权是指按照合同约定或者法律规定负有先履行债务的一方当事人，届期未履行债务或履行债务严重不符合约定条件时，相对人为保护自己的到期利益或为保证自己履行债务的条件而中止履行合同的权利。

后履行抗辩权属于负有后履行债务一方享有的抗辩权，它的本质是对先期违约的对抗，因此，后履行抗辩权可以称为违约救济权。如果先履行债务方是出于属于免责条款范围内(如发生了不可抗力)的原因而无法履行债务的，该行为不属于先期违约，因此，后履行债务方不能行使后履行抗辩权。

特别提示

后履行抗辩权的构成条件：

(1) 由同一双务合同互负债务，互负的债务之间具有相关性；

(2) 债务的履行有先后顺序，当事人可以约定履行顺序，也可以由合同的性质或交易习惯决定；

(3) 先履行一方不履行或者不完全履行债务。

3) 不安抗辩权

不安抗辩权又称保证履约抗辩权，是指按照合同约定或者法律规定负有先履行债务的一方当事人，在合同订立之后，履行债务之前或者履行过程中，有充分的证据证明后履行一方将不会履行债务或者不能履行债务时，先履行债务方可以暂时中止履行。设立不安抗辩权的目的在于预防合同成立后情况发生变化而损害合同另一方的利益。

特别提示

不安抗辩权的构成条件：

(1) 双方基于同一双务合同且互负债务；

(2) 合同中约定了履行的顺序且履行顺序在先的一方行使；

(3) 履行顺序在后的一方履行能力明显下降，有丧失或可能丧失履行债务能力的其他情形。

应当先履行合同的一方有确切证据证明对方有下列情形之一的，可以中止履行：

① 经营状况严重恶化；

② 转移财产、抽逃资金，以逃避债务；

③ 丧失商业信誉；

④ 有丧失或者可能丧失履行债务能力的其他情形。

《民法典》第五百二十八条规定："当事人依据前条规定中止履行的，应当及时通知对方。对方提供适当担保的，应当恢复履行。中止履行后，对方在合理期限内未恢复履行能力且未提供适当担保的，视为以自己的行为表明不履行主要债务，中止履行的一方可以解除合同并可以请求对方承担违约责任。"

【案例分析7-10】

2015年底，某发包人与某施工承包人签订施工承包合同，约定施工到月底结付当月工程进度款。2016年年初承包人接到开工通知后随即进场施工，截至2016年4月，发包人均结清当月应付工程进度款。承包人计划2016年5月完成的当月工程量为1 200万元，此时承包人获悉，法院在另一诉讼案中对发包人实施保全措施，查封了其办公场所；同月，承包人又获悉，发包人已经严重资不抵债。2016年5月3日，承包人向发包人发出书面通知称："鉴于贵公司工程款支付能力严重不足，本公司决定暂时停止本工程施工，并愿意与贵公司协商解决后续事宜。"

问：施工承包人这么做是否合适？他行使什么权利来维护自身的合法权益？

【解析】

上述情况属于有证据表明发包人经营状况严重恶化，承包人可以中止施工，并有权要求发包人提供适当担保，并可根据是否获得担保再决定是否终止合同。这属于行使不安抗辩权的典型情形。

【思政引导】

不安抗辩权的使用主要是为了防患于未然，更全面地保护先履行义务一方的权利。但不安抗辩权使用不当可能承担违约责任。引导学生既要有正当防卫的自我保护意识，也不要越过法律界线过当防卫。帮助学生牢固树立法治观念。

4. 合同的保全

合同保全是指在合同履行过程中，为了防止债务人的财产不适当减少而给债权人带来危害，允许债权人为确保其债权的实现采取的法律措施。保全措施包括代位权和撤销权。

1) 代位权

代位权是指债权人为了保障其权利不受损害，而以自己的名义代替债务人行使债权的权利。

▍特别提示▍

《民法典》第五百三十五条规定："因债务人怠于行使其债权或者与该债权有关的从权利，影响债权人的到期债权实现的，债权人可以向人民法院请求以自己的名义代位行使债务人对相对人的权利，但是该权利专属于债务人自身的除外。代位权的行使范围以债权人的到期债权为限。债权人行使代位权的必要费用，由债务人负担。相对人对债务人的抗辩，可以向债权人主张。

2) 撤销权

撤销权是指因债务人放弃其到期债权或无偿转让财产，对债权人造成损害的，债权人可以请求法院撤销债务人所实施的行为。

特别提示

《民法典》第五百三十八条规定："债务人以放弃其债权、放弃债权担保、无偿转让财产等方式无偿处分财产权益，或者恶意延长其到期债权的履行期限，影响债权人的债权实现的，债权人可以请求人民法院撤销债务人的行为。"

《民法典》第五百三十九条规定："债务人以明显不合理的低价转让财产、以明显不合理的高价受让他人财产或者为他人的债务提供担保，影响债权人的债权实现，债务人的相对人知道或者应当知道该情形的，债权人可以请求人民法院撤销债务人的行为。"

《民法典》第五百四十条规定："撤销权的行使范围以债权人的债权为限。债权人行使撤销权的必要费用，由债务人负担。"

《民法典》第五百四十一条规定："撤销权自债权人知道或者应当知道撤销事由之日起一年内行使。自债务人的行为发生之日起五年内没有行使撤销权的，该撤销权消灭。"

《民法典》第五百四十二条规定："债务人影响债权人的债权实现的行为被撤销的，自始没有法律约束力。"

7.4.2　合同的变更和转让

1. 合同的变更

合同变更是指当事人对已经发生法律效力，但尚未履行或尚未完全履行的合同，进行修改或补充所达成的协议。

特别提示

《民法典》第五百四十三条规定："当事人协商一致，可以变更合同。"

《民法典》第五百四十四条规定："当事人对合同变更的内容约定不明确的，推定为未变更。"

合同变更有广义和狭义之分。广义的合同变更是指合同内容和合同主体发生变化；而狭义的合同变更仅指合同内容的变更，不包括合同主体的变更。我们通常所说的合同变更一般是从狭义的角度来讲的。

2. 合同的转让

合同转让是指合同成立后，当事人依法可以将合同中的全部权利、部分权利或者合同中的全部义务、部分义务转让或转移给第三人的法律行为。合同转让分为权利转让和义务转让。

合同的转让需要具备以下条件：

(1) 必须以合法有效的合同关系存在为前提，如果合同不存在或被宣告无效，被依法撤销、解除、转让的行为属无效行为，转让人应对善意的受让人所遭受的损失承担损害赔偿责任。

(2) 必须由转让人与受让人之间达成协议，该协议应该是平等协商的，而且应当符合民事法律行为的有效要件，否则该转让行为属无效行为或可撤销行为。

(3) 转让符合法律规定的程序，合同转让人应征得对方同意并尽通知义务。对于按照法律规定由国家批准成立的合同，转让合同应经原批准机关批准，否则转让行为无效。

特别提示

《民法典》第五百四十五条规定："债权人可以将债权的全部或者部分转让给第三人，但是有下列情形之一的除外：(一)根据债权性质不得转让。(二)按照当事人约定不得转让。(三)依照法律规定不得转让。当事人约定非金钱债权不得转让的，不得对抗善意第三人。当事人约定金钱债权不得转让的，不得对抗第三人。"

《民法典》第五百四十六条规定："债权人转让债权，未通知债务人的，该转让对债务人不发生效力。债权转让的通知不得撤销，但是经受让人同意的除外。"

《民法典》第五百五十一条规定："债务人将债务的全部或者部分转移给第三人的，应当经债权人同意。债务人或者第三人可以催告债权人在合理期限内予以同意，债权人未作表示的，视为不同意。"

7.4.3 合同的终止

1. 合同终止的概念

合同终止是指合同双方当事人依法使相互间权利义务关系终止即合同关系消灭。

特别提示

合同终止与合同中止的不同之处在于：合同中止只是在法定的特殊情况下，当事人暂时停止履行合同，当这种特殊情况消失后，当事人仍然承担继续履行的义务；而合同终止是合同关系的消灭，不可能恢复。

合同终止不影响合同中结算、清理条款和独立存在的解决争议方法的条款的效力。

2. 合同终止的原因

根据《民法典》第五百五十七条规定，有下列情形之一的，债权债务终止：

(1) 债务已经履行；

(2) 债务相互抵销；

(3) 债务人依法将标的物提存；

(4) 债权人免除债务；

(5) 债权债务同归于一人；

(6) 法律规定或者当事人约定终止的其他情形。

合同解除的，该合同的权利义务关系终止。

特别提示

《民法典》第五百五十八条规定："债权债务终止后，当事人应当遵循诚信等原则，根据交易习惯履行通知、协助、保密、旧物回收等义务。"

《民法典》第五百五十九条规定："债权债务终止时，债权的从权利同时消灭，但是法律另有规定或者当事人另有约定的除外。"

7.5　违约责任和违约责任的免除

【导入】

A公司(承包人)与B公司(发包人)签订了一份建设工程施工合同。合同中规定，建设项目为某大厦大楼施工项目，按照设计图纸施工，总造价为5 000万元，按照工程进度付款，合同工期为470天。工程于2020年5月1日开工，2021年10月20日竣工，验收合格后交付发包人使用。发包人认为承包人拖延工期58天，拒付工程尾款260万元。承包人认为工程验收合格，发包人应当支付工程款。请问：两者之间是否有违约责任？

7.5.1　违约责任

1. 违约责任的定义和特征

违约责任，是指合同当事人因违反合同义务所承担的责任。违约责任具有以下特征：

(1) 违约责任的产生是以合同当事人不履行合同义务为条件的；

(2) 违约责任具有相对性；

(3) 违约责任主要具有补偿性，即旨在弥补或补偿因违约行为造成的损害后果；

(4) 违约责任可以由合同当事人约定，但约定不符合法律要求的，将会被宣告无效或被撤销；

(5) 违约责任是民事责任的一种形式。

2. 当事人承担违约责任应具备的条件

《民法典》第五百七十八条规定：“当事人一方明确表示或者以自己的行为表明不履行合同义务的，对方可以在履行期限届满前请求其承担违约责任。”

承担违约责任，首先是合同当事人发生了违约行为，即有违反合同义务的行为；其次，非违约方只需证明违约方的行为不符合合同约定，便可以要求其承担违约责任，而不需要证明其主观上是否具有过错；最后，违约方若想免于承担违约责任，必须举证证明其存在法定的或约定的免责事由，而法定免责事由主要限于不可抗力，约定的免责事由主要是合同中的免责条款。

3. 违约责任的承担方式

《民法典》第五百七十七条规定：“当事人一方不履行合同义务或者履行合同义务不符合约定的，应当承担继续履行、采取补救措施或者赔偿损失等违约责任。”

1) 继续履行

继续履行是合同当事人一方违约时，其承担违约责任的首选方式。

(1) 违反金钱债务时的继续履行。《民法典》第五百七十九条规定：“当事人一方未支付价款、报酬、租金、利息，或者不履行其他金钱债务的，对方可以请求其支付。”

(2) 违反非金钱债务时的继续履行。《民法典》第五百八十条规定：“当事人一方不履行非金钱债务或者履行非金钱债务不符合约定的，对方可以请求履行，但是有下列情形之一的除外：(一)法律上或者事实上不能履行；(二)债务的标的不适于强制履行或者履行费用过高；(三)债权人在合理期限内未请求履行。有前款规定的除外情形之一，致使不能实现合同目的的，人民法院或者仲裁机构可以根据当事人的请求终止合同权利义务关系，但是不影响违约责任的承担。”

特别提示

当事人一方不履行债务或者履行债务不符合约定，根据债务的性质不得强制履行的，对方可以请求其负担由第三人替代履行的费用。

2) 采取补救措施

若履行不符合约定的，应当按照当事人的约定承担违约责任，对违约责任没有约定或者约定不明确，依据《民法典》的相关规定仍不能确定的，受损害方根据标的的性质以及损失的大小，可以合理选择请求对方承担修理、重作、更换、退货、减少价款或者报酬等违约责任人。

3) 赔偿损失

《民法典》第五百八十三条规定：“当事人一方不履行合同义务或者履行合同义务不符合约定的，在履行义务或者采取补救措施后，对方还有其他损失的，应当赔偿损失。”

《民法典》第五百八十四条规定：“当事人一方不履行合同义务或者履行合同义务不符合约定，造成对方损失的，损失赔偿额应当相当于因违约所造成的损失，包括合同履行后可以获得的利益；但是，不得超过违约一方订立合同时预见到或者应当预见到的因违约可能造成的损失。”

《民法典》第五百九十一条规定：“当事人一方违约后，对方应当采取适当措施防止损失的扩大；没有采取适当措施致使损失扩大的，不得就扩大的损失请求赔偿。当事人因防止损失扩大而支出的合理费用，由违约方负担。”

4) 违约金

《民法典》第五百八十五条规定：“当事人可以约定一方违约时应当根据违约情况向对方支付一定数额的违约金，也可以约定因违约产生的损失赔偿额的计算方法。约定的违约金低于造成的损失的，人民法院或者仲裁机构可以根据当事人的请求予以增加；约定的违约金过分高于造成的损失的，人民法院或者仲裁机构可以根据当事人的请求予以适当减少。当事人就迟延履行约定违约金的，违约方支付违约金后，还应当履行债务。”

5) 定金

《民法典》第五百八十六条规定：“当事人可以约定一方向对方给付定金作为债权的担保。定金合同自实际交付定金时成立。定金的数额由当事人约定；但是，不得超过主合同标的额的百分之二十，超过部分不产生定金的效力。实际交付的定金数额多于或者少于约定数额的，视为变更约定的定金数额。”

《民法典》第五百八十七条规定：“债务人履行债务的，定金应当抵作价款或者收回。给付定金的一方不履行债务或者履行债务不符合约定，致使不能实现合同目的的，无权请求返还定金；收受定金的一方不履行债务或者履行债务不符合约定，致使不能实现合同目的的，应当双倍返还定金。”

《民法典》第五百八十八条规定：“当事人既约定违约金，又约定定金的，一方违约时，对方可以选择适用违约金或者定金条款。定金不足以弥补一方违约造成的损失的，对方可以请求赔偿超过定金数额的损失。”

7.5.2 违约责任的免除

在合同履行过程中，如果出现法定的免责条件或合同约定的免责事由，违约方将免于承担违约责任。《民法典》仅承认不可抗力为法定的免责事由。

《民法典》第五百九十条规定：“当事人一方因不可抗力不能履行合同的，根据不可抗力的影响，部分或者全部免除责任，但是法律另有规定的除外。因不可抗力不能履行合同的，应当及时通知对方，以减轻可能给对方造成的损失，并应当在合理期限内提供证明。当事人迟延履行后发生不可抗力的，不免除其违约责任。”

▌特别提示▐

在有偿合同中，不可抗力仅免除违约责任，并不免除合同的对价。

【案例分析7-11】

甲向乙预付货款500万元，定制一台设备。乙按期向甲供货，运输途中遇山体滑坡，设备全部毁损。甲请求乙退还货款，乙以不可抗力为由拒绝，甲遂起诉至法院。

问：甲的诉求是否会得到法院支持？

【解析】

本案中，因不可抗力造成货物毁损，乙可免除违约责任(即无须向甲支付违约金、赔偿损失等)。但500万元货款为合同的对价，并不能免除。因不可抗力不能履行合同后，乙应向甲退还500万元预付款。

一般情况下，在标的物交付前，标的物毁损灭失的风险由卖方承担。如上述案件中允许乙不退还货款，则实际将标的物毁损灭失的风险转嫁给了甲。

【案例分析7-12】

甲向银行借款500万元，用于向乙购买设备，并拟以设备生产产品销售后偿还银行借款。乙将设备交付给甲后，甲在运输途中遇山体滑坡，货物全部毁损。

问：甲是否可以以不可抗力为由拒绝向银行还款？

【解析】

本案中，乙将设备交付给甲后，因不可抗力造成货物毁损，该风险应由甲自行承担。同时，甲不能以不可抗力为由，拒绝向银行还款。因为金钱债务不发生履行不能的问题，乙因此而迟延还款，则不免除迟延还款的利息。因为利息是对价，不可抗力只免除违约责任，不免除对价，否则就等于法律允许一方剥夺另一方的财产。

课后思考题

1. 简述合同的分类。
2. 合同的形式和基本内容有哪些？
3. 关于要约和承诺有哪些具体规定？
4. 缔约过失责任的构成条件有哪些？
5. 哪些合同属于效力待定合同？
6. 合同的履行有哪些原则？
7. 什么是违约责任？承担违约责任有哪些方式？

第8章

建设工程施工合同管理

❍ 学习目标

- 掌握建设工程施工合同的一般概念和施工合同中承发包双方的一般权利和义务。
- 熟悉《建设工程施工合同(示范文本)》的组成和内容。
- 掌握施工合同的订立、施工合同价款的支付与结算。
- 掌握施工合同违约责任的划分及争议的解决。
- 了解FIDIC[①]《土木工程施工合同条件》。

❍ 能力要求

能够运用相关理论和知识，进行建设工程施工合同的谈判和签订、施工合同案例分析，以及解决施工合同争议，懂得如何按施工合同进行工程价款的支付与结算。

❍ 思政目标

在施工合同履约中，感受契约精神，树立工程质量意识及精品意识，培养精益求精的工匠精神。

8.1 建设工程施工合同的基础知识

【导入】

A公司(承包人)与B公司(发包人)签订了一份建设工程施工合同。合同中规定，建设项目为某大厦大楼施工项目，按照设计图纸施工，总造价为5 000万元，按照工程进度付款，合同工期为470天。工程于2020年5月1日开工，2021年10月20日竣工，验收合格后交付发包人使用。发包人认为承包人拖延工期58天，拒付工程尾款260万元。承包人认为工程验收合格，发包人应当支付工程款。两者为何发生争执？两者之间是否有违约责任？

8.1.1 建设工程施工合同的概念和特点

1. 建设工程施工合同的概念

建设工程施工合同是众多建设工程合同的一种，又称建筑安装承包合同，简称施工合

① FIDIC指国际咨询工程师联合会。

同，是发包方(建设单位)和承包方(施工单位)之间为完成商定的工程施工任务，明确双方权利义务关系的协议。依照协议，施工单位应完成建设单位交给的施工任务，建设单位应按照规定提供必要的施工条件并支付工程价款。施工合同是承包人进行工程建设施工，发包人支付价款的合同，是建设工程合同中的主要合同，同时也是工程建设质量控制、进度控制、投资控制的主要依据。施工合同的当事人是发包人和承包人，双方是平等的民事主体。

特别提示

《民法典》第七百八十八条规定："建设工程合同是承包人进行工程建设，发包人支付价款的合同。建设工程合同包括工程勘察、设计、施工合同。"建设工程合同实质上是一种特殊的承揽合同。

2. 建设工程施工合同的特点

1) 合同主体的严格性

建设工程施工合同的主体一般只能是法人。发包人一般只能是经过批准进行工程项目建设的法人，政府核准投资项目必须有国家批准的建设项目和投资计划，在签订施工合同之前需取得一系列的行政许可或批准手续，并且应当具备相应的协调能力；承包人必须具备法人资格，且取得了国家认可的相应资质，按照其资质等级承揽相应的建设项目，资质等级低的单位不能越级承包建设工程。

2) 合同标的物的特殊性

建设工程施工合同的标的物是各类建筑产品。建筑产品因资金、位置、技术、工期等因素即使采用同一张施工图纸，在生产过程中也会因生产的流动性、现场施工组织、气候变化等因素而不尽相同，这也造成了建筑产品的单件性和固定性，使得任何一个建筑产品都不能被替代，从而决定了施工合同标的物的特殊性。

3) 合同履行期限的长期性

一方面，大多数建筑产品具有结构复杂、技术复杂、体积庞大的特点，使得建设工程的生产周期与一般工业产品的生产周期相比较长，从而导致合同履行的期限较长；另一方面，双方在合同履行的过程中，还可能因为工程变更、材料供应不及时或不可抗力等因素导致合同履行期限的延迟，这也决定了施工合同的履行期限具有长期性。

4) 国家监管的严格性

工程建设对国家的经济发展、人民的工作和生活有着重大的影响，因此，建设工程施工合同从订立到履行、从资金的投入到工程竣工验收的过程，都受到国家的严格管理和监督。在我国，规范和调整建设工程施工合同的法律法规除了《民法典》《建筑法》外，还存在着大量的行政法规、部门规章及地方性法规，违反其中任何一项都可能导致合同效力的丧失。

5) 合同的法定性

虽然大多数合同的签订形式和内容由双方当事人约定，但是因为建设工程的重要性、长期性和复杂性，为了避免影响合同正常履行的纠纷，《民法典》规定，建设工程合同应当采用书面形式，且发包方和承包方的许多合同义务的约定也直接适用于《民法典》《建筑法》《招标投标法》《政府采购法》《建设工程质量管理条例》等法律、法规中大量强制性的规定，从而使得建设工程施工合同呈现出较强的法定性。

8.1.2 建设工程施工合同的类型

1. 根据合同所包括的工程范围分类

从承发包的工程范围进行划分，可以将建设工程施工合同分为总承包合同、专业承包合同和分包合同。

(1) 总承包合同。发包人将工程建设的全过程发包给一个承包人，此承包人承担此工程所有工程任务的合同。

为促进建设项目工程总承包健康发展，维护工程总承包合同当事人的合法权益，住房城乡建设部、市场监管总局制定了《建设项目工程总承包合同(示范文本)》(GF—2020—0216)，自2021年1月1日起执行。

知识链接

《建设项目工程总承包合同(示范文本)》(GF—2020—0216)

(2) 专业承包合同。发包人将工程建设中的勘察、设计、施工等内容分别发包给不同承包人的合同。在工程的发包过程中，针对专业性很强的工程可以分别委托给不同的承包人，这些承包人之间是平行关系，但我国不允许将一个工程肢解为分项工程分别承包。

知识链接

《建设工程施工专业分包合同(示范文本)》(GF—2003—0213)

(3) 分包合同。经合同约定和发包人同意，承包人将合同范围内承包的一些非主体性工程或工作委托给另外的承包人来完成，在此基础上由承包人与其他承包人订立的合同。需要注意的是，分包合同只能分包一次，不能再次分包。

为了规范管理，减少或避免纠纷，建设部(现住房城乡建设部)和国家工商行政管理总局(现国家市场监督管理总局)于2003年发布了《建设工程施工专业分包合同(示范文本)》(GF—2003—0213)和《建设工程施工劳务分包合同(示范文本)》(GF—2003—0214)。

知识链接

《建设工程施工劳务分包合同(示范文本)》(GF—2003—0214)

2. 按合同价款确定的方式分类

建设工程施工合同按照合同价款确定的方式可以分为总价合同、单价合同和成本加酬金合同。

1) 总价合同

总价合同(lump sum contract)，是指根据合同规定的工程施工内容和有关条件，业主应付给承包人的款额是一个规定的金额，即明确的总价。总价合同也称作总价包干合同，即根据施工招标时的要求和条件，当施工内容和有关条件不发生变化时，业主付给承包人的价款总额就不发生变化。总价合同又分固定总价合同和变动总价合同两种。

总价合同适用于工程量不大、技术不复杂、风险不大并且有详细而全面的设计图纸和各项说明的工程。

(1) 固定总价合同。固定总价合同的价格计算是以图纸及规定、规范为基础，工程任务和内容明确，业主的要求和条件清楚，合同总价一次包死，固定不变，即不再因为环境的变化和工程量的增减而变化。在这类合同中，承包人承担了全部的工作量和价格的风险。因此，承包人在报价时应对一切费用的价格变动因素及不可预见因素都做充分的估计，并将其包含在合同价格之中。

特别提示

固定总价合同并非完全不能调整，在合同中还可以约定，在发生重大工程变更、累计工程变更超过一定幅度或者其他特殊条件下，可以对合同价格进行调整。因此，需要定义重大工程变更的含义、累计工程变更的幅度及什么样的特殊条件才能调整合同价格，以及如何调整合同价格等。

采用固定总价合同，双方结算比较简单，但是由于承包人承担了较大的风险，因此报价中不可避免地要增加一笔较高的不可预见风险费。承包人的风险主要有两个方面：一是价格风险，二是工作量风险。价格风险有报价计算错误、漏报项目、物价和人工费上涨等；工作量风险有工程量计算错误、工程范围不确定、工程变更或者由于设计深度不够所造成的误差等。

固定总价合同适用于以下情况：

① 工程量小、工期短，估计在施工过程中环境因素变化小，工程条件稳定并合理；

② 工程设计详细，图纸完整、清楚，工程任务和范围明确；

③ 工程结构和技术简单，风险小；

④ 投标期相对宽裕，承包人可以有充足的时间详细考察现场、复核工程量、分析招标文件、拟订施工计划。

(2) 变动总价合同。变动总价合同又称为可调总价合同，合同价格是以图纸及规定、规范为基础，按照时价进行计算，得到包括全部工程任务和内容的暂定合同价格。它是一种相对固定的价格，在合同执行过程中，由于通货膨胀等原因而使所使用的工、料成本增加时，可以按照合同约定对合同总价进行相应的调整。当然，一般由于设计变更、工程量变化和其他工程条件变化所引起的费用变化也可以进行调整。因此，通货膨胀等不可预见因素的风险由业主承担，对承包人而言，其风险相对较小，但对业主而言，不利于其进行投资控制，突破投资的风险就增大了。

在工程施工承包招标时，施工期限一年左右的项目一般实行固定总价合同，通常不考虑价格调整问题，以签订合同时的单价和总价为准，物价上涨的风险全部由承包人承担。

但是对建设周期一年半以上的工程项目，则应考虑下列因素引起的价格变化问题：

① 劳务工资及材料费用的上涨；

② 其他影响工程造价的因素，如运输费、燃料费、电力等价格的变化；

③ 外汇汇率的不稳定；

④ 国家或者省、市立法的改变引起的工程费用的上涨。

2) 单价合同

单价合同即承包人按发包人提供的工程量清单所开列的每一项目罗列出单价，发包人按实际完成的工程量结算工程款。单价合同适用于工程内容和设计不十分明确，或工程量出入较大的项目。

3) 成本加酬金合同

成本加酬金合同即发包人向承包人支付工程项目的实际成本，并按事先约定的某一种方式支付酬金的合同类型。采用这类合同时，工程成本原则上实报实销，合同双方在专用条款中约定成本构成和酬金的计算方法。成本加酬金合同常见的有成本加固定费用合同、成本加固定比例费用合同、成本加奖金合同、最大成本加费用合同。这类合同不利于调动承包人降低成本的积极性，主要适用于需要立即开展工作的项目(如灾后重建)，新型项目，或对项目内容、经济技术指标未确定、风险很大的项目等。

8.1.3　《建设工程施工合同(示范文本)》简介

为了规范建筑市场秩序，维护合同当事人的合法权益，根据有关工程建设施工的法律、法规，结合我国实际情况，住房城乡建设部和工商行政管理总局对2013版《建设工程施工合同(示范文本)》(GF—2013—0201)进行了修订，制定了《建设工程施工合同(示范文本)》(GF—2017—0201)。《建设工程施工合同(示范文本)》为非强制性使用文本，适用于房屋建筑工程、土木工程、线路管道和设备安装工程、装修工程等建设工程的施工承发包活动，合同当事人可结合实际情况，按照《建设工程施工合同(示范文本)》订立合同，并按照法律法规的规定和合同约定来承担相应的法律责任和合同权利义务。

1. 《建设工程施工合同(示范文本)》(GF—2017—0201)的组成

《建设工程施工合同(示范文本)》(GF—2017—0201)是由合同协议书、通用合同条款、专用合同条款三部分组成。

1) 合同协议书

合同协议书共计13条，主要包括：工程概况、合同工期、质量标准、签约合同价和合同价格形式、项目经理、合同文件构成、承诺，以及合同生效条件等重要内容，集中约定了合同当事人基本的合同权利义务。

2) 通用合同条款

通用合同条款是合同当事人根据《建筑法》《合同法》(注：现为《民法典》合同篇)等法律法规的规定，就工程建设的实施及相关事项，对合同当事人的权利义务作出的原则性约定。

通用合同条款共计20条，具体条款分别为：一般约定、发包人、承包人、监理人、工程质量、安全文明施工与环境保护、工期和进度、材料与设备、试验与检验、变更、价格调整、合同价格、计量与支付、验收和工程试车、竣工结算、缺陷责任与保修、违约、不可抗力、保险、索赔和争议解决。前述条款安排既考虑了现行法律法规对工程建设的有关要求，也考虑了建设工程施工管理的特殊需要。

3) 专用合同条款

专用合同条款是对通用合同条款原则性约定的细化、完善、补充、修改或另行约定的条款。合同当事人可以根据不同建设工程的特点及具体情况，通过双方的谈判、协商对相应的专用合同条款进行修改补充。在使用专用合同条款时，应注意以下事项：

(1) 专用合同条款的编号应与相应的通用合同条款的编号一致；

(2) 合同当事人可以通过对专用合同条款的修改，满足具体建设工程的特殊要求，避免直接修改通用合同条款；

(3) 在专用合同条款中有横道线的地方，合同当事人可针对相应的通用合同条款进行细化、完善、补充、修改或另行约定；如无细化、完善、补充、修改或另行约定，则填写“无”或画“/”。

2.《建设工程施工合同(示范文本)》(GF—2017—0201)的性质和适用范围

《建设工程施工合同(示范文本)》(GF—2017—0201)为非强制性使用文本。其适用于房屋建筑工程、土木工程、线路管道和设备安装工程、装修工程等建设工程的施工承发包活动。合同当事人可结合建设工程具体情况，根据《建设工程施工合同(示范文本)》订立合同，并按照法律法规规定和合同约定承担相应的法律责任及合同权利义务。

3. 标准施工合同文件的优先解释顺序

组成合同的各项文件应互相解释，互为说明，除专用合同条款另有约定外，解释合同文件的优先顺序如下：

(1) 合同协议书；
(2) 中标通知书(如果有)；
(3) 投标函及其附件(如果有)；
(4) 专用条款及其附件；
(5) 合同通用条款；
(6) 技术标准和要求；
(7) 图纸；
(8) 已标分工程量清单或预算书；
(9) 其他合同文件。

上述各项合同文件包括合同当事人就该项合同文件所作出的补充和修改，属于同一类内容的文件，应以最新签署的为准。

当合同订立和履行过程中形成的与合同有关的文件均构成合同文件组成部分，并根据其性质确定优先解释顺序。

8.2 建设工程施工合同的订立

【导入】

某工程进行扩建，建设单位是A公司，施工承包单位是B工程总公司，工程合同款为5 680万元，已完成工程量3 200万元。B公司涉嫌将剩余工程量1 120万元转包给C公司，C公司又涉嫌转包给自然人甲。试分析一下本案例中各行为人的行为是否妥当？该工程的施工合同的法律效力如何？

8.2.1 施工合同订立的条件

施工合同订立的条件具体如下：

(1) 初步设计和总概算已经得到批准；
(2) 工程项目已经列入年度建设计划；
(3) 有能够满足施工需要的设计文件和有关技术资料；
(4) 建设资金和主要材料设备来源已经落实；
(5) 工程发包人和承包人具有相应的签订合同的资格和履行合同的能力；
(6) 对于招投标工程，中标通知书已经下达。

8.2.2 施工合同订立的程序和内容

1. 施工合同的订立程序

施工合同作为建设工程合同的一种，其订立也需要经过要约和承诺两个阶段。承发包双方将协商一致的内容以书面形式确立施工合同。对必须进行招标的建设工程项目，都应通过招标投标的方式选择承包人并签订合同。承包人和发包人都应按照《招标投标法》和《工程建设项目施工招标投标办法》等法律法规的规定，在中标通知书下发后履行自己的权利和义务。

2. 施工合同的内容

《民法典》第七百九十五条规定："施工合同的内容一般包括工程范围、建设工期、中间交工工程的开工和竣工时间、工程质量、工程造价、技术资料交付时间、材料和设备供应责任、拨款和结算、竣工验收、质量保修范围和质量保证期、相互协作等条款。"

1) 工程范围

工程范围是指施工的界区，是施工人进行施工的工作范围。该条款主要用于明确合同所指向的建设工程的内容和范围。项目名称、施工现场的位置、施工界区等都应在合同中予以明确。这是施工合同的必备条款。

2) 建设工期

建设工期是指施工人完成施工任务的期限。因每个工程根据性质的不同，所需的施工工期也各不相同，是否合理安排工期直接影响工程质量的好坏，所以双方当事人在拟定施工合同时对于承包人完成施工任务的期限应该合理考虑并制定。

3) 中间交工工程的开工和竣工时间

中间交工工程是指施工过程中的阶段性工程。阶段性工程的完工时间将影响着后续工程的开工，制约着整个工程的顺利完成。为了保证工程各阶段的交接，顺利完成工程建设，当事人应当明确中间交工工程的开工和竣工时间。

4) 工程质量

工程质量条款是明确施工人施工要求，确定施工人责任的依据。施工人必须按照工程设计图纸和施工技术标准施工，不得擅自修改工程设计，不得偷工减料。发包人也不得明示或者暗示施工人违反工程建设强制性标准，降低建设工程质量。

5) 工程造价

工程造价是指进行工程建设所需的全部费用，包括人工费、材料费、施工机械使用费、措施费等。由于合同履行期较长，可变因素较多，为了避免纠纷，保证工程质量，采用合理的工程造价方式显得尤为重要。合同当事人必须在施工合同中明确采用何种工程造价方式。

6) 技术资料交付时间

技术资料主要是指勘察、设计文件，以及其他施工人据以施工所必需的基础资料。发包方必须将工程的有关技术资料全面、客观、及时地交付给承包人，才能保证工程的顺利进行。何时交付、是否准确交付都应在合同中作明确说明。

7) 材料和设备供应责任

材料和设备供应责任，是指由哪一方当事人提供工程所需材料设备及其应承担的责任。材料和设备可以由发包人负责提供，也可以由施工人负责采购。如果按照合同约定由发包人负责采购建筑材料、构配件和设备的，发包人应当保证建筑材料、构配件和设备符合设计文件和合同要求。施工人则须按照工程设计要求、施工技术标准和合同约定，对建筑材料、构配件和设备进行检验。

8) 拨款和结算

拨款是指工程款的拨付。结算是指施工人按照合同约定和已完工程量向发包人办理工程款的清算。拨款和结算条款是施工人请求发包人支付工程款和报酬的依据。施工合同中，工程价款的结算方式和付款方式因采用不同的合同形式而有所不同。采用何种方式进行结算，需双方根据具体情况进行协商，并在合同中明确约定。对于工程款的拨付，需根据付款内容由当事人双方确定。

9) 竣工验收

竣工验收条款一般应当包括验收范围与内容、验收标准与依据、验收人员组成、验收方式和日期等内容。竣工验收是工程交付使用前的必经程序，也是发包人支付价款的前提。在预计竣工日期之前的合理期限内，承包人应通知发包人准备验收，并提供相关验收资料，发包人应及时组织有关各方包括勘察设计单位、监理单位等与承包人共同进行竣工验收，并对存在的质量问题提出修改意见，验收合格或经修改后合格的，承包人应提交竣工验收报告。发包人不组织验收的，应承担对其不利的法律后果。

10) 质量保修范围和质量保证期

建设工程实行质量保修制度。根据《建设工程质量管理条例》(2019年修订)，在正常使用条件下，建设工程的最低保修期限为：

(1) 基础设施工程、房屋建筑的地基基础工程和主体结构工程，为设计文件规定的该工程的合理使用年限；

(2) 屋面防水工程、有防水要求的卫生间、房间和外墙面的防渗漏，为5年；

(3) 供热与供冷系统，为2个采暖期、供冷期；

(4) 电气管线、给排水管道、设备安装和装修工程，为2年。

其他项目的保修期限由发包方与承包方约定。

建设工程的保修期，自竣工验收合格之日起计算。

建设工程在保修范围和保修期限内发生质量问题的，施工单位应当履行保修义务，并对造成的损失承担赔偿责任。建设工程在超过合理使用年限后需要继续使用的，产权所有人应当委托具有相应资质等级的勘察、设计单位鉴定，并根据鉴定结果采取加固、维修等措施，重新界定使用期。

11) 双方相互协作条款

双方相互协作条款一般包括双方当事人在施工前的准备工作，施工人及时向发包人提出开工通知书、施工进度报告书、对发包人的监督检查提供必要协助等。双方当事人的协作是施工过程的重要组成部分，是工程顺利施工的重要保证。施工合同与勘察、设计合同一样，不仅需要当事人各自积极履行义务，还需要当事人相互协作，协助对方履行合同义务。

8.2.3　施工合同发承包双方的主要义务

1. 发包人的主要义务

(1) 不得违法发包。《民法典》第七百九十一条规定：“发包人不得将应当由一个承包人完成的建设工程肢解成若干部分发包给数个承包人。”

(2) 提供必要施工条件。发包人未按照约定的时间和要求提供原材料、设备、场地、资金、技术资料的，承包人可以顺延工程日期，并有权请求赔偿停工、窝工等损失。

(3) 及时检查隐蔽工程。隐蔽工程在隐蔽以前，承包人应当通知发包人检查。发包人没有及时检查的，承包人可以顺延工程日期，并有权请求赔偿停工、窝工等损失。

(4) 及时验收工程。建设工程竣工后，发包人应当根据施工图纸及说明书、国家发布的施工验收规范和质量检验标准及时进行验收。

(5) 支付工程价款。发包人应当按照合同约定的时间、地点和方式等，向承包人支付工程价款。

2. 承包人的主要义务

(1) 不得转包和违法分包工程。承包人不得将其承包的全部建设工程转包给第三人或者将其承包的全部建设工程肢解以后以分包的名义分别转包给第三人。禁止承包人将工程分包给不具备相应资质条件的单位。禁止分包单位将其承包的工程再分包。

(2) 自行完成建设工程主体结构。施工建设工程主体结构的施工必须由承包人自行完成。承包人将建设工程主体结构的施工分包给第三人的，该分包合同无效。

(3) 接受发包人有关检查。发包人在不妨碍承包人正常作业的情况下，可以随时对作业进度、质量进行检查。隐蔽工程在隐蔽以前，承包人应当通知发包人检查。

(4) 交付竣工验收合格的建设工程。建设工程竣工经验收合格后，方可交付使用；未经验收或者验收不合格的，不得交付使用。

(5) 建设工程质量不符合约定的无偿修理。因施工人的原因致使建设工程质量不符合约定的，发包人有权请求施工人在合理期限内无偿修理或者返工、改建。经过修理或者返工、改建后，造成逾期交付的，施工人应当承担违约责任。

【课程思政】

施工合同履行过程中的诚信自律

为进一步规范建筑市场秩序，健全建筑市场诚信体系，加强对建筑市场各方主体的动态监管，营造诚实守信的市场环境，住房城乡建设部先后采取了许多措施。2007年，发布了《建筑市场诚信行为信息管理办法》(建市〔2007〕号)，要求各地建设行政主管部门要对建筑市场信用体系建设工作高度重视，加强组织领导和宣传贯彻，并结合当地实际，制定落实实施细则。省会城市、计划单列市及地级城市要建立本地区的建筑市场综合监管信息系统和诚信信息平台，推动建筑市场信用体系建设的全面实施。

良好行为记录指建筑市场各方主体在工程建设过程中严格遵守有关工程建设的法律、法规、规章或强制性标准，行为规范，诚信经营，自觉维护建筑市场秩序，受到各级建设行政主管部门和相关专业部门的奖励和表彰，所形成的良好行为记录。

不良行为记录是指建筑市场各方主体在工程建设过程中违反有关工程建设的法律、法规、规章或强制性标准和执业行为规范，经县级以上建设行政主管部门或其委托的执法监督机构查实和行政处罚，形成的不良行为记录。《全国建筑市场各方主体不良行为记录认定标准》由住房城乡建设部制定和颁布。

诚信行为记录由各省、自治区、直辖市建设行政主管部门在当地建筑市场诚信信息平台上统一公布。其中，不良行为记录信息的公布时间为行政处罚决定作出后7日内，公布期限一般为6个月至3年；良好行为记录信息公布期限一般为年，法律、法规另有规定的从其规定。

公布内容应与建筑市场监管信息系统中的企业、人员和项目管理数据库相结合，形成信用档案，内部长期保留。属于《全国建筑市场各方主体不良行为记录认定标准》范围的不良行为记录除在当地发布外，还将由住房城乡建设部统一在全国公布，公布期限与地方确定的公布期限相同，法律、法规另有规定的从其规定。

各地建筑市场综合监管信息系统，要逐步与全国建筑市场诚信信息平台实现网络互联、信息共享和实时发布。省、自治区和直辖市建设行政主管部门负责审查整改结果，对整改确有实效的，由企业提出申请，经批准，可缩短其不良行为记录信息公布期限，但公布期限最短不得少于3个月，同时将整改结果列于相应不良行为记录后，供有关部门和社会公众查询；对于拒不整改或整改不力的单位，信息发布部门可延长其不良行为记录信息公布期限。

【思政引导】

目前建有中华人民共和国住房和城乡建设部全国建筑市场监管公共服务平台(四库一平台)www.mohurd.gov.cn。“四库”指的是企业数据库基本信息库、注册人员数据库基本信息库、工程项目数据库基本信息库、诚信信息数据库基本信息库，“一平台”就是一体化工作平台。四库互联互通，以身份证可以查人员，以单位名可以查人员，以人员可查单位。作用是解决数据多头采集、重复录入、真实性核实、项目数据缺失、诚信信息难以采集、市场监管与行政审批脱离、“市场与现场”两场无法联动等问题，保证数据的全面性、真实性、关联性和动态性，全面实现全国建筑市场“数据一个库、监管一张网、管理一条线”的信息化监管目标。

引导学生认识到，作为建筑市场的从业人员，一定要熟悉职业规范，依法依规办事，诚实守信执业，时刻恪守职业道德，时刻提醒自己担负的责任。

8.2.4　施工合同的工期

根据住房城乡建设部、原国家工商行政管理总局《建设工程施工合同(示范文本)》(GF 2017—0201)规定，工期是指在合同协议书约定的承包人完成工程所需的期限，包括按照合同约定所作的期限变更。

1. 开工日期及开工通知

开工日期包括计划开工日期和实际开工日期。经发包人同意后，监理人发出的开工通知应符合法律规定。监理人应在计划开工日期7天前向承包人发出开工通知，工期自开工通知中载明的开工日期起算。

最高人民法院《关于审理建设工程施工合同纠纷案件适用法律问题的解释(一)》(法释〔2020〕25号)规定，当事人对建设工程开工日期有争议的，人民法院应当分别按照以下情形予以认定：

(1) 开工日期为发包人或者监理人发出的开工通知载明的开工日期；开工通知发出后，尚不具备开工条件的，以开工条件具备的时间为开工日期；因承包人原因导致开工时间推迟的，以开工通知载明的时间为开工日期。

(2) 承包人经发包人同意已经实际进场施工的，以实际进场施工时间为开工日期。

(3) 发包人或者监理人未发出开工通知，亦无相关证据证明实际开工日期的，应当综合考虑开工报告、合同、施工许可证、竣工验收报告或者竣工验收备案表等载明的时间，并结合是否具备开工条件的事实，认定开工日期。

2. 工期顺延

当事人约定顺延工期应当经发包人或者监理人签证等方式确认，承包人虽未取得工期顺延的确认，但能够证明在合同约定的期限内向发包人或者监理人申请过工期顺延且顺延事由符合合同约定，承包人以此为由主张工期顺延的，人民法院应予支持。

当事人约定承包人未在约定期限内提出工期顺延申请视为工期不顺延的，按照约定处理，但发包人在约定期限后同意工期顺延或者承包人提出合理抗辩的除外。

3. 竣工日期

《建设工程施工合同(示范文本)》规定，竣工日期包括计划竣工日期和实际竣工日期。

最高人民法院《关于审理建设工程施工合同纠纷案件适用法律问题的解释(一)》规定，当事人对建设工程实际竣工日期有争议的，人民法院应当分别按照以下情形予以认定：

(1) 建设工程经竣工验收合格的，以竣工验收合格之日为竣工日期；

(2) 承包人已经提交竣工验收报告，发包人拖延验收的，以承包人提交验收报告之日为竣工日期；

(3) 建设工程未经竣工验收，发包人擅自使用的，以转移占有建设工程之日为竣工日期。

【案例分析8-1】

A公司与某建筑公司签订了《建设工程施工合同》，对工程内容、工程价款、支付时间、工程质量、工期、违约责任等做了具体约定。在施工过程中，A公司对施工图纸先后做了8次修改，但未能按期交付图纸，致使工期拖延。竣工验收时，A公司对部分工程质量提出了异议。经双方协商无果，A公司以建筑公司工期延误为由向法院提起了诉讼，要求建筑公司承担相应的违约责任。

问：

(1) 对工期的延误，建筑公司是否应当承担违约责任？

(2) 建筑公司今后在施工合同签订与履行过程中，应当注意哪些问题？

【解析】

(1) 对于工期的延误，该建筑公司不应当承担违约责任，但需要举证。因为，该建筑公司在施工过程中，A公司对施工图纸做了8次修改，并未按期交付图纸，导致了工期延误，建筑公司不应当为此而承担违约责任。但是，建筑公司应当向法院将A公司修改的图纸及图纸修改的时间等相关证据予以举证，即证明工期延误非本建筑公司的行为所致。

(2) 该建筑公司在今后的施工合同签订与履行过程中，应当对可能出现的工期延误情况作出专门的预期性约定，或者在合同履行中对由于对方原因而导致合同延期的情况作出书面认定，以备将来一旦发生诉讼时有据可查。

8.2.5 施工合同无效的情形

1. 施工合同无效的14种情形

《民法典》对建设工程施工合同部分条款进行了修缮，并出台了新的配套司法解释。结合

《最高人民法院关于审理建设工程施工合同纠纷案件适用法律问题的解释(一)》(法释〔2020〕25号)(以下简称《建工解释一》)、《民法典》及《招标投标法》和《招标投标法实施条例》等相关法律法规的规定，对建设工程施工合同无效的情形大约有以下14种情形：

(1) 承包人未取得建筑业企业资质；

(2) 承包人超越资质等级承包的；

(3) 没有资质的实际施工人借用有资质的建筑施工企业名义的；

(4) 建设工程必须进行招标而未招标的；

(5) 招标代理机构与招标人、投标人串通；

(6) 招标人透露招标投标情况，或者泄露标底；

(7) 投标人相互串通投标或者与招标人串通投标，投标人行贿谋取中标；

(8) 投标人以他人名义投标或者弄虚作假，骗取中标；

(9) 招标人与投标人就投标价格、投标方案等实质性内容进行谈判；

(10) 招标人在评标委员会依法推荐的中标候选人以外确定中标人或自行确定中标人；

(11) 承包人转包；

(12) 承包人违法分包；

(13) 另行变相降低工程价款签订合同；

(14) 未取得建设工程规划审批手续。

2. 施工合同被认定无效之后的应对措施

建设工程的施工过程是承包人将建筑材料、劳务及智力成果转化为建设工程的过程，当建设工程被认定无效后，发包人取得的财产实质上是承包人对工程建设投入劳务、材料、智力成果后的转化，无法返还原物，所以只能采用折价补偿的方式进行。

《民法典》和《建工解释一》也充分考虑到建设工程合同履行的特殊性，最终确定施工合同被认定无效后应适用折价补偿和损害赔偿的原则。

1) 折价补偿原则的适用

根据《民法典》第七百九十三条及《建工解释一》第二十四条规定，建设工程施工合同被认定无效后可以按照以下方式折价补偿：

(1) 经验收合格的，可以参照实际履行或者最后签订的合同关于工程价款的约定折价补偿承包人；

(2) 经验收不合格，但修复后的建设工程经验收合格的，可以参照实际履行或者最后签订的合同关于工程价款的约定折价补偿承包人，发包人可以请求承包人承担修复费用；

(3) 工程经验收不合格，且修复后仍未验收合格的，无权请求参照合同关于工程价款的约定折价补偿承包人。

特别提示

《民法典》将原先“竣工验收后”改为“验收后”，不再以竣工为前提要件。另外，“折价补偿”原则区别于原先的“参照合同约定支付工程价款”。

2) 损害赔偿原则的适用

(1) 损害赔偿的举证责任分配。

根据《建工解释一》第六条的规定，“建设工程施工合同无效，一方当事人请求对方赔偿损失的，应当就对方过错、损失大小、过错与损失之间的因果关系承担举证责任”，即原告方需就对方过错及损害存在及相应的因果关系负举证责任。

(2) 因合同无效导致的损害赔偿范围。

根据《建工解释一》第六条的规定，建设工程施工合同无效，一方当事人可以请求对方赔偿损失。合同无效后的损害赔偿责任应属于缔约过失责任，而缔约过失责任的损害赔偿范围原则上为实际损失，不包括可得利益损失。因此，建设工程施工合同无效的赔偿责任，应当以实际损失为原则，包括因订立及履行合同支出的费用、停工损失、窝工损失、工期延误损失、工程质量导致的损失等，但不包括利息等可得利益损失。

(3) 损害无法确定的参照标准。

根据《建工解释一》第六条的规定，损失大小无法确定，一方当事人请求参照合同约定的质量标准、建设工期、工程价款支付时间等内容确定损失大小的，人民法院可以结合双方过错程度、过错与损失之间的因果关系等因素作出裁判。即合同无效后，承包人与发包人承担损失赔偿责任的前提是有“过错”并且“损失由该过错造成的”。因此，合同无效损失赔偿的认定标准应是一方当事人有过错、另一方当事人受到损害，并且损害与过错之间具有因果关系。同时，在双方当事人都有过错的情况下，还应依据诚实信用原则和公平原则来衡量。

总之，建设工程施工合同被依法认定为无效合同之后，建设工程质量合格的，实际施工人仍然可以要求发包方参照实际履行或者最后签订的合同关于工程款支付的有关条款，折价支付工程款，但缔约过失方对其因过错造成的损失，应承担损害赔偿责任。

8.3 建设工程施工合同价款的支付与结算

【导入】

根据《建设工程施工合同(示范文本)》(GF—2017—0201)规定，实行工程预付款的，双方应当在专用条款内约定发包人向承包人预付工程款的时间和数额，开工后按约定的时间和比例逐次扣回。某建筑工程施工合同总额为8000万元，其专用条款中约定，工程预付款按合同金额的20%计取，主要材料及构件造价占合同额的50%。请问：预付款起扣点为多少万元呢？

8.3.1 工程预付款的计算与支付

1. 工程预付款的概念

工程预付款也称为工程备料款，是建设工程施工合同订立后由发包人按照合同约定，在正式开工前预先支付给承包人的工程款。它是施工准备和所需要材料、结构件等流动资金的主要来源。工程是否实行预付款，取决于工程性质、承包工程量的大小及发包人在招标文件中的规定。工程实行预付款的，发包人应按照合同约定支付工程预付款，承包人应将预付款专用于合同工程。支付的工程预付款，按照合同约定在工程进度款中抵扣。《建设工程工程量清单计价规范》(GB 50500—2013)对预付款的支付额度、支付时间和回扣方式作了规定。

2. 工程预付款的性质

(1) 预付款是主合同给付的一部分，当事人关于预付款的约定，具有诺成性，不以实际交付为生效要件。

(2) 预付款并不具有双向或单项担保的效力，当事人不履行合同而导致合同解除时，预付款应当返还。

(3) 预付款属于合同价款的先付，具有清偿性。

3. 工程预付款的支付

根据《建设工程工程量清单计价规范》(GB 50500—2013)及《建设工程价款结算暂行办法》(财建〔2004〕369号文)对工程预付款的额度规定：

(1) 工程预付款的额度。包工包料工程的预付款的支付比例不得低于签约合同价(扣除暂列金额)的10%，不宜高于签约合同价(扣除暂列金额)的30%。对重大工程项目，按年度工程计划逐年预付。实行工程量清单计价的工程，实体性消耗和非实体性消耗部分应在合同中分别约定预付款比例(或金额)。

(2) 工程预付款的支付时间。承包人应在签订合同或向发包人提供与预付款等额的预付款保函后向发包人提交预付款支付申请。发包人应在收到支付申请的7天内进行核实，向承包人发出预付款支付证书，并在签发支付证书后的7天内向承包人支付预付款。发包人没有按合同约定按时支付预付款的，承包人可催告发包人支付；发包人在预付款期满后的7天内仍未支付的，承包人可在付款期满后的第8天起暂停施工。发包人应承担由此增加的费用和延误的工期，并应向承包人支付合理利润。

特别提示

预付款不得用于与本合同工程无关的事项，具有专款专用的性质。

(3) 工程预付款额度的计算。工程预付款额度，各地区、各部门的规定不完全相同，主要是保证施工所需材料和构件的正常储备。工程预付款额度一般是根据施工工期、建安工作量、主要材料和构件费用占建安工程费的比例及材料储备周期等因素经测算来确定。常用的有以下两种方法。

① 百分比法。发包人根据工程的特点、工期长短、市场行情、供求规律等因素，招标时在合同条件中约定工程预付款的百分比。由各地区各部门根据各自的条件从实际出发，自行制定符合相关规定的预付备料款比例。

② 公式计算法。根据主要材料(含结构件等)占年度承包工程造价的比重、材料储备定额天数和年度施工天数等因素，通过数学公式计算预付备料款额度的一种方法，计算公式为

$$\text{工程预付款数额}=\frac{\text{年度承包工程总价}\times\text{主要材料所占比例(\%)}}{\text{年度施工天数}}\times\text{材料储备定额天数} \quad \text{(式8-1)}$$

特别提示

该公式中，年度施工天数按365天日历天计算；材料储备定额天数由当地材料供应的在途天数、加工天数、整理天数、供应间隔天数、保险天数等因素决定。

【案例分析8-2】

某工程年度承包总价500万元，其中材料费占45%，计划工期500天，材料储备定额天数60天。

问：应支付预付款多少万元？

【解析】

工程预付款：$\frac{500 \times 45\%}{365} \times 60 = 36.99$(万元)

【案例分析8-3】

某工程合同总价为5 000万元，材料费占合同总价的60%，合同工期为180天，材料储备定额天数为25天，材料供应在途天数为5天。

问：应支付预付款多少万元？

【解析】

工程预付款：$\frac{5\,000 \times 60\%}{180} \times 25 = 416.67$(万元)

4. 工程预付款的扣回

发包人支付给承包人的工程预付款属于预支性质，随着工程的逐步实施后，原已支付的预付款应以冲抵工程价款的方式陆续扣回，抵扣方式应当由双方当事人在合同中明确约定。扣款的方法主要有以下两种。

1) 按合同约定扣款

预付款的扣款方法由发包人和承包人通过洽商后在合同中予以确定，一般是在承包人完成金额累计达到合同总价的一定比例后，由承包人开始向发包人还款，发包人从每次应付给承包人的金额中扣回工程预付款，发包人至少在合同规定的完工期前将工程预付款的总金额逐次扣回。

2) 起扣点计算法

从未施工工程尚需的主要材料及构件的价值相当于工程预付款数额时起扣，此后每次结算工程价款时，按材料所占比重扣减工程价款，至工程竣工前全部扣清。

特别提示

该方法对承包人比较有利，最大限度地占用了发包人的流动资金，但是，显然不利于发包人资金使用。

(1) 工程预付款起扣点不含保证金，可按下式计算

$$T = P - \frac{M}{N} \quad (式8-2)$$

式8-2中：

T——起扣点(工程预付款开始扣回时)的累计完成工作量金额；

M——预付备料款数额；

N——主要材料、构件所占比重；

P——承包工程价款总额(或建安工作量价值)。

【案例分析8-4】

某项建设工程其合同价为200万元，工程预付款为42万元，主要材料、构件所占比重为60%。

问：起扣点为多少万元？

【解析】

$$T = P - \frac{M}{N} = 200 - \frac{42}{60\%} = 130(万元)$$

则当工程量完成130万元时，本项工程预付款开始起扣。

(2) 若合同中约定，工程质量保修金从承包人每月的工程款中按比例扣留，那么工程预付款起扣点可按下式计算

$$T = P(1-K) - \frac{M}{N} \qquad (式8-3)$$

式8-3中：

T——起扣点，即预付款开始扣回的累计应付工程款(累计完成工作量金额－相应质量保证金)；

K——质量保证金率；

M——工程预付款数额；

N——主要材料、构件所占比重；

P——承包工程价款总额(或建安工作量价值)。

【案例分析8-5】

某项建设工程其合同价为300万元，工程预付款为72万元，主要材料、构件所占比重60%，质量保证金占承包合同价的10%，发包人从承包人每月的工程款中按比例扣除。

问：起扣点为多少元?

【解析】

$$T = P(1-K) - \frac{M}{N} = 270 - \frac{72}{60\%} = 150(万元)$$

则当工程款为150万元时，本项工程预付款开始起扣。

(3) 第一次扣还工程预付款数额的计算公式为

$$a_1 = \left(\sum_{i=1}^{n} T_i - T\right) \times N \qquad (式8-4)$$

式8-4中：

a_1——第一次扣还工程预付款数额；

$\sum_{i=1}^{n} T_i$——累计已完工程价值。

(4) 第二次及以后各次扣还工程预付款数额的计算公式为

$$a_1 = T_{\rm i} \times N \qquad (式8-5)$$

式8-5中：

a_1——第i次扣还工程预付款数额(i>1)；

$T_{\rm i}$——第i次扣还工程预付款时，当期结算的已完工程价值。

在国际工程承包中，FIDIC施工合同也对工程预付款扣回作了规定，其方法比较简单，一

般当工程进度款累计金额超过合同价格的10%～20%时开始起扣，每月从支付给承包人的工程款内按预付款占合同总价的同一百分比扣回。

特别提示

发包人要求承包人提供预付款担保的，承包人应在发包人支付预付款7天前提供预付款担保，专用合同条款另有约定除外。

预付款担保可采用银行保函、担保公司担保等形式，具体由合同当事人在专用合同条款中约定。

在预付款完全扣回之前，承包人应保证预付款担保持续有效。发包人在工程款中逐期扣回预付款后，预付款担保额度应相应减少，但剩余的预付款担保金额不得低于未被扣回的预付款金额。

8.3.2 工程进度款的计算与支付

1. 工程进度款的概念

建设工程合同是先由承包人完成建设工程，后由发包人支付合同价款的特殊承揽合同，由于建设工程具有投资大、施工期长等特点，合同价款的履行顺序主要通过“阶段小结、最终结清”来实现。当承包人完成一定阶段的工程量后，发包人就应该按合同约定履行支付工程进度款的义务。

发承包双方应按照合同约定的时间、程序和方法，根据工程计量结果，办理期中价款结算，支付工程进度款。进度款支付周期，应与合同约定的工程计量周期一致。其中，工程量的正确计量是发包人向承包人支付工程进度款的前提和依据。计量和付款周期可采用分段或按月结算的方式，按照财政部、建设部(现住房城乡建设部)印发的《建设工程价款清算暂行办法》(财建〔2004〕369号)的规定：

(1) 按月结算与支付。即实行按月支付进度款，竣工后清算的办法。合同工期在两个年度以上的工程，在年终进行工程盘点，办理年度结算。

(2) 分段结算与支付。即当年开工、当年不能竣工的工程按照工程形象进度，划分不同阶段，支付工程进度款。

当采用分段结算方式时，应在合同中约定具体的工程分段划分方法，付款周期应与计量周期一致。

《建设工程工程量清单计价规范》(GB 50500—2013)规定，已标价工程量清单中的单价项目，承包人应按工程计量确认的工程量与综合单价计算；综合单价发生调整的，以发承包双方确认调整的综合单价计算进度款。已标价工程量清单中的总价项目，承包人应按合同中约定的进度款支付分解，分别列入进度款支付申请中的安全文明施工费和本周期应支付的总价项目的金额中。发料金额，应按照发包人签约提供的单价和数量从进度款支付中扣除，列入本周期应扣减的金额中。进度款的支付比例按照合同约定，按期中结算价款总额计，不低于60%，不高于90%。

2. 工程进度款的计算

工程进度款的计算，主要涉及两个方面：一是按照《建设工程工程量清单计价规范》(GB 50500—2013)对工程量进行计量；二是单价的计算方法，主要根据由发包人和承包人事先约定的工程价格的计价方法决定。目前工程价格的计价方法可以分为工料单价和综合单价两种方法。二者在选择时，既可采取可调价格的方式，即工程价格在实施期间可随价格变化而调整；也可采取固定价格的方式，即工程价格在实施期间不因价格变化而调整，在工程价格中已考虑价格风险因素并在合同中明确了固定价格所包括的内容和范围。因计价方法的不同，故而工程进度款的计算方法也不同。

3. 工程进度款的支付

对承包人已完成的工程量进行核实确认，是发包人支付工程进度款的前提。《建设工程工程量清单计价规范》(GB 50500—2013)规定：承包人应在每个计量周期到期后的7天内向发包人提交已完工程进度款支付申请一式四份，详细说明此周期认为有权得到的款额，包括分包人已完工程的价款。

工程进度款支付申请应包括下列内容：

(1) 累计已完成工程的工程价款；

(2) 累计已实际支付的工程价款；

(3) 本期间完成的工程价款；

(4) 本期间已完成的计日工价款；

(5) 应支付的调整工程价款；

(6) 本期间应扣回的预付款；

(7) 本期间应支付的安全文明施工费；

(8) 本期间应支付的总承包服务费；

(9) 本期间应扣留的质量保证金；

(10) 本期间应支付的、应扣除的索赔金额；

(11) 本期间应支付的或扣留(扣回)的其他款项；

(12) 本期间实际应支付的工程价款。

发包人应在收到承包人进度款支付申请后的14天内，根据计量结果和合同约定对申请内容予以核实，确认后向承包人出具进度款支付证书。发包人应在签发进度款支付证书后的14天内，按照支付证书列明的金额向承包人支付进度款。

若发包人逾期未签发进度款支付证书，则视为承包人提交的进度款支付申请已被发包人认可，承包人可向发包人发出催告付款的通知。发包人应在收到通知后的14天内，按照承包人支付申请的金额向承包人支付进度款。

发包人未按照规定支付进度款的，承包人可催告发包人支付，并有权获得延迟支付的利息；发包人在付款期满后的7天内仍未支付的，承包人可在付款期满后的第8天起暂停施工。发包人应承担由此增加的费用和延误的工期，向承包人支付合理利润，并应承担违约责任。

发现已签发的任何支付证书有错、漏或重复的数额，发包人有权予以修正，承包人也有权提出修正申请。经发承包双方复核同意修正的，应在本次到期的进度款中支付或扣除。

特别提示

需要注意以下几点。

(1) 监理人签发的支付证书只是发包人同意支付临时款项的数额，并不代表他完全认可了承包人完成的工作量。

(2) 若工程进度款项的支付涉及政府投资资金的，须按照国库集中支付等国家相关规定和专用合同条款的约定办理。

(3) 工程进度款的额度及支付需通过对已完成的工程量进行计量与复核来确认并实现。当工程量出现变化引起合同价款需要调整时，按实际最终完成的工程量来调整。

【案例分析8-6】

某承包人承包某工程项目，甲乙双方签订的关于工程价款的合同内容如下。

(1) 建筑安装工程造价660万元，建筑材料及设备费占施工产值的比重60%。

(2) 工程预付款为建筑安装工程造价的20%。工程实施后，工程预付款从未施工工程尚需的主要材料及设备费相当于工程预付款数额时起扣，从每次结算工程价款中按材料和设备占施工产值的比重扣抵工程预付款，竣工前全部扣清。

(3) 工程进度款逐月计算。

工程各月实际完成产值(不包括调价部分)，如表8-1所示。

表8-1　各月实际完成产值表

单位：(万元)

月份	2	3	4	5	6	合计
完成产值	55	110	165	220	110	660

问：

(1) 该工程的工程预付款、起扣点分别为多少？

(2) 该工程2月至5月每月拨付工程款分别为多少？累计工程款为多少？

【解析】

(1) 工程预付款：660×20%=132(万元)

起扣点：660−132/60%=440(万元)

(2) 各月拨付工程款如下。

2月：工程款55万元，累计工程款55(万元)；

3月：工程款110万元，累计工程款=55+110=165(万元)；

4月：工程款165万元，累计工程款=165+165=330(万元)；

5月：工程款220−(220+330−440)×60%=154(万元)，累计工程款=330+154=484(万元)。

【课程思政】

《民法典》规定，验收合格的，发包人应当按照约定支付价款，并接收该建设工程。2019年10月公布的《优化营商环境条例》规定，国家机关、事业单位不得违约拖欠市场主体的货物、工程、服务等账款，大型企业不得利用优势地位拖欠中小企业账款。

2020年7月公布的《保障中小企业款项支付条例》规定，机关、事业单位从中小企业采购货物、工程、服务，应当自货物、工程、服务交付之日起30日内支付款项；合同另有约定的，付款期限最长不得超过60日。合同约定采取履行进度结算、定期结算等结算方式的，付款期限应当自双方确认结算金额之日起算。

8.3.3 竣工结算款的结算与支付

工程竣工结算是指工程项目完工并经竣工验收合格后，发承包双方按照施工合同的约定对所完成的工程项目进行的合同价款的计算、调整和确认。财政部、建设部(现住房城乡建设部)于2004年10月发布的《建设工程价款结算暂行办法》规定，工程完工后，发承包双方应按照约定的合同价款及合同价款调整内容以及索赔事项，进行工程竣工结算。工程竣工结算分为单位工程竣工结算、单项工程竣工结算和建设项目竣工总结算。

【课程思政】

《工程造价改革工作方案》(建办标〔2020〕38号)中指出，应“加强工程施工合同履约和价款支付监管，引导发承包双方严格按照合同约定开展工程款支付和结算，全面推行施工过程价款结算和支付”。

1. 竣工结算的编制依据

(1) 《建设工程工程量清单计价规范》(GB 50500—2013)有关竣工结算与支付的规定；

(2) 工程合同；

(3) 发承包双方实施过程中已确认的工程量及其结算的合同价款；

(4) 发承包双方实施过程中已确认调整后追加(减)的合同价款；

(5) 建设工程设计文件及相关资料；

(6) 投标文件；

(7) 其他依据。

2. 竣工结算的流程

根据《建设工程工程量清单计价规范》(GB 50500—2013)第11款和《招标文件(示范文本)》第14.2，工程竣工结算申请、审核、支付整个工作流程如图8-1所示。

特别提示

若发包人对工程质量有异议，拒绝办理工程竣工结算的，按情形分别处理。

(1) 已经竣工验收或已竣工未验收但实际使用的工程，其质量争议按该工程保修合同执行，竣工结算按同约定办理。

(2) 已竣工未验收且未实际投入使用工程及停工、停建工程的质量争议，双方应就有争议的部分委托有资质的检测鉴定机构进行检测，根据检测结果确定解决方案，或按工程质量监督机构处理决定执行后办理竣工结算，无争议部分竣工结算按合同约定办理。

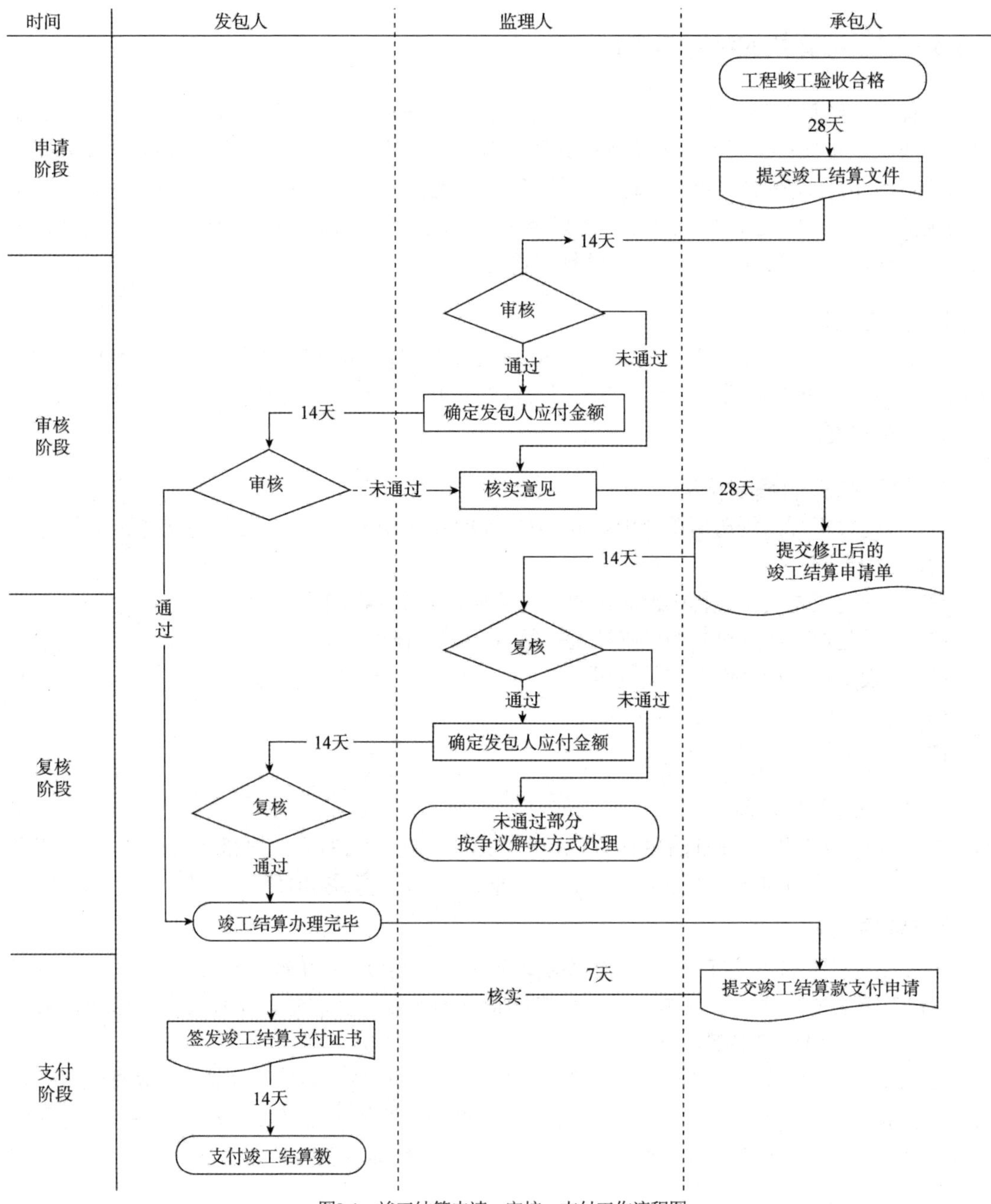

图8-1 竣工结算申请、审核、支付工作流程图

3. 竣工结算的编制方法

《建设工程工程量清单计价规范》(GB 50500—2013)第11.1.1条规定：工程完工后，发承包双方必须在合同约定时间内办理工程竣工结算。承包人应在提交竣工验收申请前编制完成竣工结算文件，并在提交竣工验收申请的同时向发包人提交竣工结算文件。而工程竣工结算编制实质是对期中结算信息的一个汇总过程，其汇总方法如图8-2所示。

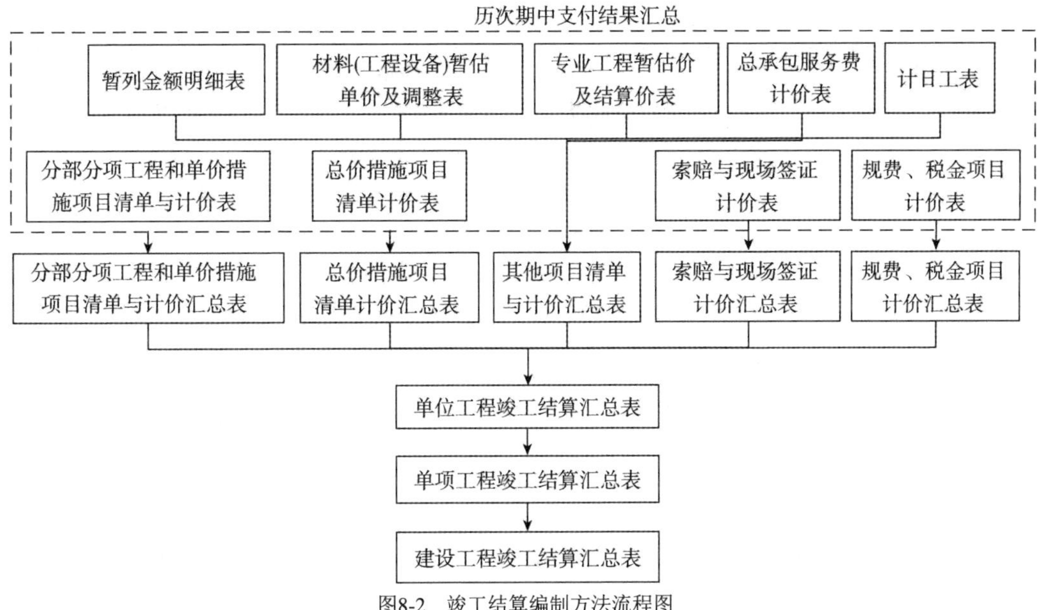

图8-2　竣工结算编制方法流程图

4. 竣工结算审核方法

工程竣工结算审核应按施工承包合同约定的结算方法进行，具体审核方法如表8-2所示。

表8-2　竣工结算审核方法

审核要点		审核方法
分部分项部分		① 根据合同约定的施工内容及范围，现场查验是否施工到位，对不到位部分按合同约定的结算方式予以调整； ② 对合同范围内明确定价的材料、设备审查其手续、价格是否合理，重点审查重大偏离公允价格的材料及设备
措施项目部分	单价措施	① 单价措施项目费是否依据双方确定的工程量、合同约定的综合单价进行结算； ② 单价措施项目费调整是否与分部分项工程实体工程量变化幅度相同
	总价措施	总价措施项目费是否参照投标报价的取费基数及费率进行结算
其他项目部分	暂列金额	暂列金额是否按合同约定计算实际发生的费用，并分别计入分部分项工程费及措施项目费中
	暂估价	① 暂估价项目调整确认后包含的内容是否与之前一致，如确认内容大于原来暂估价项目的内容，多余部分应予以扣除； ② 暂估价项目发生调整费用所计取的规费与税金是否正确
变更、签证部分		① 新增工程的综合单价是否符合三大原则； ② 变更工程量与综合单价是否与佐证材料相符，列入分部分项与措施项目的费用是否正确
索赔部分		① 索赔理由是否充分、资料是否齐全、程序是否合规； ② 索赔工程量计算是否准确、单价是否合理、相关费用计算是否合规

(续表)

审核要点	审核方法
价格调整部分	① 该价格整是否合规，是否只调整了价格上涨而未调整价格下降； ② 不同时期内的价格是否进行区分整理； ③ 是否只调整超出部分(风险范围内的部分不应予以调整)； ④ 价格变化幅度应按不同时期造价信息价格的对比确定，而不是投标价与造价信息或市场价的对比
工期奖惩与质量奖惩部分	审核承包人提供证明非己方问题材料的准确性及合规性
其他部分	按相关文件及协议执行

8.3.4 质量保证金与最终结清款的支付

质量保证金是指建设单位与施工单位在建设工程承包合同中约定或施工单位在工程保修书中承诺，在建筑工程竣工验收交付使用后，从应付的建设工程款中预留的用以维修建筑工程在保修期限和保修范围内出现的质量缺陷的资金。

质量保证金的金额一般由合同当事人双方约定，发包人累计扣留的质量保证金不得超过工程价款结算总额的3%。如承包人在发包人签发竣工结算支付证书后28天内提交质量保证金保函，发包人应同时退还扣留的作为质量保证金的工程价款；保函金额不得超过工程价款结算总额的3%。发包人在退还质量保证金的同时按照中国人民银行发布的同期同类贷款基准利率支付利息。缺陷责任期内，承包人认真履行合同约定的责任，到期后，承包人可向发包人申请返还保证金。

发包人在接到承包人返还保证金申请后，应于14天内会同承包人按照合同约定的内容进行核实。如无异议，发包人应当按照约定将保证金返还给承包人。对返还期限没有约定或者约定不明确的，发包人应当在核实后14天内将保证金返还承包人，逾期未返还的，依法承担违约责任。发包人在接到承包人返还保证金申请后14天内不予答复，经催告后14天内仍不予答复，视同认可承包人的返还保证金申请。

缺陷责任期终止后，承包人应按照合同约定向发包人提交最终结清支付申请。发包人应在收到最终结清支付申请后的14天内予以核实，并应向承包人签发最终结清支付证书。发包人应在签发最终结清支付证书后的14天内，按照最终结清支付证书列明的金额向承包人支付最终结清款。承包人被预留的质量保证金不足以抵减发包人工程缺陷修复费用的，承包人应承担不足部分的补偿责任。

【案例分析8-7】

某工程项目业主通过工程量清单招标方式确定某投标人为中标人。并与其签订了工程承包合同，工期4个月。有关工程价款与支付约定如下。

1. 工程价款

(1) 分项工程清单，含有甲、乙两项混凝土分项工程，工程量分别为：2 300m^3、3 200m^3，综合单价分别为：580元/m^3、560元/m^3。除甲、乙两项混凝土分项工程外的其余分项工程费用为50万元。当某一分项工程实际工程量比清单工程量增加(或减少)15%以上时，应进行调价，调价系数为0.9(1.08)。

(2) 单价措施项目清单，含有甲、乙两项混凝土分项工程模板及支撑和脚手架、垂直运输、大型机械设备进出场及安拆等五项，总费用66万元，其中甲、乙两项混凝土分项工程模板及支撑费用分别为12万元、13万元，结算时，该两项费用按相应混凝土分项工程工程量变化比例调整，其余单价措施项目费用不予调整。

(3) 总价措施项目清单，含有安全文明施工、雨季施工、二次搬运和已完工程及设备保护等四项，总费用54万元，其中安全文明施工费、已完工程及设备保护费分别为18万元、5万元。结算时，安全文明施工费按分项工程项目、单价措施项目费用变化额的2%调整，已完工程及设备保护费按分项工程项目费用变化额的0.5%调整，其余总价措施项目费用不予调整。

(4) 其他项目清单，含有暂列金额和专业工程暂估价两项，费用分别为10万元、20万元(另计总承包服务费5%)。

(5) 规费率为不含税的人材机费、管理费、利润之和的6%；增值税率为不含税的人材机费、管理费、利润、规费之和的9%。

2. 工程预付款与进度款

(1) 开工之日10天之前，业主向承包商支付材料预付款和安全文明施工费预付款。材料预付款为分项工程合同价的20%，在最后两个月平均扣除；安全文明施工费预付款为其合同价的70%。

(2) 甲、乙分项工程项目进度款按每月已完工程量计算支付，其余分项工程项目进度款和单价措施项目进度款在施工期内每月平均支付；总价措施项目价款除预付部分外，其余部分在施工期内第2、3个月平均支付。

(3) 专业工程费用、现场签证费用在发生当月按实结算。

(4) 业主按每次承包商应得工程款的90%支付。

3. 竣工结算

(1) 竣工验收通过30天后开始结算。

(2) 措施项目费用在结算时根据取费基数的变化调整。

(3) 业主按实际总造价的5%扣留工程质量保证金，其余工程尾款在收到承包商结清支付申请后14天内支付。

承包商每月实际完成并经签证确认的分项工程项目工程量如表8-3所示。

表8-3　工程每月实际完成并经工程师签证确认的工程量

(单位：m^3)

分项工程 \ 月份	1	2	3	4	累计
甲	500	800	800	600	2 700
乙	700	800	800	300	2 700

施工期间，第2个月发生现场签证费用2.6万元；专业工程分包在第3个月进行，实际费用为21万元。

问：

1. 材料预付款为多少万元？安全文明施工费预付款为多少万元？

2. 每月承包商已完工程款为多少万元？每月业主应向承包商支付工程款为多少万元？到每月底累计支付工程款为多少万元？

3. 分项工程项目、单价和总价措施项目费用调整额为多少万元？实际工程含税总造价为多少万元？

4. 工程质量保证金为多少万元？竣工结算最终付款为多少万元？

(所有结果小数点后保留三位小数)

【解析】

问题1:

材料预付款=Σ(分项工程项目工程量×综合单价)×(1+规费率)×(1+税金率)×预付率

$$=\left[\frac{2\,300\times580+3\,200\times560}{10\,000}+50\right]\times(1+6\%)\times(1+9\%)\times20\%=83.790(\text{万元})$$

安全文明施工费预付款=相应费用额×(1+规费率)×(1+税率)×预付率×90%

=18×(1+6%)×(1+9%)×70%×90%=13.102(万元)

问题2:

每月承包商已完工程款=Σ(分项工程项目费用+单价措施项目费用+总价措施项目费用+其他项目费用)×(1+规费率)×(1+税率)

第1个月

(1) 承包商已完工程款=[(500×580+700×560)/10 000+(50+66)/4)]×(1+6%)×(1+9%)=112.305(万元)

(2) 业主应支付工程款=112.305×90% =101.075(万元)

(3) 累计已支付工程款=13.102+101.075=114.177(万元)

第2个月

(1) 承包商已完工程款=[(800×580+900×560) /10 000+(50+66)/4+(54−18×70%)/2+2.6)]×(1+6%)×(1+9%) =72.270(万元)

(2) 业主应支付工程款=172.270×90%=155.043(万元)

(3) 累计已支付工程款=114.177+155.043=269.22(万元)

第3个月

(1) 承包商已完工程款=[(800×580+800×560)/10 000+(50+66)/4+(54−18×70%)/2+21×(1+5%)]×(1+6%)×(1+9%)= 188.272(万元)

(2) 业主应支付工程款=188.272×90%−83.790/2=127.550(万元)

(3) 累计已支付工程款=269.22+127.55=396.770(万元)

第4个月

(1) 分项工程综合单价调整如下。

甲分项工程累计完成工程量的增加数量超过清单工程量的15%，超过部分工程量：2 700−2 300(1+15%) =55(m^3)，其综合单价调整为：580×0.9=522(元/m^3)。

乙分项工程累计完成工程量的减少数量超过清单工程量的15%，其全部工程量的综合单价调整为:560×1.08=604.80(元/m^3)。

(2) 承包商已完工程款$=\left[\frac{(600-55)\times 580+55\times 522+2\,700\times 604.8-(700+900+800)\times 560}{10\,000}+\frac{(50+66)}{4}\right]\times(1+6\%)\times(1+9\%)=106.732$ (万元)

(3) 业主应支付工程款=106.732×90%-83.790/2=54.164(万元)

(4) 累计已支付工程款=396.77+54.164=450.934(万元)

问题3:

(1) 分项工程项目费用调整如下。

甲分项工程费用增加=(2 300×15%×580+55×522)/10 000=22.881(万元)

乙分项工程费用减少=(2 700×604.8-3200×560)/10 000=-15.904(万元)

小计：22.881-15.904=6.977(万元)

(2) 单价措施项目费用调整如下。

甲分项工程模板及支撑费用增加=12×(2 700-2 300)/2 300=2.087(万元)

乙分项工程模板及支撑费用减少=13×(2 700-3 200)/3 200=-2.031(万元)

小计：2.087-2.031=0.056(万元)

(3) 总价措施项目费用调整如下。

(6.977+0.056)×2%+6.977×0.5%=0.176(万元)

(4) 实际工程总造价=[(362.6+6.977)+(66+0.056)+(54+0.176)+2.6+21×(1+5%)]×(1+6%)×(1+9%)=594.406(万元)

问题4:

(1) 工程质量保证金=594.406×5%=29.720(万元)

(2) 竣工结算最终支付工程款=594.406-83.790-29.720-450.934=29.962(万元)

8.4　建设工程施工合同的违约责任和争议解决

【导入】

在施工过程中，建设单位、施工单位及监理单位都要按合同约定来履行合同，如果没有全面地履行合同，是否一定要受到处罚呢？某承包人承揽某建筑工程项目，合同价500万元，工期18个月，承包人包工包全部材料。在施工过程中该地发生了百年不遇的飓风，造成现场停电停工8天，为此承包人提出要延长工期8天，并提出延迟交工时间在8天之内，应不受惩罚。请问：承包人的要求成立吗？

8.4.1　施工合同的违约责任

《建设工程施工合同(示范文本)》(GF—2017—0201)通用条款对发包人和承包人违约的情况及处理分别做了明确的规定。

1. 发包人的违约情形

在合同履行过程中发生的下列情形，属于发包人违约：

(1) 因发包人原因未能在计划开工日期前7天内下达开工通知的；

(2) 因发包人原因未能按合同约定时间支付合同价款的；

(3) 发包人违反合同中关于合同变更范围约定，自行实施被取消的工作或转由他人实施的；

(4) 发包人提供的材料、工程设备的规格、数量或质量不符合合同约定，或因发包人原因导致交货日期延误或交货地点变更等情况的；

(5) 因发包人违反合同约定造成暂停施工的；

(6) 发包人无正当理由没有在约定期限内发出复工指示，导致承包人无法复工的；

(7) 发包人明确表示或者其行为表明不履行合同主要义务的；

(8) 发包人未能按照合同履行其他义务的。

2. 发包人违约的处理

1) 承包人有权暂停施工

除了发包人不履行合同义务或无力履行合同义务的情况外，承包人向发包人发出通知，要求发包人采取有效措施纠正违约行为。发包人收到承包人通知后的28天内仍不履行合同义务，承包人有权暂停施工，并通知监理人，发包人应承担由此增加的费用和(或)工期延误，并支付承包人合理利润。

承包人暂停施工28天后，发包人仍不纠正违约行为，承包人可向发包人发出解除合同通知。但承包人的这一行为不免除发包人应承担的违约责任，也不影响承包人根据合同约定享有的索赔权利。

2) 违约解除合同

属于发包人不履行或无力履行义务的情况，承包人可书面通知发包人解除合同。

3. 因发包人违约解除合同

1) 解除合同后的结算

发包人应在解除合同后28天内向承包人支付下列金额，并解除履约担保：

(1) 合同解除日以前所完成工作的价款；

(2) 承包人为该工程施工订购并已付款的材料、工程设备和其他物品的金额；

(3) 承包人撤离施工场地，以及遣散承包人人员的款项；

(4) 按照合同约定在合同解除前应支付的违约金；

(5) 按合同约定在合同解除日前应支付给承包人的其他款项；

(6) 按照合同约定应退还的质量保证金；

(7) 因解除合同给承包人造成的损失。

发包人应按本项约定支付上述金额并退还质量保证金和履约担保，但有权要求承包人支付应偿还给发包人的各项金额。

2) 承包人撤离施工现场

因发包人违约而解除合同后，承包人尽快完成施工现场的清理工作，妥善做好已竣工工程和已购材料、设备的保护和移交工作，按发包人要求将承包人设备和人员撤出施工场地。

4. 承包人的违约情形

在合同履行过程中发生的下列情形，属于承包人违约：

(1) 私自将合同的全部或部分权利转让给其他人，将合同的全部或部分义务转移给其他人；

(2) 未经监理人批准，私自将已按合同约定进入施工场地的施工设备、临时设施或材料撤离施工场地；

(3) 使用不合格材料或工程设备，工程质量达不到标准要求，又拒绝清除不合格工程；

(4) 未能按合同进度计划及时完成合同约定的工作，已造成或预期造成工期延误；

(5) 缺陷责任期内未对工程接收证书所列缺陷清单的内容或缺陷责任期内发生的缺陷进行修复，又拒绝按监理人指示再进行修补；

(6) 承包人无法继续履行或明确表示不履行或实质上已停止履行合同；

(7) 承包人不按合同约定履行义务的其他情况。

5. 承包人违约的处理

发生承包人不履行或无力履行合同义务的情况时，发包人可通知承包人立即解除合同。

对于承包人违反合同规定的情况，监理人应向承包人发出整改通知，要求其在指定的期限内改正。承包人应承担其违约所引起的费用增加和(或)工期延误。监理人发出整改通知28天后，承包人仍不纠正违约行为，发包人可向承包人发出解除合同通知。

6. 因承包人违约解除合同

1) 发包人进驻施工现场

合同解除后，发包人可派人员进驻施工场地、另行组织人员或委托其他承包人施工。发包人因继续完成该工程的需要，有权扣留使用承包人在现场的材料、设备和临时设施。这种扣留不是没收，只是为了后续工程能够尽快顺利开始。发包人的扣留行为不免除承包人应承担的违约责任，也不影响发包人根据合同约定享有的索赔权利。

2) 合同解除后的结算

(1) 监理人与当事人双方协商承包人实际完成工作的价值，以及承包人已提供的材料、施工设备、工程设备和临时工程等的价值。达不成一致，由监理人单独确定。

(2) 合同解除后，发包人应暂停对承包人的一切付款，查清各项付款和已扣款金额，包括承包人应支付的违约金。

(3) 发包人应按合同的约定向承包人索赔由于解除合同给发包人造成的损失。

(4) 合同双方确认上述往来款项后，发包人出具最终结清付款证书，结清全部合同款项。

(5) 发包人和承包人未能就解除合同后的结清达成一致，按合同约定解决争议的方法处理。

3) 承包人已签订其他合同的转让

因承包人违约解除合同，发包人有权要求承包人将其为实施合同而签订的材料和设备的订货合同或任何服务协议转让给发包人，并在解除合同后的14天内，依法办理转让手续。

8.4.2　施工合同争议的解决

1. 施工合同争议的解决方式

《建设工程施工合同(示范文本)》(GF—2017—0201)中提到解决方式有和解、调解、争议评审、仲裁或诉讼。

(1) 和解。合同当事人可以就争议自行和解，自行和解达成协议的经双方签字并盖章后作为合同补充文件，双方均应遵照执行。

(2) 调解。合同当事人可以就争议请求建设行政主管部门、行业协会或其他第三方进行调解，调解达成协议的，经双方签字并盖章后作为合同补充文件，双方均应遵照执行。

(3) 争议评审。合同当事人在专用合同条款中约定采取争议评审方式解决争议以及评审规则，并按下列约定执行：

① 争议评审小组的确定。合同当事人可以共同选择一名或三名争议评审员，组成争议评审小组。除专用合同条款另有约定外，合同当事人应当自合同签订后28天内，或者争议发生后14天内，选定争议评审员。选择一名争议评审员的，由合同当事人共同确定；选择三名争议评审员的，各自选定一名，第三名成员为首席争议评审员，由合同当事人共同确定或由合同当事人委托已选定的争议评审员共同确定，或由专用合同条款约定的评审机构指定第三名首席争议评审员。除专用合同条款另有约定外，评审员报酬由发包人和承包人各承担一半。

② 争议评审小组的决定。合同当事人可在任何时间将与合同有关的任何争议共同提请争议评审小组进行评审。争议评审小组应秉持客观、公正原则，充分听取合同当事人的意见，依据相关法律、规范、标准、案例经验及商业惯例等，自收到争议评审申请报告后14天内作出书面决定，并说明理由。合同当事人可以在专用合同条款中对本项事项另行约定。

③ 争议评审小组决定的效力。争议评审小组作出的书面决定经合同当事人签字确认后，对双方具有约束力，双方应遵照执行。任何一方当事人不接受争议评审小组决定或不履行争议评审小组决定的，双方可选择采用其他争议解决方式。

(4) 仲裁或诉讼 。因合同及合同有关事项产生的争议，合同当事人可以在专用合同条款中约定以下一种方式解决争议：

① 向约定的仲裁委员会申请仲裁；

② 向有管辖权的人民法院起诉。

▌特别提示▐

合同有关争议解决的条款独立存在，合同的变更、解除、终止、无效或者被撤销均不影响其效力。

2. 争议发生后允许停止履行合同的情况

发生争议后，在一般情况下，双方可继续履行合同，保持工程的连续性，出现下列情况时，当事人可停止履行施工合同：

(1) 单方违约导致合同确已无法履行，双方协议停止施工；

(2) 调停要求停止施工，且为双方接受；

(3) 仲裁机关要求停止施工；

(4) 法院要求停止施工。

【思政引导】

我国是法治社会，施工合同当事人要依据合同履行义务。当出现合同争议时，应该先友好协商，再提请调解，迫不得已再诉讼或仲裁。该解决程序体现了中华民族以和为贵的大国风范；引导学生要有法治精神和社交礼仪，如果和别人发生纠纷，不要发生口角，甚至动手，而要通过合理合法的渠道有礼有节地解决问题。

8.5　拓展：FIDIC土木工程施工合同条件

【导入】

非洲某国高新产业园建筑群建设项目，合同额1.2亿美元，工期28个月。雇主为该国科技部，咨询工程师为英国一老牌咨询公司，承包商为我国某对外工程承包公司。采用1999年版FIDIC施工合同条件作为通用合同条件，并在专用合同条款中对某些细节进行适当修改或补充。在工程实施过程中发生了若干变更，并由此导致若干索赔事件。承包商利用自身国际工程方面丰富的经验，从合同条款出发，证据材料准备充分，进行了成功索赔。

1. FIDIC组织简介

FIDIC即国际咨询工程师联合会，是国际上最权威的咨询工程师的组织之一。FIDIC专业委员会编制了许多规范性的文件，被许多国际组织和国家采用，其中最主要的文件就是一系列的工程合同条件。该组织在每个国家或地区只吸收一个独立的咨询工程师协会作为团体会员，至今已有多个发达国家和发展中国家或地区的成员。我国于1996年正式加入FIDIC组织。

2. FIDIC系列合同条件

作为全球性的咨询工程师国际组织，FIDIC以其出版的建设工程项目系列合同条件最具影响、并在国际上广泛使用。目前得到广泛应用的FIDIC标准合同条件主要有以下几种：

(1)《施工合同条件》。《施工合同条件》(*Conditions of Contract for Construction*)(1999年第1版、2017年第2版)，又称“新红皮书”，适用于各类大型或较复杂的工程或房建项目，尤其适用于传统的“设计-招标-建造”模式。承包人按照业主提供的设计进行施工，采用工程量清单计价，业主委托工程师管理合同，由工程师监管施工并签证支付。

(2)《设计采购施工(EPC)/交钥匙工程合同条件》。《设计采购施工(EPC)/交钥匙工程合同条件》(*Conditions of Contract for EPC/Turnkey Projects*)(1999年第1版、2017年第2版)，又称“银皮书”，适用于承包人以交钥匙方式进行设计、采购和施工的总承包，完成一个配备完善的业主只需“转动钥匙”即可运行的工程项目，采用总价合同、分阶段支付方式。

(3)《土木工程施工合同条件》。《土木工程施工合同条件》(*Conditions of Contract for Works of Civil Engineering Construction*)(1977年第3版、1987年第4版、1992年修订版)，又称“红皮书”，适合于承包人按发包人设计进行施工的房屋建筑和土木工程的施工项目，采用工程量清单计价，一般情况下单价可调整，由业主委派工程师管理合同。该合同文本获得了世界银行、欧洲建筑业国际联合会、亚洲及西太平洋承包人协会国际联合会、美洲国家建筑业联合会、美国普通承包人联合会、国家疏浚公司协会的共同认可和广泛推荐。

(4)《生产设备和设计——施工合同条件》。《生产设备和设计——施工合同条件》(*Conditions of Contract for Plant and Design-Build*)(1999年第1版、2017年第2版)，又称“新黄皮书”，适用于“设计-建造”模式。由承包人按照业主要求进行设计、提供设备并施工安装的机械、电气、房建等工程的合同，采用总价合同、分期支付方式，业主委托工程师管理合同，由工程师监管承包人设备的现场安装，以及签证支付。

(5)《简明合同格式》。《简明合同格式》(*Short Form of Contract*)(1999年第1版)，又称“绿皮书”，适用于投资金额相对较小、工期短，或技术简单，或重复性的工程项目施工，既适用于业主设计也适用于承包人设计。

(6)《设计-建造与交钥匙工程合同条件》。《设计-建造与交钥匙工程合同条件》(*Conditions of Contract for Design-Build and Turnkey*)(1995年第1版)，又称“橘皮书”，适用于“设计-建造”与“交钥匙”模式，由承包人根据业主要求设计和施工的工程项目和房建项目，采用总价合同、分期支付。

(7)《设计施工和营运合同条件》。《设计施工和营运合同条件》(*Conditions of Contract for Design，Build and Operate Projects*)(2008年第1版)，又称“金皮书”，适用于承包人不仅需要承担设施的设计和施工工作、还要负责设施的长期运营，并在运营期到期后将设施移交给政府的项目。

(8)《土木工程施工分包合同条件》。《土木工程施工分包合同条件》(*Conditions of Subcontract for Work of Civil Engi-neering Construction*)(1994年第1版)，又称“褐皮书”，适用于承包人与专业工程施工分包商订立的施工合同，建议与《土木工程施工合同条件》配套使用。

(9)《客户/咨询工程师(单位)服务协议书》。《客户/咨询工程师(单位)服务协议书》(*Client/Consultant Model Services Agreement*)(1998年第3版、2006年第4版、2017年第5版)，又称“白皮书”，适用于业主委托工程咨询单位进行项目的前期投资研究、可行性研究、工程设计、招标评标、合同管理和投产准备等咨询服务合同。

FIDIC合同条件不仅在国际承包工程中得到广泛的应用，也对我国编制的工程建设合同(示范文本)提供了重要借鉴，如国家发展改革委、财政部、建设部(现住房城乡建设部)、铁道部(现国家铁路局)、交通部(现交通运输部)、信息产业部(现工信部)、水利部、民航总局(现中国民航局)、广电总局九部委颁发的《标准施工招标文件》(2007年版)、《简明标准施工招标文件》(2012版)、《标准设计施工总承包招标文件》(2012年版)中的合同条件、住房城乡建设部、国家工商行政管理总局(现国家市场监督管理总局)颁布的《建设工程施工合同》(2017年版)、《建设项目工程总承包合同》(2020年版)示范文本等，均参考了FIDIC合同条件的管理模式、文本格式和条款内容，可以说是FIDIC合同体系在中国的改造和推广应用。

3. 《施工合同条件》简介

《施工合同条件》(*Conditions of Contract for Construction*)是FIDIC系列合同条件中最具代表性的文本。在《施工合同条件》模式下，项目主要参与方为业主(employer)、承包人(contractor)和工程师(engineer)。其中，工程师受业主委托授权为业主开展项目日常管理工作、相当于国内的监理工程师；工程师属于业主方人员，应履行合同中赋予的职责．行使合同中明确规定的或必然隐含的赋予的权力，但应保持公平(fair)的态度处理施工过程中的问题。工程师的人员包括具备资格的工程师及其他有能力履行职责的专业人员。根据通用合同条件规定，各方的主要责任和义务概述如下。

(1) 业主的主要责任和义务。委托任命工程师代表业主进行合同管理；承担大部分或全部设计工作并及时向承包人提供设计图纸；给予承包人现场占有权；向承包人及时提供信息、指示、同意、批准及发出通知；避免可能干扰或阻碍工程进展的行为；提供业主方应提供的保障、物资；在必要时指定专业分包商和供应商；做好项目资金安排；在承包人完成相应工作时按时支付工程款；协助承包人申办工程所在国法律要求的相关许可等。

(2) 承包人的主要责任和义务。应按照合同规定及工程师的指示对工程进行设计、施工和竣工并修补缺陷；为工程的设计、施工、竣工及修补缺陷提供所需的设备、文件、人员、物资和服务；对所有现场作业和施工方法的完备性、稳定性和安全性负责，并保护环境；提供工程执行和竣工所需的各类计划、实施情况、意见和通知；提交竣工文件，以及操作和维修手册；办理工程保险；提供履约担保证书；履行承包人日常管理职能等。

(3) 工程师的主要责任和义务。执行业主委托的施工项目质量、进度、费用、安全、环境等目标监控和日常管理工作，包括协调、联系、指示、批准和决定等；确定确认合同款支付、工程变更、试验、验收等专业事项等；工程师还可以向助手指派任务和委托部分权力，但工程师无权修改合同，无权解除任何一方依照合同具有的职责、义务或责任。

课后思考题

1. 简述《施工合同文件》中文件解释力的优先顺序。
2. 工程进度款的结算方式有哪些？各有什么特点？
3. 违约责任中定金和违约金有何区别？
4. 什么情况下可以解除施工合同？

第9章
建筑工程索赔

○ 学习目标

- 了解索赔特征和分类。
- 熟悉索赔定义、依据、程序和反索赔。
- 掌握工程索赔报告的编制。
- 掌握索赔的计算。

○ 能力要求

具有收集索赔证据的能力，具有计算索赔工期、索赔费用的能力，以及编制施工索赔报告的能力。

○ 思政目标

1. 在工程变更中，合理分担风险，培养学生全局意识和精益求精的职业精神。
2. 索赔时要细心、耐心，培养学生沉着冷静、积极主动的品格。

9.1 建设工程索赔的基础知识

【导入】

某工业生产项目基础土方工程施工中，承包商在合同中标明有松软石的地方没有遇到松软石，因此进度提前1个月。但在合同中另一未标明有坚硬岩石的地方遇到更多的坚硬岩石，开挖工作变得更加困难，由此造成了实际生产率比原计划低得多，经测算影响工期3个月。由于施工速度减慢，使得部分施工任务拖到雨季进行，按一般公认标准推算，又影响工期2个月。为此承包商准备提出索赔。请问：该项施工索赔能否成立？为什么？

9.1.1 工程索赔的定义和特征

1. 工程索赔的定义

工程索赔是在施工合同履行中，当事人一方由于另一方未履行合同所规定的义务或者出现了应当由对方承担的风险而遭受损失时，向另一方提出赔偿要求的行为。通常，索赔是双向的，《标准施工招标文件》(2007年版)中通用合同条款中的索赔就是双向的，既包括施工承包单位向建设单位的索赔，也包括建设单位向施工承包单位的索赔。

【特别提示】

在工程实践中，建设单位索赔数量较小，而且可通过冲账、扣拨工程款、扣保证金等实现对施工承包单位的索赔；而施工承包单位对建设单位的索赔则比较困难些。

在工程建设的各个阶段，都有可能发生索赔，但在施工阶段索赔发生较多。由于施工现场条件、水文、气候条件的变化，施工进度的调整，物价的变化，以及合同条款、规程规范、标准文件和施工图的变更、差异、延误等因素的影响，使工程承包中不可避免地出现索赔。

2. 工程索赔的特征

从索赔的基本含义，可以看出索赔具有以下基本特征。

(1) 索赔是双向的。实践中发包人向承包人索赔的频率相对较低，而且在索赔处理中，发包人始终处于主动和有利地位，对承包人的违约行为，可以直接从应付工程款中扣抵、扣留保证金或通过履约保函向银行索赔来实现自己的索赔要求。因此，在工程实践中大量发生的、处理比较困难的是承包人向发包人的索赔，也是工程师进行合同管理的重点内容之一。承包人的索赔范围非常广泛，一般只要因非承包人自身责任造成其工期延长或成本增加，都有可能向发包人提出索赔。

(2) 只有实际发生了经济损失或者权利损害的一方才能向对方索赔。经济损失是指因对方因素造成合同外的额外支出，如人工费、材料费、机械费、管理费等额外开支；权利损害是指虽然没有经济上的损失，但造成了一方权利上的损害，如由于恶劣气候条件对工程进度的不利影响，承包人有权要求工期延长等。发生了实际的经济损失或权利损害是一方提出索赔的一个基本前提条件。有时两者同时存在，如发包人未及时交付合格的施工现场，既造成承包人的经济损失，又侵犯了承包人的工期权利，因此，承包人既可要求经济赔偿，又可要求工期延长；有时两者单独存在，如恶劣气候条件影响、不可抗力事件等，承包人根据合同规定或惯例则只能要求工期延长，不能要求经济补偿。

(3) 索赔是一种未经对方确认的单方行为。索赔与工程签证不同。在施工过程中的签证是承包发包双方就额外费用补偿和(或)工期延长等达成一致的书面证明材料和补充协议，可以直接作为工程款结算或最终增减工程造价的依据。而索赔是单方面行为，对对方尚未形成约束力，索赔要求能否得到最终实现，必须要通过双方确认(如双方协商、谈判、调解或仲裁、诉讼)后才能实现。

9.1.2 工程索赔的依据

工程索赔依据指工程索赔的必要文件，即索赔证明材料。出示具有说服力的索赔依据是索赔成功的关键因素，同时还需要索赔理由充分合理。工程索赔依据主要有以下几方面：

(1) 工程招标投标文件；

(2) 签约前同业主、建筑师、工程师谈判的记录、会议纪要、往来信件和电函；

(3) 合同文件及附件；

(4) 施工现场记录；

(5) 业主或工程师指令；
(6) 工程照片及音像资料；
(7) 合同实施中的会议纪要；
(8) 市场信息资料；
(9) 气象报告资料；
(10) 投标前业主提供的现场资料和参考资料；
(11) 工程备忘录及各种证明材料；
(12) 停水、停电、停止交通运输的原始证明资料；
(13) 工程所在地的有关资料、法律法令；
(14) 工程结算资料和有关财务报告；
(15) 各种检查验收报告和技术鉴定报告；
(16) 其他资料。如分包合同、订货单、采购单等。

9.1.3 工程索赔的分类

1. 按索赔事件的性质分类

(1) 工期延误索赔。因发包人未按合同要求提供施工条件，如未及时交付设计图纸、施工现场、道路等，或因发包人指令工程暂停或不可抗力事件等原因造成工期拖延的，承包人对此提出索赔。这是工程中常见的一类索赔。

(2) 工程变更索赔。由于发包人或者监理工程师指令增加或减少工程量或增加附加工程、修改设计、变更工程顺序等，造成工期延长和费用增加，承包人对此提出索赔。

(3) 合同被迫终止的索赔。由于发包人或承包人违约及不可抗力事件等原因造成合同非正常终止，无责任的受害方因其蒙受经济损失而向对方提出索赔。

(4) 工程加速索赔。由于发包人或工程师指令承包人加快施工速度，缩短工期，引起承包人人、财、物的额外开支而提出的索赔。

(5) 意外风险和不可预见因素索赔。在工程实施过程中，因人力不可抗拒的自然灾害、特殊风险，以及一个有经验的承包人通常不能合理预见的不利施工条件或外界障碍，如地下水、地质断层、溶洞、地下障碍物等引起的索赔。

(6) 其他索赔。在工程实施中，如货币贬值、汇率变化、物价和工资上涨、政策法令变化、发包方推迟支付工程款等原因引起的索赔。

2. 按索赔目的分类

(1) 工期索赔。由于非承包人责任的原因而导致施工进程延误，要求批准顺延合同工期的索赔，称为工期索赔。工期索赔实质上是对权利的要求，以避免在原定合同竣工日不能完工时，被发包人追究拖期违约责任。一旦获得批准合同工期顺延后，承包人不仅免除了承担拖期违约赔偿费的严重风险，而且可能提前工期得到奖励，最终仍反映在经济收益上。

(2) 费用索赔。费用索赔的目的是要求经济赔偿。当施工的客观条件改变导致承包人增加开支，要求对超出计划成本的附加开支给予奖励，以挽回不应由他承担的经济损失。

3. 按索赔的合同依据分类

(1) 合同内索赔。索赔以合同为依据，发生了合同规定给承包人以补偿的干扰事件，承包人可根据合同规定提出索赔要求。

(2) 合同外索赔。工程实施过程中发生的干扰事件的性质已经超过合同范围，而在合同中找不出具体的依据，必须根据适用于合同关系的法律解决索赔问题。

(3) 道义索赔。由于承包人应负责的风险而造成承包人重大的损失，发包人对此主动给予的经济补偿。

4. 按索赔的当事人分类

(1) 承包人与发包人之间的索赔。该类索赔发生在建设工程施工合同的双方当事人之间，既包括承包人向发包人的索赔，也包括发包人向承包人的索赔。但是在工程实践中，经常发生的索赔事件，大都是承包人向发包人提出的，本书中所提及的索赔，如果未做特别说明，即是指此类情形。

(2) 总承包人和分包人之间的索赔。在建设工程分包合同履行过程中，索赔事件发生后，无论是发包人的原因还是总承包人的原因所致，分包人都只能向总承包人提出索赔要求，而不能直接向发包人提出索赔要求。

9.1.4　工程索赔产生的原因

工程索赔是由于发生了施工过程中有关方面不能控制的干扰事件。这些干扰事件影响了合同的正常履行，造成了工期延长、费用增加，成为工程索赔的理由。

1. 业主方(包括建设单位和监理人)违约

在工程实施过程中，由于建设单位或监理人没有尽到合同义务，导致索赔事件发生，主要包括以下几种情况：

(1) 未按合同规定提供设计资料、图纸，未及时下达指令、答复请示等，使工程延期；

(2) 未按合同规定的日期交付施工场地和行驶道路、提供水电、提供应由建设单位提供的材料和设备，使施工承包单位不能及时开工或造成工程中断；未按合同规定按时支付工程款，或不再继续履行合同；

(3) 下达错误指令，提供错误信息；

(4) 建设单位或监理人协调工作不力等。

2. 合同缺陷

合同缺陷表现为合同文件规定不严谨甚至矛盾、合同条款遗漏或错误，设计图纸错误造成设计修改、工程返工、窝工等。

3. 合同变更

合同变更也有可能导致索赔事件发生，主要包括以下几种情况：

(1) 建设单位指令增加、减少工作量，增加新的工程，提高设计标准、质量标准；

(2) 由于非施工承包单位原因，建设单位指令中止工程施工；

(3) 建设单位要求施工承包单位采取加速措施，其原因是非施工承包单位责任的工程拖延，或建设单位希望在合同工期前交付工程；

(4) 建设单位要求修改施工方案，打乱施工顺序；

(5) 建设单位要求施工承包单位完成合同规定以外的义务或工作。

4. 工程环境的变化

工程环境的变化，主要包括以下几种情况：

(1) 材料价格和人工工日单价的大幅上涨；

(2) 国家法令的修改；

(3) 货币贬值；

(4) 外汇汇率变化等。

5. 不可抗力或不利的物质条件

不可抗力又可以分为自然事件和社会事件。

(1) 自然事件。自然事件主要是工程施工过程中不可避免发生并且不能克服的自然灾害，包括地震、海啸、瘟疫、水灾等。

(2) 社会事件。社会事件主要包括国家政策、法律、法令的变更，战争、罢工等。

不利的物质条件通常是指承包人在施工现场遇到的不可预见的自然物质条件、非自然的物质障碍和污染物，包括地下和水文条件。

9.2 建设工程施工索赔

【导入】

某承包人根据招标文件编制了投标报价，并最终获得一项铺设管道工程。工程开工后，当挖掘深7.5米的坑时，遇到了严重的地下渗水，不得不安装抽水系统，并抽水达35日之久，承包人对不可预见的额外成本要求索赔。但监理工程师根据承包人投标时已承认考察过现场并了解现场情况，包括地表地下条件和水文条件等，认为安装抽水机是承包人自己的事，拒绝补偿任何费用。承包人则认为这是由于发包人提供的地质资料不实造成的。监理工程师则解释为，地质资料是真实的，钻探是在5月中旬进行，这意味着是在旱季季尾。而承包人的挖掘工程是在雨季中期进行。承包人应预先考虑到会有一较高的水位，这种风险不是不可预见，因此，拒绝索赔。请问：他们谁的观点正确？

9.2.1 施工索赔程序

根据《标准施工招标文件》(2007版)的规定，下面分别简单介绍承包人和发包人的索赔程序及处理。

1. 承包人的索赔

1) 索赔程序

根据合同约定，承包人认为有权得到追加付款和(或)延长工期的，应按以下程序向发包人提出索赔。

(1) 提出索赔意向。承包人应在知道或应当知道索赔事件发生后28天内，向监理人递交索赔意向通知书，并说明发生索赔事件的事由。承包人未在前述28天内发出索赔意向通知书的，丧失要求追加付款和(或)延长工期的权利。

(2) 报送索赔资料。承包人应在发出索赔意向通知书后28天内，向监理人正式递交索赔通知书。索赔通知书应详细说明索赔理由，以及要求追加的付款金额和(或)延长的工期，并附必要的记录和证明材料。

(3) 持续索赔。索赔事件具有连续影响的，承包人应按合理时间间隔继续递交延续索赔通知，说明连续影响的实际情况和记录，列出累计的追加付款金额和(或)工期延长天数。

(4) 递交索赔报告。在索赔事件影响结束后的28天内，承包人应向监理人递交最终索赔通知书，说明最终要求索赔的追加付款金额和延长的工期，并附必要的记录和证明材料。

2) 对承包人索赔的处理

(1) 监理人收到承包人提交的索赔通知书后，应及时审查索赔通知书的内容、查验承包人的记录和证明材料，必要时监理人可要求承包人提交全部原始记录副本。

(2) 发包人应在监理人收到索赔报告或有关索赔的进一步证明材料后的28天内，由监理人向承包人出具经发包人签认的索赔处理结果。发包人逾期答复的，则视为认可承包人的索赔要求。

(3) 承包人接受索赔处理结果的，索赔款项在当期进度款中进行支付；承包人不接受索赔处理结果的，按照建设工程施工合同关于争议解决的约定处理。

3) 提出索赔的期限

(1) 承包人按竣工结算条款的约定接受了竣工付款证书后，应被认为已无权再提出在合同工程接收证书颁发前所发生的任何索赔。

(2) 承包人按最终结清条款的约定提交的最终结清申请单中，只限于提出工程接收证书颁发后发生的索赔。提出索赔的期限自接受最终结清证书时终止。

特别提示

施工合同约定的索赔期限并不影响通过法律诉讼程序提出争议的索赔权利。

《标准施工招标文件》(2007年版)的通用合同条款中，按照引起索赔事件的原因不同，对一方当事人提出的索赔可能给予合理补偿工期、费用和(或)利润的情况，分别作出了相应的规定。其中，引起承包人索赔的事件及可能得到的合理补偿内容，如表9-1所示。

表9-1 《标准施工招标文件》中承包人的索赔事件及可补偿内容

序号	条款号	索赔事件	可补偿内容		
			工期	费用	利润
1	1.6.1	迟延提供图纸	√	√	√
2	1.10.1	施工中发现文物、古迹	√	√	
3	2.3	迟延提供施工场地	√	√	√
4	4.11	施工中遇到不利物质条件	√	√	
5	5.2.4	提前向承包人提供材料、工程设备		√	
6	5.2.6	发包人提供材料、工程设备不合格或迟延提供或变更交货地点	√	√	√
7	8.3	承包人依据发包人提供的错误资料导致测量放线错误	√	√	√

(续表)

序号	条款号	索赔事件	可补偿内容		
			工期	费用	利润
8	9.2.6	因发包人原因造成承包人人员工伤事故		√	
9	11.3	因发包人原因造成工期延误	√	√	√
10	11.4	异常恶劣的气候条件导致工期延误	√		
11	11.6	承包人提前竣工		√	
12	12.2	发包人暂停施工造成工期延误	√	√	√
13	12.4.2	工程暂停后因发包人原因无法按时复工	√	√	√
14	13.1.3	因发包人原因导致承包人工程返工	√	√	√
15	13.5.3	监理人对已经覆盖的隐蔽工程要求重新检查且检查结果合格	√	√	√
16	13.6.2	因发包人提供的材料、工程设备造成工程不合格	√	√	√
17	14.1.3	承包人应监理人要求对材料、工程设备和工程重新检验且检验结果合格	√	√	√
18	16.2	基准日后法律的变化		√	
19	18.4.2	发包人在工程竣工前提前占用工程	√	√	√
20	18.6.2	因发包人的原因导致工程试运行失败		√	√
21	19.2.3	工程移交后因发包人原因出现新的缺陷或损坏的修复		√	√
22	19.4	工程移交后因发包人原因出现的缺陷修复后的试验和试运行		√	
23	21.3.1(4)	因不可抗力停工期间应监理人要求照管、清理、修复工程		√	
24	21.3.1(4)	因不可抗力造成工期延误	√		
25	22.2.2	因发包人违约导致承包人暂停施工	√	√	√

2. 发包人的索赔

1) 索赔程序

根据合同约定，发包人认为有权得到赔付金额和(或)延长缺陷责任期的，监理人应向承包人发出通知并附有详细的证明。

发包人应在知道或应当知道索赔事件发生后28天内，向承包人发出索赔意向通知，并说明发包人有权扣减的付款和(或)延长缺陷责任期的细节和依据。发包人未在前述28天内发出索赔意向通知书的，丧失要求赔付金额和(或)延长缺陷责任期的权利。发包人应在发出索赔意向通知书后28天内，通过监理人向承包人正式递交索赔报告。

2) 对发包人索赔的处理

(1) 承包人收到发包人提交的索赔报告后，应及时审查索赔报告的内容，查验发包人证明材料。

(2) 承包人应在收到索赔报告或有关索赔的进一步证明材料后28天内，将索赔处理结果答复发包人。如果承包人未在上述期限内作出答复的，则视为对发包人索赔要求的认可。

(3) 承包人接受索赔处理结果的，发包人可从应支付给承包人的合同价款中扣除赔付的金额或延长缺陷责任期；发包人不接受索赔处理结果的，按建设工程施工合同关于争议解决的约定处理。

9.2.2　反索赔

1. 反索赔的定义

索赔是双向的，发包人和承包人都可以向对方提出索赔要求。习惯上，把发包人对承包人的索赔称为反索赔；把承包人对发包人的索赔称为施工索赔。

2. 反索赔的分类

(1) 工期延误反索赔。在工程施工过程中，由于承包人的责任，致使竣工日期延后，影响到发包人对该工程的利用，给发包人带来经济损失，发包人有权对承包人进行索赔，由承包人支付延期竣工违约金。

(2) 施工缺陷索赔。当承包人的施工质量不符合施工及验收规范的要求，或使用的设备和材料不符合合同规定，或在保修期未满以前未完成应该负责修补的工程时，业主有权向承包人追究责任。

(3) 承包人未履行的保险费用索赔。如果承包人未能按合同条款指定的项目投保，并保证保险有效，发包人可以投保并保证保险有效，发包人所支付的必要的保险费可在应支付给承包人的款项中扣回。

(4) 对超额利润的索赔。在实行单价合同的情况下，如果实际工程量比估计工程量增加很多，使承包人预期的收入增大，则合同价应由双方讨论调整，发包人收回部分超额利润。

(5) 对指定分包商的付款索赔。在承包人未能提供已向指定分包商付款的合理证明时，发包人可以将承包人未付给指定分包商的所有款项付给这个分包商，并从应付给承包人的任何款项中如数扣回。

(6) 发包人终止合同或承包人不正当地放弃工程的索赔。如果发包人合理地终止承包人的承包，或承包人不合理地放弃工程，则发包人有权从承包人手中扣回由新承包人完成全部工程所需的工程款与原合同未支付部分的差额。

9.3　建设工程施工索赔的计算

【导入】

某施工现场有塔吊1台，由施工企业租得，台班单价5 000元/台班，租赁费为2 000元/台班，人工工资为80元/工日，窝工补贴25元/工日，以人工费和机械费合计为计算基础的综合费率为30%。在施工过程中发生了如下事件：监理人对已覆盖的隐藏工程要求重新检查且检查结果合格，配合用工10工日，塔吊1台班，为此，施工企业可向业主索赔的费用为多少元？

9.3.1 工期索赔

工期索赔，一般是指承包人依据合同对因非自身原因导致的工期延误向发包人提出的工期顺延要求。

1. 工期索赔的注意事项

在工期索赔中特别应当注意以下两个问题。

(1) 划清施工进度拖延的责任。因承包人的原因造成施工进度滞后，属于不可原谅的延期；只有承包人不应承担任何责任的延误，才是可原谅的延期。有时工程延期的原因中可能包含有双方责任，此时监理人应进行详细分析，分清责任比例，只有可原谅延期部分才能批准顺延合同工期。可原谅延期又可细分为可原谅并给予补偿费用的延期和可原谅但不给予补偿费用的延期；后者是指非承包人责任事件的影响并未导致施工成本的额外支出，大多属于发包人应承担风险责任事件的影响，如异常恶劣的气候条件影响的停工等。

(2) 被延误的工作应是处于施工进度计划关键线路上的施工内容。只有位于关键线路上工作内容的滞后，才会影响竣工日期。有时也应注意，既要看被延误的工作是否在批准进度计划的关键路线上，又要详细分析这一延误对后续工作的可能影响。因为若对非关键路线工作的影响时间较长，超过了该工作可用于自由支配的时间，也会导致进度计划中非关键路线转化为关键路线，其滞后将影响总工期的拖延。此时，应充分考虑该工作的自由时间，给予相应的工期顺延，并要求承包人修改施工进度计划。

2. 工期索赔的具体依据

承包人向发包人提出工期索赔的具体依据主要包括：

(1) 合同约定或双方认可的施工总进度规划；

(2) 合同双方认可的详细进度计划；

(3) 合同双方认可的对工期的修改文件；

(4) 施工日志、气象资料；

(5) 业主或工程师的变更指令；

(6) 影响工期的干扰事件；

(7) 受干扰后的实际工程进度等。

3. 工期索赔的计算方法

1) 直接法

如果某干扰事件直接发生在关键线路上，造成总工期的延误，可以直接将该干扰事件的实际干扰时间(延误时间)作为工期索赔值。

2) 比例计算法

如果某干扰事件仅仅影响某单项工程、单位工程或分部分项工程的工期，要分析其对总工期的影响，可以采用比例计算法。

(1) 已知受干扰部分工程的延期时间：

$$\text{工期索赔值}=\text{受干扰部分工期拖延时间}\times\frac{\text{受干扰部分工程的合同价格}}{\text{原合同总价}}$$

【案例分析9-1】

某工程原合同规定分两阶段进行施工，土建工程20个月，安装工程10个月。假定以一定量的劳动力需要量为相对单位，则合同规定的土建工程量可折算为310个相对单位，安装工程量折算为70个相对单位。合同规定，在工程量增减10%的范围内，作为承包人的工期风险，不能要求工期补偿。在工程施工过程中，土建和安装的工程量都有较大幅度增加。实际土建工程量增加到420个相对单位，实际安装工程量增加到115个相对单位。

问：承包人可以提出多少工期索赔额？

【解析】

① 承包人提出的工期索赔如下：

不索赔的土建工程量的上限为：310×1.1=341个相对单位

不索赔的安装工程量的上限为：70×1.1=77个相对单位

② 由于工程量增加而造成的工期延长如下：

$$\text{土建工程工期延长} = 20 \times \frac{420-341}{341} = 4.63\,(\text{月})$$

$$\text{安装工程工期延长} = 10 \times \frac{115-77}{77} = 4.94\,(\text{月})$$

③ 总工期索赔为$4.63+4.94=9.6$(月)

(2) 已知额外增加工程量的价格：

$$\text{工期索赔值} = \text{原合同总工期} \times \frac{\text{额外增加的工程量的价格}}{\text{原合同总价}}$$

比例计算法虽然简单方便，但有时不符合实际情况，而且比例计算法不适用于变更施工顺序、加速施工、删减工程量等事件的索赔。

【案例分析9-2】

某工程合同总价380万元，总工期15个月。现业主指令增加附加工程的价格为76万元，则承包人提出索赔工期多少？

【解析】

$$\text{总工期索赔} = 15 \times \frac{76}{380} = 3\,(\text{月})$$

3) 网络图分析法

网络图分析法是利用进度计划的网络图，分析其关键线路。如果延误的工作为关键工作，则延误的时间为索赔的工期；如果延误的工作为非关键工作，当该工作由于延误超过时差限制而成为关键工作时，可以索赔延误时间与时差的差值；若该工作延误后仍为非关键工作，则不存在工期索赔问题。

该方法通过分析干扰事件发生前和发生后网络计划的计算工期之差来计算工期索赔值，可以用于各种干扰事件和多种干扰事件共同作用所引起的工期索赔。

(1) 由于非承包人自身原因的事件造成关键线路上的工序暂停施工：

工期索赔天数=关键线路上的工序暂停施工的日历天数

(2) 由于非承包人自身原因的事件造成的非关键线路上的工序暂停施工：

工期索赔天数=工序暂停施工的日历天数-该工序的总时差天数

工期索赔天数小于或等于0时，不能索赔工期。

【案例分析9-3】

某工程的承发包合同约定钢材由建设单位供应。施工单位根据工期要求编制的基础工程双代号网络施工进度计划如图9-1所示。

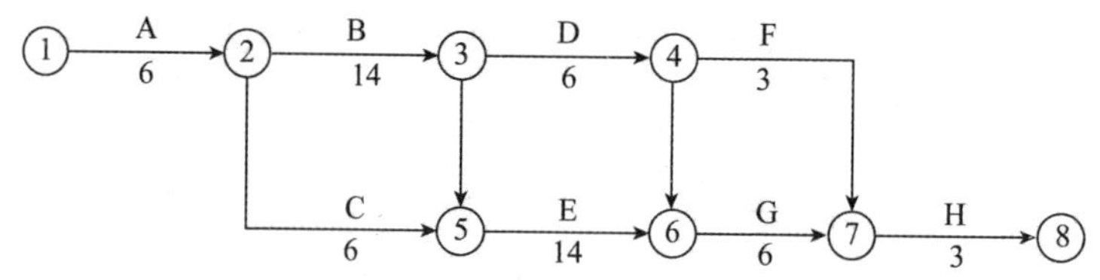

图9-1　某基础工程双代号网络施工进度计划图

假设每项工作均按最早时间安排作业，在工程施工中发生如下事件：

事件1：工作C施工中，发现局部地基持力层为软弱层，经处理工期延误9天。按照清单计价方法核算，该分项工程全费用增加6万元。

事件2：工作D施工中，因钢材未及时进场，工期延期3天。按照清单计价方法核算，该分项工程全费用增加2万元。

事件3：工作E施工时，因施工单位原因造成工程质量事故，返工处理致使工期延期5天。按照清单计价方法核算，该分项工程全费用增加5万元。

问：

(1) 指出工程网络施工进度计划的关键线路，并计算计划工期。

(2) 针对本案例上述各事件，施工单位是否可以提出工期和(或)费用索赔？并分别说明理由。

(3) 上述事件发生后，该基础工程网络计划的关键线路是否发生改变？如有改变，请指出实际的关键线路。该基础工程实际工期是多少天？可索赔工期多少天？

(4) 计算承包商应得到的费用索赔是多少？

【解析】

(1) 关键线路为①→②→③→⑤→⑥→⑦→⑧。

计划工期为6+14+14+6+3=43(天)。

(2) 事件1：可以提出工期索赔和费用索赔，因为提供地质资料有误是建设单位的责任，且延误的时间(9天)超过了该分项工程的总时差(8天)。

事件2：可以提出费用索赔，但不可以提出工期索赔，因为虽然延误属建设单位的责任，但延误的时间(3天)未超过该分项工程的总时差(8天)。

事件3：不可以提出工期索赔和费用索赔，发生工程质量事故是施工单位的责任。

(3) 关键线路发生变化，关键路线变更为①→②→⑤→⑥→⑦→⑧。

实际工期为6+(6+9)+(14+5)+6+3=49(天)。

工期索赔天数为44−43=1(天)。

(4) 费用索赔总额为6+2=8(万元)。

4. 工期索赔处理的原则

由于工期延误而进行工期索赔处理的原则如表9-2所示。

表9-2　由于工期延误进行工期索赔处理的原则

工期延误原因	责任方	处理原则	索赔内容
1. 修改设计； 2. 施工条件变化； 3. 发包人原因延误； 4. 工程师原因延误	发包人或工程师	可给予工期顺延；可补偿经济损失	工期及经济赔偿
不可抗力	客观原因	可给予工期顺延；不可补偿经济损失	工期
1. 工效低； 2. 施工组织不当； 3. 材料设备供应不及时	承包人	工期不能顺延，同时向发包人承担经济赔偿责任	无权索赔

5. 共同延误的处理

在实际施工过程中，工期拖期很少是只由一方造成的，往往是两三种原因同时发生(或相互作用)而形成的，故称为“共同延误”。在共同延误情况下，要具体判断索赔的有效性，其原则如下。

(1) 首先判断造成拖期的哪一种原因是最先发生的，即确定“初始延误”者，它应对工程拖期负责。在初始延误发生作用期间，其他并发的延误者不承担拖期责任。

(2) 如果初始延误者是发包人原因，则在发包人原因造成的延误期内，承包人既可得到工期补偿，又可得到费用补偿。

(3) 如果初始延误者是客观原因，则在客观因素发生影响的延误期内，承包人可以得到工期补偿，但很难得到费用补偿。

(4) 如果初始延误者是承包人原因，则在承包人原因造成的延误期内，承包人既不能得到工期补偿，也不能得到费用补偿。

【案例分析9-4】

某建筑公司(乙方)于某年3月10日与某厂(甲方)签订了修建建筑面积为4000㎡工业厂房(带地下室)的施工合同。乙方编制的施工方案和进度计划已获监理工程师批准。

该工程的基坑施工方案规定：土方工程采用租赁一台斗容量为1m^{3}的反铲挖掘机施工。甲、乙双方合同约定4月11日开工，4月20日完工。在实际施工中发生如下几项事件。

(1) 因租赁的挖掘机大修，晚开工2天，造成人员窝工10个工日。

(2) 基坑开挖后，因遇软土层，接到监理工程师4月15日停工的指令进行地质复查，配合用工15个工日。

(3) 4月19日接到监理工程师于4月20日复工的指令，4月20日～4月22日因下罕见的大雨迫使基坑开挖暂停，造成人员窝工10个工日。

(4) 4月23日用30个工时修复冲坏的永久道路，4月24日恢复正常开挖工作，最终基坑于4月30日挖坑完毕。

问：

(1) 简述工程施工索赔的程序。

(2) 建筑公司对上述哪些事件可以向厂方要求索赔？哪些事件不可以要求索赔？并说明原因。

(3) 每项事件工期索赔各是多少天？总计工期索赔是多少天？

【解析】

(1)《建设工程施工合同(示范文本)》规定的施工索赔程序如下：

① 提出索赔意向。当出现索赔事项时，承包方应在索赔事项发生后的28天以内，以索赔通知书的形式向工程师提出索赔意向通知。

② 报送索赔资料。在索赔通知书发出后的28天内，向工程师提交延长工期和(或)补偿经济损失的索赔报告及有关材料。

③ 工程师的审核答复。工程师在收到承包方送交的索赔报告和有关资料后，于28天内给予答复，或要求承包方进一步补充索赔理由和证据。若28天内未给予答复或未对承包方作进一步要求，视为该项索赔已经被认可。

④ 持续索赔。当索赔事件持续进行时，承包方应当阶段性地向工程师发出索赔意向，在索赔事件终了后28天内向工程师送交索赔的有关资料和最终索赔报告。工程师应在28天内给予答复或要求承包方进一步补充索赔理由和证据，逾期未答复，视为该项索赔成立。

(2) 事件1：索赔不成立。因此事件发生原因属承包人自身责任。

事件2：索赔成立。因该施工地质条件的变化是一个有经验的承包人所无法合理预见的。

事件3：索赔成立。这是因特殊反常的恶劣天气造成的工程延误。

事件4：索赔成立。因恶劣的自然条件或不可抗力引起的工程损坏及修复应由业主承担责任。

(3) 事件2：索赔工期5天(4月15日—4月19日)。

事件3：索赔工期3天(4月20日—4月22日)。

事件4：索赔工期1天(4月23日)。

共计索赔工期为5+3+1=9(天)。

9.3.2 费用索赔

1. 索赔费用的构成

对于不同原因引起的索赔，承包人可索赔的具体费用内容是不完全一样的，主要包括以下内容。

1) 人工费

索赔费用中的人工费，需要考虑以下几个方面：

(1) 由于完成合同之外的额外工作所花费的人工费用；

(2) 超过法定工作时间加班劳动；

(3) 法定人工费增长；

(4) 因非承包人原因导致工效降低所增加的人工费用；

(5) 因非承包人原因导致工程停工的人员窝工费和工资上涨费等。

特别提示

在计算停工损失中的人工费时，通常采取人工单价乘以折算系数计算。包括人员闲置费、加班工作费、额外工作所需人工费用、劳动效率减低和人工费的价格上涨等费用，不能简单地用计日工费计算。

2) 材料费

索赔费用中的材料费，主要包括以下内容：

(1) 由于索赔事件的发生造成材料实际用量超过计划用量而增加的材料费；

(2) 由于发包人原因导致工程延期期间的材料价格上涨和超期储存费用。

特别提示

材料费中应包括运输费、保管费，以及合理的损耗费用。如果由于承包人管理不善，造成材料损坏失效，则不能列入索赔款项内。

3) 施工机械使用费

索赔费用中的施工机械使用费，主要包括在以下内容：

(1) 由于完成合同之外的额外工作所增加的机械使用费；

(2) 非因承包人原因导致工效降低所增加的机械使用费；

(3) 由于发包人或工程师指令错误或迟延导致机械停工的台班停滞费。

特别提示

在计算机械设备台班停滞费时，不能按机械设备台班费计算，因为台班费中包括设备使用费。如果机械设备是承包人自有设备，一般按台班折旧费、人工费与其他费之和计算；如果是承包人租赁的设备，一般按台班租金加上每台班分摊的施工机械进出场费计算。

4) 现场管理费

现场管理费的索赔包括承包人完成合同之外的额外工作，以及由于发包人原因导致工期延期期间的现场管理费，包括管理人员工资、办公费、通信费、交通费等。

现场管理费索赔金额的计算公式为：

$$现场管理费索赔金额=索赔的直接成本费用\times 现场管理费率$$

其中，现场管理费率的确定可以选用下面的方法：

(1) 合同百分比法，即管理费比率在合同中规定；

(2) 行业平均水平法，即采用公开认可的行业标准费率；

(3) 原始估价法，即采用投标报价时确定的费率；

(4) 历史数据法，即采用以往相似工程的管理费率。

5) 总部(企业)管理费

总部管理费的索赔主要指的是由于发包人原因导致工程延期期间所增加的承包人向公司总部提交的管理费，包括总部职工工资、办公大楼折旧、办公用品、财务管理、通信设施，以及总部领导人员赴工地检查指导工作等开支。总部管理费索赔金额的计算，目前还没有统一的方法。通常可采用以下几种方法。

(1) 按总部管理费的比率计算：

$$总部管理费索赔金额=(直接费索赔金额+现场管理费索赔金额)\times 总部管理费比率(\%)$$

其中，总部管理费比率可以按照投标书中的总部管理费比率计算(一般为3%～8%)，也可以按照承包人公司总部统一规定的管理费比率计算。

(2) 按已获补偿的工程延期天数为基础计算。该公式是在承包人已经获得工程延期索赔的批准后，进一步获得总部管理费索赔的计算方法，计算步骤如下：

a. 计算被延期工程应当分摊的总部管理费：

$$延期工程应分摊的总部管理费=同期公司计划总部管理费\times\frac{延期工程合同价格}{同期公司所有工程合同总价}$$

b. 计算被延期工程的日平均总部管理费：

$$延期工程的日平均总部管理费=\frac{延期工程应分摊的总部管理费}{延期工程计划工期}$$

c. 计算索赔的总部管理费：

索赔的总部管理费=延期工程的日平均总部管理费×工程延期的天数

6) 保险费

因发包人原因导致工程延期时，承包人必须办理工程保险、施工人员意外伤害保险等各项保险的延期手续，由此而增加的费用，承包人可以提出索赔。

7) 保函手续费

因发包人原因导致工程延期时，承包人必须办理相关履约保函的延期手续，对于由此而增加的手续费，承包人可以提出索赔。反之，取消部分工程且发包方与承包方达成提前竣工协议时，承包方的保函金额相应折减，则计入合同价内的保函手续费也应扣减。

8) 利息

索赔费用中的利息，主要包括在以下内容：

(1) 发包人拖延支付工程款利息；

(2) 发包人迟延退还工程质量保证金的利息；

(3) 发包人错误扣款的利息等。

至于具体的利率标准，双方可以在合同中明确约定，没有约定或约定不明的，可以按照同期同类贷款利率或同期贷款市场报价利率计算。

9) 利润

一般来说，依据施工合同中明确规定可以给予利润补偿的索赔条款，承包人提出费用索赔时都可以主张利润补偿。索赔利润的计算通常是与原报价单中的利润百分率保持一致。

10) 分包费用

由于发包人的原因导致分包工程费用增加时，分包人只能向总承包人提出索赔，但分包人的索赔款项应当列入总承包人对发包人的索赔款项中。分包费用索赔指的是分包人的索赔费用，一般也包括与上述费用类似的内容索赔。

2. 费用索赔的计算方法

索赔费用的计算应以赔偿实际损失为原则，包括直接损失和间接损失。索赔费用的计算方法通常有三种，即实际费用法、总费用法和修正的总费用法。

1) 实际费用法

实际费用法又称分项法，即根据索赔事件所造成的损失或成本增加，按费用项目逐项进行分析、计算索赔金额的方法。这种方法比较复杂，但能客观地反映施工单位的实际损失，比较合理，易于被当事人接受，在国际工程中被广泛采用。

由于索赔费用组成的多样化，不同原因引起的索赔，承包人可索赔的具体费用内容有所不同，必须具体问题具体分析。由于实际费用法所依据的是实际发生的成本记录或单据，因此，在施工过程中，系统而准确地积累记录资料是非常重要的。

2) 总费用法

总费用法，也被称为总成本法，就是当发生多次索赔事件后，重新计算工程的实际总费用，再从该实际总费用中减去投标报价时的估算总费用，即为索赔金额。总费用法计算索赔金额的公式如下：

索赔金额=实际总费用-投标报价估算总费用

特别提示

在总费用法的计算方法中，没有考虑实际总费用中可能包括由于承包人的原因(如施工组织不善)而增加的费用，投标报价估算总费用也可能由于承包人为谋取中标而导致过低的报价，因此，总费用法并不十分科学。只有在难以精确地确定某些索赔事件导致的各项费用增加额时，总费用法才得以采用。

3) 修正的总费用法

修正的总费用法是对总费用法的改进，即在总费用计算的原则上，去掉一些不合理的因素，使其更为合理。修正的内容如下：

(1) 将计算索赔款的时段局限于受到索赔事件影响的时间，而不是整个施工期；

(2) 只计算受到索赔事件影响时段内的某项工作所受影响的损失，而不是计算该时段内所有施工工作所受的损失；

(3) 与该项工作无关的费用不列入总费用中；

(4) 对投标报价费用重新进行核算，即按受影响时段内该项工作的实际单价进行核算，乘以实际完成的该项工作的工程量，得出调整后的报价费用。

按修正后的总费用计算索赔金额的公式如下：

索赔金额=某项工作调整后的实际总费用-该项工作的报价费用

修正的总费用法与总费用法相比，有了实质性的改进，它的准确程度已接近于实际费用法。

【案例分析9-5】

某施工合同约定，施工现场主导施工机械一台，由施工企业租得，台班单价为300元/台班，租赁费为100元/台班，人工工资为40元/工日，窝工补贴为10元/工日，以人工费为基数的综合费率为35%，在施工过程中，发生了如下事件：①出现异常恶劣天气导致工程停工2天，人员窝工30个工日；②因恶劣天气导致场外道路中断，抢修道路用工20工日；③场外大面积停电，停工2天，人员窝工10工日。

问：施工企业可向业主索赔费用为多少？

【解析】

各事件处理结果如下。

(1) 异常恶劣天气导致的停工通常不能进行费用索赔。

(2) 抢修道路用工的索赔额为20×40×(1+35%)=1080(元)

(3) 停电导致的索赔额为2×100+10×10=300(元)

(4) 合计总索赔费用为1080+300=1380(元)

9.4　索赔意向通知和索赔报告

【导入】

某工程索赔事件发生时间为2023年1月1日，若在2023年1月3日发出索赔意向通知书，此时应当在几月几日前发出索赔报告？若在2023年1月28日发出索赔意向通知书，应当在几月几日前发出索赔报告呢？

9.4.1 索赔意向通知

索赔意向通知是指某一索赔事件发生后，承包人意识到该事件将要在以后工程进行中对己方产生额外损失，而当时又没有条件和资料确定以后所产生额外损失的数量时所采用的一种维护自身索赔权利的文件。

1. 索赔意向通知的作用

对应延续时间比较长、涉及内容比较多的工程事件来说，索赔意向通知对以后的索赔处理起着较好的促进作用，具体表现在以下几方面。

(1) 对发包人起提醒作用，使发包人意识到所通知事件会引起事后索赔。

(2) 对发包人起督促作用，使发包人要特别注意该事件持续过程中所产生的各种影响。

(3) 给发包人创造挽救机会，使发包人接到索赔意向通知后，可以尽量采取必要措施减少事件的不利影响，降低额外费用的产生。

(4) 对承包人合法利益起保护作用，避免事后发包人以承包人没有提出索赔而使索赔落空。

(5) 承包人提出索赔意向通知后，应进一步观察事态的发展，有意识地收集用于后期索赔报告的有关证据。

(6) 承包人可以根据发包人收到索赔意向通知的反应及提出的问题，有针对性地准备案赔资料，避免失去索赔机会。

2. 索赔意向通知的内容

索赔意向通知没有统一的要求，一般可考虑有下述内容：

(1) 事件发生时间、地点或工程部位；

(2) 事件发生时的双方当事人或其他有关人员；

(3) 事件发生原因及性质，应特别说明是非承包人的责任或过错；

(4) 承包人对事件发生后的态度，应说明承包人为控制事件对工程的不利发展、减少工程及其相关损失所采取的行动；

(5) 写明事件的发生将会使承包人产生额外经济支出或其他不利影响；

(6) 注明提出该项索赔意向的合同条款依据。

3. 索赔意向通知编写实例

【典型案例1】

隆翔商务大厦项目的发包人是隆翔置业有限公司，汉华建设工程监理有限公司为工程监理单位，并组建了项目监理机构，承包人为海鸿建筑安装有限公司。在施工过程中因甲供进口大理石石材未按时到货，造成承包人窝工损失和工期延误，承包人在合同约定的时间向发包人及项目监理机构提出了索赔意向书。请依照背景编写索赔意向通知书，并发送给拟进行相关索赔的对象，并同时抄送给项目监理机构。

索赔意向通知书填写时应注意：

(1) 事件发生的时间和情况的简单描述；

(2) 合同依据的条款和理由;

(3) 有关后续资料的提供，包括及时记录和提供事件发展的动态;

(4) 对工程成本和工期产生的不利影响及其严重程度的初步评估;

(5) 声明/告知拟进行相关索赔的意向。

索赔意向通知书

工程名称：隆翔商务大厦　　　　　　　　编号：SPTZ-005

致：隆翔置业有限公司

汉华建设工程监理有限公司隆翔商务大厦监理项目部

根据《建设工程施工合同》专用合同条款第16.1.2第(4)、(5)(条款)的约定，由于发生了甲供材料未及时进场，致使工程工期延误，且造成我公司现场施工人员窝工事件，且该事件的发生非我方原因所致。为此，我方向隆翔置业有限公司(单位)提出索赔要求。

附：索赔事件资料××页

提出单位(盖章)

承包人(签字)________

××××年×月×日

【典型案例2】

某学校建设施工土方工程中，承包商在合同中标明有松软石的地方没有遇到松软石，因此工期提前1个月。但在合同中另一未标明有坚硬岩石的地方遇到更多的坚硬岩。开挖工作变得更加困难，由此造成了实际施工进度比原计划延后，经测算拖延工期3个月。由于施工速度减慢，使得部分施工任务拖延到雨季进行，按一般工人标准推算，又拖延工期2个月。为此承包商准备提出索赔。承包商就此事件拟定的索赔意向通知如下所示。

索赔意向通知书

工程名称：××工程　　　　　　　　编号：×××

致甲方代表(或监理工程师)：

我方希望你方对工程地质条件变化问题引起重视：在合同文件中未标明有坚硬岩石的地方遇到了坚硬岩石，致使我方实际施工进度比原计划延后，并不得不在雨季施工。

上述施工条件变化，造成我方施工现场设计与原设计有很大不同，为此向你方提出工期索赔及费用索赔要求，具体工期索赔及费用索赔依据与计算书附于随后的索赔报告中。

附：索赔事件资料××页

提出单位(盖章)

承包人(签字)________

××××年×月×日

9.4.2 索赔报告及索赔报告评审

1. 索赔报告

索赔报告的具体内容，依该索赔事件的性质和特点而有所不同。一般来说，完整的索赔报告应包括以下4部分内容。

1) 总论部分

总论部分一般包括以下内容：序言、索赔事项概述、具体索赔要求、索赔报告编写及审核人员名单。

首先应概要地论述索赔事件的发生日期与过程；施工单位为该索赔事件所付出的努力和附加开支；施工单位的具体索赔要求。在总论部分最后，附上索赔报告编写组主要人员及审核人员的名单，注明有关人员的职称、职务及施工经验，以表示该索赔报告的严肃性和权威性。总论部分的阐述要简明扼要，说明问题。

2) 根据部分

本部分主要是说明自己具有的索赔权利，这是索赔能否成立的关键。根据部分的内容主要来自该工程项目的合同文件，并参照有关法律规定。该部分中施工单位应引用合同中的具体条款，说明自己理应获得经济补偿和(或)工期延长。

根据部分篇幅较大，其具体内容依各个索赔事件的情况而有所不同。一般地说，根据部分应包括以下内容：索赔事件的发生情况、已递交索赔意向书的情况、索赔事件的处理过程、索赔要求的合同根据、所附的证据资料。

▌特别提示▐

在写法上，按照索赔事件发生、发展、处理和最终解决的过程编写，并明确全文引用有关的合同条款，使建设单位和监理工程师能有时间逻辑地了解索赔事件的始末，并充分认识该项索赔的合理性和合法性。

3) 计算部分

该部分是以具体的计算方法和计算过程说明自己应得经济补偿的款额或延长时间。如果说根据部分的任务是解决索赔能否成立，则计算部分的任务就是决定应得到多少索赔款额和工期。前者是定性的，后者是定量的。

▌特别提示▐

在款额计算部分，承包方必须阐明下列问题：索赔款的要求总额；各项索赔款的计算，如额外开支的人工费、材料费、管理费和损失利润；指明各项开支的计算依据及证据资料，施工单位应注意采用合适的计价方法。至于采用哪一种计价法，应根据索赔事件的特点及自己掌握的证据资料等因素来确定。另外，应注意每项开支款的合理性，并指出相应的证据资料的名称及编号。切忌采用笼统的计价方法和不实的开支款额。

4) 证据部分

证据部分包括该索赔事件所涉及的一切证据资料及对这些证据的说明。证据是索赔报告的重要组成部分，没有翔实可靠的证据，索赔是不可能成功的。在引用证据时，要注意该证据的效力和可信程度。为此，对重要的证据资料最好附以文字或确认件。例如，对一个重要的电话内容，仅附上自己的记录本是不够的，最好附上经过双方签字确认的电话记录，或附上发给对方要求确认该电话记录的函件，即使对方未给复函，也可说明责任在对方，因为对方未复函确认或修改，按惯例应理解为已默认。

2. 索赔报告的评审

发包人或监理人在接到承包人的索赔报告后，应当站在公正的立场，以科学的态度及时认真地审阅报告，重点审查承包人索赔要求的合理性和合法性，审查索赔值的计算是否正确、合理，对不合理的索赔要求或不明确的地方提出反驳和质疑，或要求作出解释和补充。一般可按以下步骤进行。

(1) 工程师接到承包人的索赔意向通知书后，应立即建立自己的索赔档案，密切关注事件的发展和影响。

(2) 接到正式索赔报告后，要认真研究索赔资料，客观分析事件发生的原因，查看合同有关条款，研究索赔依据是否合理；要审查并剔除索赔报告中的不合理部分，拟定自己计算的合理索赔额和工期延展天数。

(3) 工程师和业主沟通，讨论索赔事件。

(4) 工程师经过认真分析、研究，并与承包人、业主进行充分讨论后，提出自己的《索赔处理决定》，在其中要简明地叙述索赔的事实依据、理由和建议给予的补偿金额或延长的工期。《索赔评价报告》作为《索赔处理决定》的附件，应详细叙述索赔的事实、法律依据，论述承包人索赔的不合理之处，提出应给予的补偿。

课后思考题

1. 如何理解施工索赔的概念？
2. 施工索赔有哪些分类？
3. 索赔程序有哪些步骤？
4. 工程师审查索赔报告应注意哪些问题？

参 考 文 献

[1] 中华人民共和国招标投标法注解与配套[M]．5版．北京：中国法制出版社，2021．

[2] 刘营．中华人民共和国招标投标法实施条例实务指南与操作技巧[M]．3版．北京：法律出版社，2018．

[3] 赖笑．建设工程招投标与合同管理[M]．重庆：重庆大学出版社，2018．

[4] 宋春岩．建设工程招投标与合同管理[M]．4版．北京：北京大学出版社，2019．

[5] 周艳冬．建筑工程招投标与合同管理[M]．3版．北京：机械工业出版社，2021．

[6] 徐太水．建设工程招投标与合同管理[M]．3版．北京：机械工业出版社，2022．

[7] 李海凌，王莉，卢立宇．建设工程招投标与合同管理[M]．2版．北京：机械工业出版社，2022．

[8] 王小召，李德杰．建筑工程招投标与合同管理[M]．北京：清华大学出版社，2021．

[9] 全国造价工程师执业资格考试培训教材编审委员会．建设工程造价管理[M]．北京：中国计划出版社，2023．

[10] 全国造价工程师执业资格考试培训教材编审委员会．建设工程计价[M]．北京：中国计划出版社，2023．

[11] 全国造价工程师执业资格考试培训教材编审委员会．建设工程造价案例分析[M]．北京：中国计划出版社，2023．

[12] 全国一级建造师执业资格考试用书编写委员会．建设工程法律法规选编[M]．北京：中国建筑工业出版社，2023．

[13] 中国建设监理协会．建设工程合同管理[M]．北京：中国建筑工业出版社，2023．

[14] 中华人民共和国住房和城乡建设部，中华人民共和国国家质量监督检验检疫总局．建设工程工程量清单计价规范：GB 50500—2013[M]．北京：中国计划出版社，2013．

[15] 中华人民共和国住房和城乡建设部，国家工商行政管理总局．建设工程施工合同(示范文本)：GF—2017—0201[M]．北京：中国建筑工业出版社，2017．

[16] 白如银．招标投标典型案例评析[M]．北京：中国电力出版社，2021．

[17] 谭丽丽．建设工程招标投标与合同管理[M]．北京：中国建筑工业出版社，2021．

[18] 杨陈慧，杨甲奇．工程招投标与合同管理实务[M]．2版．重庆：重庆大学出版社，2021．

[19] 严玲．招投标与合同管理工作坊——案例教学教程[M]．北京：机械工业出版社，2015．